U0382459

国家社科基金2011年度重点项目资助

（项目批准号：11AFX011）

回应低碳时代：
行政法的变革与发展

方世荣 谭冰霖 等著

中国社会科学出版社

图书在版编目（CIP）数据

回应低碳时代：行政法的变革与发展／方世荣等著．—北京：
中国社会科学出版社，2016.8
ISBN 978 - 7 - 5161 - 8564 - 3

Ⅰ.①回… Ⅱ.①方… Ⅲ.①气候变化—对策—研究—中国
②行政法—研究—中国 Ⅳ.①P467②D922.104

中国版本图书馆 CIP 数据核字（2016）第 157893 号

出 版 人 赵剑英
责任编辑 孔继萍
责任校对 董晓月
责任印制 何 艳

出 版 中国社会科学出版社
社 址 北京鼓楼西大街甲 158 号
邮 编 100720
网 址 http://www.csspw.cn
发 行 部 010 - 84083685
门 市 部 010 - 84029450
经 销 新华书店及其他书店
印刷装订 北京兴怀印刷厂
版 次 2016 年 8 月第 1 版
印 次 2016 年 8 月第 1 次印刷
开 本 710×1000 1/16
印 张 20.75
插 页 2
字 数 330 千字
定 价 78.00 元

目　　录

导　论[①]

这是一个全球变暖的时代，也是一个研究全球变暖的时代。

——威廉·诺德豪斯[②]

一　问题与背景

全球气候变化带来了人类的生存危机，而气候变化则主要是工业革命以来，人类活动特别是发达国家在社会经济发展中大量使用化石能源，导致大气中二氧化碳等温室气体浓度大幅提高、温室效应异常增强而引起的。2009 年 12 月通过的《哥本哈根协议》明确指出："气候变化已经成为当今人类所面临的最重大挑战之一……从科学角度出发，必须大幅度减少全球二氧化碳排放……努力将全球气温升幅控制在 2 摄氏度以下。"[③]由此形成了一个国际性的共识：应对气候变化的根本途径在于实现全球经济发展和社会生活的低碳化，减少对化石能源的依赖，降低生产和消费过程中温室气体排放的密度。

英国在 2003 年发布了《我们未来的能源——创建低碳经济》一书，在该书中首次提出了"低碳经济"概念，确立在 2050 年将其温室气体排

---

①　本节部分内容曾以《论促进低碳社会建设的政府职能及其行政行为》为题发表于《法学》2011 年第 6 期。

②　美国经济学家，耶鲁大学斯特林讲座教授，全球气候变化经济学顶级分析师。

③　Copenhagen Accord（2009），http://unfccc.int/resource/docs/2009/cop15/eng/l07.pdf，2010 年 3 月 9 日，中国致信联合国气候变化秘书处表示批准此协议，参见刘泸《中国正式批准哥本哈根协议》，http://www.caijing.com.cn/2010-03-10/110393253.html，财经网，2010 年 9 月 13 日访问。

放量在 1990 年水平上减排 60%。① 韩国 2013 年修订的《低碳和绿色增长基本法》所确定的"低碳"目标是:"通过降低对化石燃料的依赖,扩大并普及对清洁能源的使用,以绿色技术研究开发、增加碳吸收等方式将温室气体(二氧化碳为主)排放量降低到合理标准以下。"② 在我国,原环境保护部部长周生贤指出:"低碳经济是以低耗能、低排放、低污染为基础的经济模式,是人类社会继原始文明、农业文明、工业文明之后的又一大进步。其实质是提高能源利用效率和创建清洁能源结构,核心是技术创新、制度创新和发展观的转变。"③ 学者庄贵阳等则提出了低碳经济的四个综合评价指标,即"低碳产出"(单位 GDP 能耗低)、"低碳消费"(国民人均碳需求和碳排放水平低)、"低碳资源"(非化石能源占一次能源消费比重高、森林覆盖率高、单位能源消费的 CO_2 排放因子低)和"低碳政策"(将节能减排和产业结构清洁化纳入经济和社会发展战略规划)等。④

总体上讲,低碳在广义上至少包括以下四个方面的内涵:一是降低二氧化碳等温室气体的排放,通过各种约束性措施确保生产和消费过程中的碳排放比重及强度不断下降,减少污染,这是低碳内涵的最基本要求。二是尽可能减少对有限性、稀缺性传统化石能源的使用,通过科技创新、制度创新、产业转型等多种手段开发和利用新能源与可再生能源,优化能源结构。这一方面可以降低碳排放;另一方面则能保障能源供给,实现可持续发展。三是节约能源资源,通过社会消费方式的转型推行节约、低碳的消费模式,采取节能降耗措施实现单位产出所需要的能源消耗不断下降,确保能源资源的高效利用。四是通过增加森林、农田、草地和海洋碳汇和

① 胡安兵、王益谦:《低碳经济背景下的四川低碳农业发展研究》,《四川环境》2015 年第 2 期。Department of Trade and Industry, Department for Environment, Food and Rural Affairs, Energy White Paper: Our Energy Future-Creating a Low Carbon Economy, Norwich: The Stationery Office, 2003, p. 6.

② 郑彤彤译:《韩国低碳绿色增长基本法(2013 年修订)》,《南京工业大学学报》(社会科学版)2013 年第 3 期。

③ 参见张坤民、潘家华、崔大鹏主编《低碳经济论》,中国环境科学出版社 2008 年版,周生贤序言。

④ 庄贵阳、潘家华、朱守先:《低碳经济的内涵及综合评价指标体系构建》,《经济学动态》2010 年第 1 期。

实行碳中和等途经，来吸收、中和或抵消日常活动可能制造的碳排放量等。

　　显然，实现这样一种具有划时代意义的经济发展和社会生活模式，将是一个浩大的工程，涉及政治、经济、科技、文化、生活方式等诸多方面，需要政府着力推进和全体社会成员共同参与。在这一过程中，政府具有不可替代的主导和组织作用，它要以其宏观战略、公共资源调配和全面调控能力成为建设低碳社会的引领者和带头人，而其他任何社会成员或市场主体基于个体性、松散性、逐利性以及现实中存在的"吉登斯悖论"①都无法胜任。由此也提出了当代各国政府积极应对全球气候变化的时代使命。对此，国内外众多学者曾分别从不同学科提出了一致的认识。德国社会学家贝克从社会学视角提出，"气候变化构成了对21世纪世界风险社会的环境政治的主要挑战"，"而应对风险必须成为这个时代公共行政的主要任务之一"②。英国政治学家吉登斯就气候变化的应对提出了"保障型国家"的设想。美国学者弗里德曼经过系统的政治经济分析后认为："只有政府才具有引领一切凝聚气候变化行动的能量"③。英国有经济学家认为温室气体排放的外部性是导致气候问题的重要原因，指出"温室气体排放是人类有史以来最大的市场失灵"④，必须由政府干预这只"看得见的手"加以调整。也就是说，只有政府有能力通过公共政策来号召、规范和强制实施全社会的低碳活动。在法学界，有美国学者曾明确表达同样的观点："现代政府的基本目标应当包括不断降低社会风险"⑤；德国行政法学者则从行政法视角进一步指出：在现代社会，国家的职责与使命开

---

　　①　"吉登斯悖论"是指这样一种困境：气候变化所带来的危险尽管看起来很可怕并将会带来严重的结果，但对于大多数公民来说，由于它们在日常生活中不可见、不直接，因此在人们的日常生活计划中很少被纳入短期考虑的范围，不会对它们有任何实际的举动。然而，坐等它们变得有形，变得严重了，那时再去临时抱佛脚，定然是太迟了。参见［英］安东尼·吉登斯《气候变化的政治》，曹荣湘译，社会科学文献出版社2009年版，第2页。

　　②　Beck Ulrich, Weltrisikogesellschaft, Frankfurt a. M, 155.

　　③　See Thomas L. Friedman, *Hot, Flat and Crowed—Why We Need a Green Revolution and How It Can Renew America*, New York：Farrar, Straus and Giroux, 2008.

　　④　［英］尼古拉斯·斯特恩：《地球安全愿景——治理气候变化，创造繁荣进步新时代》，武锡申译，社会科学文献出版社2011年版，第14页。

　　⑤　［美］凯斯·R. 孙斯坦：《风险与理性——安全、法律及环境》，师帅译，中国政法大学出版社2005年版，"前言"第1页。

始发生转变，由以往的秩序行政、给付行政逐步转变为风险行政。[①] 而这已不同于福利国家时代提供的对公民"生存照顾"的任务[②]。

从实践来看，为了应对气候变化，目前世界上许多国家和地区已开展了积极行动。在政府层面，建设低碳社会在许多国家和地区已提升为国家战略。继英国 2003 年发布《我们能源的未来：创建低碳经济》的能源白皮书后，日本在 2004 年起开始研究"面向 2050 年的日本低碳社会情景"的科研项目，并陆续发表了一系列研究报告，如《面向低碳社会的十二项行动》[③]、《低碳社会的远景和实现方案》[④] 等。借助于这些研究计划和研究报告，日本的低碳社会战略得到了切实推动和发展。欧盟委员会于 2008 年提出了《气候变化行动与可再生能源一揽子计划》。就内容而言，这项一揽子计划包括：欧盟排放权交易机制修正案、欧盟成员国配套措施任务分配的决定、碳捕获和储存的法律框架、可再生能源指令等多项制度措施。[⑤] 空气污染物已经在 2007 年被美国联邦最高法院宣布为温室气体，继而在 2010 年 1 月，美国环境保护署决定将应对气候变化作为该署七大优先规制项目之首。[⑥] 2010 年韩国出台了《低碳、绿色增长基本法》，开始将低碳经济发展、低碳社会建设纳入法制轨道。

在节能减排、低碳发展方面，我国积极承担了"共同但有差别的责任"，确定了一系列的节能减排目标。我国政府在 2009 年郑重宣布"到

① 参见［德］汉斯·J. 沃尔夫等《行政法》第三卷，高家伟译，商务印书馆 2007 年版，"前言"第 3 页。

② 参见［德］埃贝哈德·施密特—阿斯曼等著，海希·巴迪斯编选《德国行政法读本》，于安等译，高等教育出版社 2006 年版，第 53 页。

③ "2050 Japan Low-Carbon Society" scenario team, A Dozen of Actions towards Low-Carbon Societies (LCSs), May 2008, http://2050. nies. go. jp/20080522_ press/20080522_ report_ main. pdf/, 2010 年 10 月 18 日访问。

④ "2050 Japan Low-Carbon Society" scenario team, Japan Scenarios and Actions towards Low-Carbon Societies (LCSs), June 2008, http://2050. nies. go. jp/material/2050_ LCS_ Scenarios_ Actions_ English_ 080715. pdf/, 2010 年 10 月 18 日访问。

⑤ See Council of The Europea Union, "Council adopts climate-energy legislative pack", Brussels, 6 April 2009, http://www. consilium. europa. eu/uedocs/cms_ data/docs/pressdata/en/misc/107136. pdf/, 2010 年 10 月 18 日访问。

⑥ Lisa P. Jackson, "Seven Priorities for EPA's Future", http://blog. epa. gov/administrator/2010/01/12/seven-priorities- for-epas-future/ (visited on 09/18/2010).

2020 年我国单位国内生产总值二氧化碳排放比 2005 年下降 40%—45%"[①]，并"不惜以降低 GDP 增速为代价来实现这一目标"[②]。我国《宪法》、《环境保护法》、《节约能源法》等一系列法律法规已经将节约能源确立为基本国策。将建设美丽中国作为执政党的执政目标之一。中共中央在"十三五规划建议"中明确要求生态环境质量得到总体改善，提出"生产方式和生活方式绿色、低碳水平上升"。"能源资源开发利用效率大幅提高，能源和水资源消耗、建设用地、碳排放总量得到有效控制"等。[③]《中共中央　国务院关于加快推进生态文明建设的意见》就"推进节能减排"、"积极应对气候变化"作出了专门的决策部署。习近平总书记近期强调我国要"下大力气推进绿色发展、循环发展、低碳发展"，并就"能源消费革命"提出了明确要求："要抑制不合理能源消费，坚决控制能源消费总量，有效落实节能优先方针，把节能贯穿于经济社会发展全过程和各领域，坚定调整产业结构，高度重视城镇化节能，树立勤俭节约的消费观，加快形成能源节约型社会。"[④] 为确保节能减排目标的实现，我国政府还出台了《2014—2015 年节能减排低碳发展行动方案》等大量具体政策规定，从推进产业结构调整、建设节能减排降碳工程、狠抓重点领域节能、强化技术支撑和政策扶持等方面对节能减排目标的实现作出了具体安排。

2015 年 4 月国家能源局发布了《煤炭清洁高效利用行动计划（2015—2020 年）》，提出要通过"发展超低排放燃煤发电，加快现役燃煤机组升级改造"，"推进废弃物资源化利用，减少污染物排放"等措施来促进能源消费革命。2015 年 11 月 30 日召开的巴黎气候大会将完成2020 年后国际气候机制的谈判，制定出一份新的全球气候协议，以确保

---

①　文婧、王云：《哥本哈根会议前中美布局碳减排》，《经济参考报》2009 年 11 月 27 日第 A02 版。

②　新华社：《温家宝：将不惜降 GDP 增速完成节能减排》，《华西都市报》2010 年 9 月 15 日第 33 版。《"十二五"规划纲要》确定的五年经济社会发展的主要目标中，国内生产总值为年均增长 7%，低于"十一五"规划纲要中确定的国内生产总值年均增长 7.5% 的目标。

③　《中共中央关于制定国民经济和社会发展第十三个五年规划的建议》，新浪网：http://finance.sina.com.cn/china/20151103/160123664965.shtml，2015 年 12 月 5 日访问。

④　习近平：《积极推动我国能源生产和消费革命》，新华网：http://news.xinhuanet.com/politics/2014-06/13/c_1111139161.htm，2015 年 3 月 2 日访问。

强有力的全球减排行动并将 21 世纪内升温幅度控制在 2 度以内。特别是此次会议将改变以往的谈判模式:变自上而下"摊牌式"的强制减排为自下而上的"国家自主贡献"。习近平主席在《携手构建合作共赢、公平合理的气候变化治理机制》的重要讲话中,阐述了我国对全球气候治理的最新主张:"未来,中国将把生态文明建设作为十三五规划的重要内容,落实创新、协调、绿色、开放、共享的发展理念,通过科技创新和体制机制创新实施优化产业机构,构建低碳能源体系,发展绿色建筑和低碳交通,建立全国碳排放交易市场等一系列政策措施形成人和自然和谐发展,现代化建设新格局。"①

积极应对全球气候变化催生了各国政府全面推动低碳发展、建设低碳社会的新型行政职能,由此,适应低碳要求的新的行政理念、基本原则、行政职权职责以及大量实施低碳规制的行政行为都需要认真加以探索和研究。概言之,作为指引和规范政府行为的行政法制度应当有着相适应的发展和完善,这就提出了行政法如何应对气候变化的重要研究课题。对于行政法学而言,这也是一个新的理论与实践问题。

就总体情况而言,目前我国行政法学界对于行政法应对气候变化问题的研究还十分薄弱。这主要表现为:这一重要问题尚未得到行政法学界的普遍关注和高度重视,现仅有极少的学者在开展初步研究工作;研究成果产出甚少,至今尚未见一部专门的行政法著作;研究的内容还比较零散,尚无人从行政法的基本原则、行政主体、行政程序、行政行为、行政责任等各个重要范畴来系统探讨适应低碳时代要求的发展和变化。在制度规范层面上,目前政府出台涉及低碳建设的多为政策性文件,相关的行政立法还不健全和完善。各级政府在实践中已运用了大量推行低碳的规制措施,但这些措施在法理依据、行为方式、法律效果等方面都还缺乏充分的行政法学理论总结。这些都反映了行政法学在应对气候变化问题理论研究上的缺位。

从法律制度来应对气候变化,是行政法、经济法、民法和刑法等各个部门法的共同任务,其中行政法具有重要的地位。这是因为:政府在低碳

---

① 习近平:《携手构建合作共赢、公平合理的气候变化治理机制》,新浪网:http://news.sina.com.cn/o/2015-12-01/doc-ifxmainy1515069.shtml,2015 年 12 月 4 日访问。

社会建设中具有主导作用。行政法作为行政机关职权与职责的依据和行政行为的规范，至少能从两个维度促使行政机关推动低碳社会建设：一方面，行政法作为行政机关职权职责的依据，要保障政府积极、合法地实施低碳规制，推动整个社会开展节能减排活动；另一方面，行政法作为行政机关的行为规范，也要求政府带头实现自身行政活动的低碳化，并在全社会形成示范效应。为此，探索应对气候变化的行政法问题，促使各级政府依法切实有效履行低碳社会建设的职能，具有重要的理论与实践意义。

二　研究意义

研究应对气候变化的行政法问题具有重要的理论和实践意义。

（一）理论意义

1. 发展和创新行政法的理论。我国现有行政法理论主要借鉴了大陆法系德国行政法的理论，这一理论由德国行政法鼻祖奥托·迈耶于 19 世纪创立。它虽历经并适应了自由法治国与社会法治国时代的发展，但在人类社会迈入风险法治国的今天，这一传统理论已经显现出了它的局限性，难以有效解决因气候变化而引起的诸多行政法问题。本书将系统研究传统行政法理论在当今低碳时代的变化和发展，探讨行政法应当确立的低碳行政原则、低碳行政主体和低碳行政程序、各种实施低碳规制的行政行为及其运用、低碳行政责任等重要问题。这无疑能发展和创新现有行政法的理论，形成能体现低碳理念、符合低碳要求的理论与制度。

2. 拓展行政法的研究内容。传统行政法主要定位于控制行政权力、保障公民权益，偏重于行政活动的合法性、合理性以及司法审查等，对行政活动的运行效果和治理工具作用比较忽视。本书要探究适应低碳规制需要的一些新型行政方式的产生和运用、低碳行政规制手段作为应对气候变化治理工具的社会效果等。这应当是对传统研究内容的一种拓展。

3. 丰富行政法的研究方法。行政法学以往偏重概念法学和法教义学的研究方法，以依法行政为中心来解释与构造行政法的一系列规则，保证行政活动具有合法性和合理性并得到司法审查。本书在此基础上加强了法政策学的研究，注重探索政府如何积极履行低碳规制的行政职能并达成社会效果，并提出有关低碳行政的法律制度设计，这可以丰富行政法学的研究方法，突破概念法学研究的局限。

（二）实践意义

1. 有利于建立健全推进低碳社会建设的行政法律制度。我国正研究制定专门的气候变化应对法及相关立法，政府作为低碳社会建设的领导、组织者，行政法规范必然成为气候变化立法的重点内容。具体而言，本书的研究有利于从两个维度建立健全低碳社会建设的行政法律制度：一方面，行政法作为行政机关自身的行为规范，本书将从行政自制视角研究行政主体设置、行政程序运行等政府自身活动的低碳化，这有利于将节能减排纳入行政组织法和行政程序法的考量，促使政府在低碳社会建设中发挥模范带头作用；另一方面，行政法作为行政机关的行为依据和作用手段，本书将研究行政指导、行政许可、行政处罚、行政强制等各类行政行为如何改进以能有效运用于实施低碳规制，并探索碳信息披露管理、碳交易管理等新型行政管理活动，从而引导政府积极、有效实施低碳规制，推动整个社会开展节能减排活动。此外，本书还将研究低碳行政责任追究机制，以为政府切实履行应对气候变化的行政职能提供刚性制度约束。这些对于应对气候变化、建立健全低碳社会建设的行政法律制度都具有指导意义。

2. 为我国在国际应对气候变化领域谋求话语权提供理论支持。我国在国际应对气候变化的共同行动中一贯秉持"共同但有差别的责任"，并自愿承诺了部分强制减排责任。国际承诺转化成为国内法的具体制度和措施，其中相当一部分涉及政府的职能和行政活动。因此，研究行政法对低碳时代的回应，有助于我国各级政府及部门通过相应的行政法制度构建来切实履行、兑现对国际社会的庄严承诺，从而为我国在后"哥本哈根峰会"时代谋求应对气候变化的国际话语权提供理论和制度支撑。

三 文献综述

应对气候变化涉及社会、政治、经济、科技和法律等各个方面，目前在国内已得到政治学、社会学、管理学、经济学、法学等各学科的广泛关注和研究，并取得了大量的研究成果。本书主要从行政法学的角度研究应对气候变化问题，因而重点就行政法学的现有研究以及与行政法学有紧密关联学科的现有研究进行综述。

（一）国外研究述评

早在 20 世纪 80 年代，德国政治学和社会学家乌尔里希·贝克就从社会学角度创立了"风险社会"理论，并专门指出"气候变化构成了对 21世纪世界风险社会的环境政治的主要挑战"①，同时提出：应对风险必须成为这个时代公共行政的主要任务之一。② 之后的相关政治学研究进而就政府应对气候变化之角色定位和公共责任进行了探讨。如英国政治学家吉登斯针对气候变化危机提出了"保障型国家"模式，他认为"国家不能仅仅当一名协调员，还要保障实现确切的结果，这意味着国家要承担起监督节能减排的职责，并确保以一种可见的、可接受的方式切实履行这一职责"。③ 在此基础上，他提出了"政治敛合"和"经济敛合"作为建立保障型国家的操作方案。"政治敛合"意味着"将与减缓气候变化有关的政策以及其他领域的公共政策加以重叠，最终达致任何一方的政策都能够牵制对方政策的效果"；"经济敛合"则是"将低碳技术、商业运作方式以及生活方式加以重叠形成互相竞争的效果"。④ 澳大利亚学者大卫·希尔曼（David Shearman）和约瑟夫·约翰·史密斯（Joseph Wayne Smith）提出了应对气候变化应建立新加坡式的精英威权主义国家，强化政府的行政权威。认为当代自由民主制应对气候变化存在"民主失灵"问题，民主要防止多数人压制少数人，但"少数人可能仅仅因为自私的目的，坚持反对服务于公共利益的必要的环境法律"，从而造成气候变化领域的"公地悲剧"。⑤ 社会学、政治学的以上研究为行政法学研究政府在应对气候变化中的地位和职能提供了基础。

在行政法学方面，国外现有的研究还比较零碎，缺乏系统性。涉及的主要问题包括：（1）应对气候变化与人权保障。（2）应对气候变化的行政立法。（3）应对气候变化的行政规制手段。在人权研究方面，德国著名学者施密特—阿斯曼提出当代已进入风险社会。而气候变化正是当代最大的生态环境风险，他认为国家能否有效地完成规制风险的重任是国家存

---

① Beck Ulrich, Weltrisikogesellschaft, Frankfurt a. M, 155.

② 参见［德］乌尔里希·贝克《风险社会》，何博闻译，译林出版社 2004 年版，第 13—15 页。

③ 刘冰：《安东尼·吉登斯：〈气候变化的政治〉》，《公共管理评论》2011 年第 2 期。

④ 参见［英］安东尼·吉登斯《气候变化的政治》，曹荣湘译，社会科学文献出版社 2009年版，第 79 页。

⑤ 参见［澳］大卫·希尔曼、约瑟夫·约翰·史密斯《气候变化的挑战与民主的失灵》，武锡申、李楠译，社会科学文献出版社 2009 年版，第 102 页。

在的正当性来源，而规制风险的重任正相当于在福利行政时代国家为国民提供生存和照顾的重任，因此这"已经浓缩为风险行政时代一种人权地位的主体要求"。① 在立法研究方面，海克·施罗德（Heike Schroeder）和哈莉特·巴尔克利（Harriet Bulkeley）以伦敦和洛杉矶两个城市作为分析样本，就地方立法如何减缓气候变化进行了详细探讨，进而对减缓气候变化的治理模式和法律应扮演的角色提出了针对性建议，包括政府自身活动节能减排的自我管理、资源供给公共服务的节约化改革、通过公私合作形式对社会的节能减排进行管制和激励等②；迈克尔·吉拉德（Michael B. Gerrard）系统梳理了美国联邦政府和各州政府在"制定法缺场"情势下应对气候变化的现状，并就未来的立法方向进行了展望。③ 乌尔里希·巴蒂斯（Ulrich Battis）就应对气候变化的建筑规划立法作了专题研究，认为"城市建筑法不仅对于地方、地区的环境保护，而且尤其是对于全国的气候保护能起到一种持续的、计划性的贡献"，建筑规划"应考虑到普遍气候保护方面的责任"，并从地方自治的视角研究了德国联邦立法、司法和地方建筑规划间的合作促进关系。④ 在行政规制手段研究方面，威廉·R. 布莱克本对政府如何实施可持续发展和规制气候变化风险进行了整体式研究，他分析了政府行为对低碳和可持续发展的重大影响，并从"理念或政策"、"组织结构"、"利益相关者参与"、"规划"、"业绩指数"、"报告和评估"、"建筑节能规制"、"绿色政府采购"八个方面构建了政府可持续发展的整体框架⑤；艾迪娜·萨斯曼（Edna Sussman）和杰克林·皮尔（Jacqueline Peel）等通过个案分析探讨了适应气候变化的行

① ［德］埃贝哈德·施密特-阿斯曼等著，海希·巴迪斯编选：《德国行政法读本》，于安等译，高等教育出版社 2006 年版，第 53 页。

② See Heike Schroeder, Harriet Bulkeley, Global Cities and the Governance of Climate Change: What is the Role of Law in Cities? *Fordham Urban Law Journal*, Vol. 36, 2008.

③ See Michael B. Gerrard, Climate Regulation without Congressional Action, *New York Law Journal*, Vol. 244, 2011.

④ 参见［德］乌尔里希·巴蒂斯《城市治理与气候保护》，载［德］哈拉尔德·韦尔策尔等主编《气候风暴：气候变化的社会现实与终极关怀》，金海民等译，中央编译出版社 2013 年版，第 185—196 页。

⑤ ［美］威廉·R. 布莱克本：《可持续发展实践指南——社会、经济与环境责任的履行》，江河译，上海人民出版社 2009 年版，第 331—346 页。

政规划（Climate Change Adaption Planning），并提出了详尽的操作指南，包括"建立适应气候变化的行政组织"、"确认适应气候变化的相关领域和环节"、"进行气候变化的脆弱性评估和风险评估"、"设置目标"等①；卡姆登·伯顿（Camden D. Burton）专门就美国证交所（Securities and Exchange Commission）对公司气候变化风险信息披露实施行政指导（Guidance）做了研究②；丹尼斯·赫斯基（Dennis D. Hirsch）基于贡塔·特依布纳的"反身性法理论"（Reflexive Law）研究了对绿色商业（Green Business）的政府规制方式，认为较之于硬性的"技术标准模式"和"结果产出模式"，"自我规制模式"（self-regulation）更为有效，并构建了一套由信息策略、沟通策略和程序策略组成的自我规制体系③；奥萨玛·施万克（Othmar Schwank）分析了瑞士的行政管理如何将交通规制与气候政策挂钩，雷纳·基斯特勒（Rainer Kistler）讨论和评估了瑞典地方政府对能源与温室气体的规制原则和政策。④ 以上国外行政法学者的理论成果为国内行政法学研究提供了有益的制度借鉴和经验启示。

　　此外，国外经济学界还就应对气候变化采用市场手段或行政手段进行了研究。国外经济学家们普遍认为"温室气体排放是人类有史以来最大的市场失灵"⑤，因此需要通过税收等行政管制措施来直接调控。总体而言，经济学界的相关研究主要聚焦于节能减排政策工具的选择。在经济学家的理论分析中，现有的节能减排政策工具主要表现为两种——一种是基于总量控制的市场交易手段，另一种则是基于价格控制的税收手段。但不同的学者对此却存在不同看法：如郝伯恩（Hepburn）主张通过碳排放权交易来促进节能减排，因为碳交易的难

　　① See Edna Sussmand, Case Study: Climate Change Adaptation Planning Guidance for Local Governments in the United States, *Sustainable Development Law & Policy*, Vol. 9, 2009.

　　② Camden D. Burton, An Inconvenient Risk: Climate Change Disclosure and the Burden on Corporations, *Administrative Law Review*, Vol. 62, 2010.

　　③ See Dennis D. Hirsch, Green Business and the Importance of Reflexive Law: What Michael Porter Didn't Say, *Administrative Law Review*, Vol. 62, 2010.

　　④ 参见［瑞士］Walter Meyer、常纪文主编《中瑞气候变化法律论坛》，中国环境科学出版社 2010 年版，第 54—60 页。

　　⑤ ［英］尼古拉斯·斯特恩：《地球安全愿景——治理气候变化，创造繁荣进步新时代》，武锡申译，社会科学文献出版社 2011 年版，第 14 页。

度较小,而要对碳税进行国际协调则要付出较大的努力;在碳交易机制中,发展中国家可以通过在国际市场上出售碳减排指标来获取收益,而在碳税机制中,发展中国家则不能如此行事。此外,在执行碳税时也将会遭遇较大的阻力,由于碳税不能确定量化的减排目标,减排压力大的产业集团会强烈反对,环保集团也会反对;碳交易与碳信用体系相伴生,并能够带动相关企业的兴起,而碳税则不具备这种效用,并且碳税缺乏对节能减排行为的经济激励。[①] 诺德豪斯则认为"碳排放权交易是《京都议定书》后才出现的新事物,相较于已经经历悠久历史而成为成熟政策手段的碳税,碳交易的未来发展前景并不明朗"[②]。诺德豪斯还通过对欧盟碳排放权交易市场、美国二氧化硫交易市场等对象的长期实证研究,指出:"之所以市场中碳价格会出现剧烈波动,很大原因就在于碳排放配额的供给与需求之间缺乏平衡,而只要出现了碳价格的剧烈波动,那么就会导致依靠价格来实现资源配置的目标落空。"[③] 斯特恩爵士(Nicholas Stern)则指出税收手段与市场交易手段有其各自的特点与优劣,税收手段长于确定的价格与便利的实施,而市场交易手段则突出于确定的排放量与有效的国际合作。[④] 经济学的这些研究可以为行政法理性选择应对气候变化的行政行为方式提供较科学的分析工具,有利于政府综合考量、权衡利弊的基础上制定最优化的低碳规制政策。

(二) 国内相关研究述评

国内行政法学界已开始关注气候变化问题,但总体上对行政法应对气候变化的研究还比较薄弱。目前只是在低碳行政意识、行政组织和行政行为以及气候变化的行政诉讼上有一些零星研究。如陈晓春等学者在《生态文明视角下政府低碳行政意识》一文中初步研究了低碳行政意识,认为生态文明视角下低碳行政意识的考量指标包括公务员的低碳意识、公务

---

① See Hepburn, C., Carbon Trading: A Review of the Kyoto Mechanisms, *Annual Review of Environment and Resources*, 2007, 32: 375 – 393.

② 王东风、张荔:《气候变化经济学研究综述》,《经济学家》2011 年第 11 期。

③ [美] 威廉·诺德豪斯:《全球气候变暖协议中涉及的经济议题》,载吴敬琏主编《比较》(第 46 辑),中信出版社 2010 年版,第 117—124 页;王东风、张荔:《气候变化经济学研究综述》,《经济学家》2011 年第 11 期。

④ See Stern, N., The Economics of Climate Change, *American Economic Review*, 2008, 98 (2): 1 – 37.

员的低碳情感以及公务员的低碳行政信念，指出实现这种低碳行政意识的路径在于推动低碳行政系统的协同进化、促进低碳行政系统的人本发展、建立激励相容的低碳行政制度以及营造爱护环境的低碳行政氛围。[①] 行政组织研究的代表性成果是田丹宇的《中国目前气候治理组织机构评析》，该文从行政科层（中央和地方）和管理项目（自愿碳交易管理、清洁发展项目开发、对外合作和碳基金管理）两个角度对我国目前气候治理的组织机构及其职能进行了考察，并提出了中国气候治理组织体系的完善方向。[②] 行政行为的相关研究主要只涉及以下三种行政行为：（1）在行政征收方面，张梓太分析了我国开征碳税的必要性、征税的基本形态以及功能定位[③]；李传轩、陈红彦从征税对象、纳税主体、税率、计税依据、征税环节、税收优惠和税收用途等方面对我国碳税制度进行了构建。[④]（2）在行政许可方面，张鹏探究了专利许可制度对气候变化的回应，建议针对低碳技术的一些领域试行依申请加快审查制度、完善针对低碳技术的强制许可制度、强化低碳技术标准化进程中的反垄断规制、建立低碳专利的申请资助制度和风险预警制度等。[⑤]（3）在行政合同方面，蔺耀昌论证了政府在低碳社会建设中应用行政契约的可行性，并提出了行政主体间碳排放额交易契约、产业调整资助契约、低碳技术研发及推广资助契约、新能源开发利用资助契约等模型化的行政契约。[⑥] 在涉及气候变化的行政诉讼方面，已有学者加以关注。目前国内的相关研究主要是对国外气候变化行政诉讼的介绍和分析。如陈冬、马存利研究了美国气候变化诉讼第一案"马萨诸塞州诉环保署案"的原告资格问题[⑦]；王慧分析了"马萨诸塞州

---

① 参见陈晓春、邹宁、施卓宏《生态文明视角下政府低碳行政意识研究》，《湖湘论坛》2013 年第 4 期。

② 参见田丹宇《中国目前气候治理组织机构评析》，《中国政法大学学报》2013 年第 1 期。

③ 参见张梓太《关于我国碳税立法的几点思考》，《法学杂志》2010 年第 2 期。

④ 参见李传轩《应对气候变化的碳税立法框架研究》，《法学杂志》2010 年第 6 期；陈红彦《碳税制度与国家战略利益》，《法学研究》2012 年第 2 期。

⑤ 参见张鹏《论低碳技术创新的知识产权制度回应》，《科技与法律》2010 年第 3 期。

⑥ 参见蔺耀昌《论行政契约在低碳政策执行中的应用》，《南京工业大学学报》（社会科学版）2010 年第 2 期。

⑦ 陈冬：《气候变化语境下的美国环境诉讼——以马塞诸塞州诉美国联邦环保局案为例》，《环球法律评论》2008 年第 5 期；马存利：《全球变暖下的环境诉讼原告资格分析》，《中外法学》2008 年第 4 期。

诉环保署案"中的行政解释与司法审查的关系①;沈跃东研究了美国联邦法院在气候变化应对中的政治立场和政治角力,并阐述了"政治问题原则"在美国气候变化行政诉讼中的运用。②

较之行政法学,环境法学关于应对气候变化的研究相对比较成熟和系统,已从各个不同层面对气候变化问题展开了研究。现有的成果主要体现在以下四个方面:

一是气候变化背景下环境法理念、原则的发展。如张璐认为,在低碳经济进程中,环境法应当从传统的"限制"理念转变为"合作 + 参与"的法律理念,并更新"尊重自然和生态规律原则""公众参与原则""政府主导原则""受益者补偿原则"。③ 柯坚、何香柏以欧盟的政策和法律实践为分析视角,探讨了可持续发展原则、公众参与原则、风险预防原则、污染者付费原则等传统环境法原则在气候变化适应领域的适用和功能。④

二是应对气候变化的环境立法。该主题下的研究又分为两个分支。第一种是从宏观层面探讨应对气候变化的立法模式和法律框架。如张梓太、李艳芳等认为我国建立气候变化应对法的框架体系应包括综合性的气候变化应对法、可再生能源法、减缓气候变化立法和适应气候变化立法。⑤ 桑东莉从法理层面提出并论证了"气候法"概念,并对目前国内应对气候变化立法研究的两种模式——整合法模式(通过修改环境法、资源法、能源法整合气候变化因素)和专门法模式(制定综合性、专门性的气候变化法)进行了评析。⑥ 杨解君教授从法律体系构建的角度对低碳立法进行了研究,指出现有的低碳法律体系存在理论基础局限、政策导向单一、

① 王慧:《气候变化诉讼中的行政解释与司法审查——美国联邦最高法院气候变化诉讼第一案评析》,《华东政法大学学报》2012 年第 2 期。

② 参见沈跃东《气候变化政治角力的司法制衡》,《法律科学》2014 年第 6 期;《政治问题原则在美国气候变化诉讼中的运用》,《中国地质大学学报》(社会科学版)2014 年第 5 期。

③ 张璐:《低碳经济进程中的环境法重塑》,《法学杂志》2011 年第 9 期。

④ 柯坚、何香柏:《环境法原则在气候变化适应领域的适用——以欧盟的政策与法律实践为分析视角》,《政治与法律》2011 年第 11 期。

⑤ 参见张梓太《中国气候变化应对法框架体系初探》,《南京大学学报》(人文科学·社会科学版)2010 年第 5 期;李艳芳《论中国应对气候变化法律体系的建立》,《中国政法大学学报》2010 年第 6 期。

⑥ 参见桑东莉《气候法的理论建构与立法诠释》,《清华法治论衡》2013 年第 3 期。

体系架构不合理的问题，而完善的路径在于丰富低碳法律体系理性基础的内涵、拓展政策基础的导向以及完善法律体系架构。① 第二种是从微观层面具体研究特定气候变化相关法的制定和完善问题。如张勇认为应对气候变化的能源立法应秉持"能源与生态环境保护协调发展"的基本原则，在能源价格中涵盖社会与环境成本，确保价格机制的多元性，不断扩大清洁能源在能源结构中的比例，并建立温室效应影响评价和生态补偿制度以及低碳能源科技创新制度。② 晋海认为《大气污染防治法》的修订应全面贯彻"风险预防原则"和"公众参与原则"，并增设碳排放标准制度、碳核算制度等制度。③

三是生态保护视野下的环境诉讼问题，主要是对环境公益诉讼问题展开了研究。如学者杨朝霞认为，当下法律制度对环境公益保护的不足，为自然资源物权和环境权的创设以及环境公益诉讼制度的确立萌生了现实上的需求。就我国的环境公益诉讼而言，应当包括公益性环境权诉讼、自然资源所有权诉讼和环境权信托诉讼三类，并区分自然资源所有权和环境权分别进行制度建构。④ 蔡守秋教授以环境权和国家的环境保护义务为线索，系统论证了从公民环境权、到国家环境保护义务、再到环境公益诉讼确立的正当性。⑤

四是环境生态保护的规制手段与方法。在这方面环境法学已有大量研究，研究主题主要包括三大类：其一是对实行最严格的水资源管理制度展开研究。刘超认为当前的污水排放标准体系遵循的是统一化的控制思路，是以水功能区水体功能允许的最高排放值为控制标准，难以实现纳污红线的控制预期，应以实现"最严格水资源管理"纳污

---

① 参见杨解君、程雨燕《我国低碳法律体系构建基础之检讨》，《法商研究》2014 年第 2 期。

② 参见张勇《应对气候变化的能源立法问题研究》，《江西社会科学》2010 年第 8 期。

③ 参见晋海《低碳城市建设与〈大气污染防治法〉的修订》，《江淮论坛》2012 年第 4 期。

④ 参见杨朝霞《论环境公益诉讼的权利基础和起诉顺位——兼谈自然资源物权和环境权的理论要点》，《法学论坛》2013 年第 3 期。

⑤ 参见蔡守秋《从环境权到国家环境保护义务和环境公益诉讼》，《现代法学》2013 年第 6 期。

红线为标准进行相应的制度建构。① 左其亭等人分析了基于人水和谐理念的最严格水资源管理制度研究框架及核心体系,应当包括技术标准体系、行政管理体系、政策法规体系等组成部分。② 其二是对加重环境违法行为的处罚进行系统研究。学者熊樟林深入论证了环境违法行为中"按日连续处罚"制度的性质,认为连续违法行为原则上只能被视为法律的一行为而禁止多罚,《环境保护法》针对加重环境违法行为而设置的连续处罚规定,只是此原则的一种例外。③ 其三是对造成生态环境损害负有责任的领导干部实行终身追究作出研究。高桂林等人重点分析了生态环境损害责任终身追究制的完善路径:厘清责任主体、细化责任形式、区分追究时效、独立启动主体、量化追责标准以及相应的配套制度。④ 王艳芳等人也对生态文明视角下环境损害责任终身追究问题进行了较深入的研究⑤。这些研究成果有些已经成为国家的政策和法律规定⑥。

环境法学是行政法学之下的一个新兴分支学科,两者在环境行政管理法律制度上具有重合性和交叉性,但环境法学侧重于环境保护的具体管理制度,行政法学则着眼于整体行政活动的基础理论和基本制度,它们在环境行政管理这一问题上各有侧重。环境法学的这些研究成果,对于倒逼行政法学从基础理论和基本制度层面系统研究低碳时代行政法理念的更新、基本原则的发展、低碳行政主体、低碳行政程序、各类实施低碳规制的行政行为、行政责任追究以及有关气候变化的行政诉讼制度等一般性问题,提供了丰富的材料和重要思路。

---

① 参见刘超《污水排放标准制度的特定化——以实现"最严格水资源管理"纳污红线制度为中心》,《法律科学》2013 年第 2 期。

② 参见左其亭、胡德胜、窦明、张翔、马军霞《基于人水和谐理念的最严格水资源管理制度研究框架及核心体系》,《资源科学》2014 年第 5 期。

③ 参见熊樟林《连续处罚行为的性质认定——以新〈环保法〉第 59 条为中心》,《华东政法大学学报》2015 年第 5 期。

④ 参见高桂林、陈云俊《论生态环境损害责任终身追究制的法制构建》,《广西社会科学》2015 年第 5 期。

⑤ 王艳芳、李亮国:《生态文明视角下环境损害责任终身追究制探析》,《学习论坛》2015 年第 7 期。

⑥ 参见《中共中央 国务院关于加快水利改革发展的决定》、《环境保护法》第 59 条第 1 款规定、《党政领导干部生态环境损害责任追究办法(试行)》等。

此外，作为研究公共行政组织及其政策运行机制的学科群体系①，公共管理学也对气候变化应对的政府治理进行了不少研究，这主要包括：应对气候变化的政府模式。如黄爱宝针对传统政府模式应对气候变化的不足，提出了"低碳政府"的模式：他指出在低碳时代，政府除拥有以往的公共职能以外，还应当履行促进低碳经济发展、构建低碳社会的职责。政府一方面要实现管理社会公共事务的低碳化，另一方面也要实现自身内部事务管理的低碳化。② 在学者李军鹏看来，在建设低碳社会中占据领导地位的应当是政府，政府要通过制定低碳行政规划与发展目标，借助于市场手段实现节能技术升级，并建立相应的监管制度。③ 应对气候变化的政府行为机制。如张焕波等对目前中国地方政府应对气候变化的典型措施（政策方案、组织建设、考核问责、法律保障、科学研究、示范工程、清洁发展项目）进行了全面梳理，发现中央号召、政治升迁动机和财政利益是促使地方政府对气候变化作出反应的主要因素。在此基础上，他们建议中央政府要重视地方政府应对气候变化的能力建设，采取合理的激励政策。④ 政府节能减排的制度构建。如尹艳红等认为"低碳政府包括三方面要求：一是低碳的工作机构，即设置精干的机构和人员安排、职能分配科学合理等，通过节约行政成本来降低碳排放。二是低碳的办公条件，这就要求尽量控制高碳排放的公务车辆、能源耗费等等，优先选择使用低碳能耗用品。三是低碳的工作流程，即推动实现'无缝隙政府'，纵向上应减少不必要的政府层级"⑤。应对气候变化的政府绩效管理。陈晓春等从"低碳"理念出发，从评价主体的选择、评价指标的设计、评价方法的确定、评价结果的管理四个方面进行了低碳政府绩效管理体系的构建。⑥ 而从低碳引导力、低碳保障力、低碳自制力、低碳管理力四个方面来看，学

---

① 参见王乐夫《试论公共管理的内涵演变与公共管理学的纵向学科体系》，《管理世界》2005 年第 6 期。

② 参见黄爱宝《生态行政创新与低碳政府建设》，《社会科学研究》2010 年。

③ 参见李军鹏《低碳政府理论研究的六大热点问题》，《学习时报》2010 年 5 月 24 日。

④ 参见张焕波、马丽、李惠民、齐晔《中国地方政府应对气候变化的行为及机制分析》，《公共管理评论》2009 年第 8 卷。

⑤ 参见尹艳红、王勇《层级视角下的低碳政治》，《广东行政学院学报》2012 年第 4 期。

⑥ 参见陈晓春、王小艳《低碳视角下政府绩效评价体系研究》，《中国行政管理》2012 年第 10 期。

者郭万达设计了低碳政府的评价指标,并对我国部分地区低碳政府建设的成效进行了评估。[①] 公共管理学与行政法学都是研究公共行政的学科,与行政法具有密切关联。上述研究为行政法学研究应对气候变化的政府职能、行政行为、行政组织和行政责任提供了有益的研究思路。

(三) 小结

面对全球变暖的严峻挑战,国内外学者分别从法学、政治学、公共管理学、经济学等不同角度对应对气候变化问题进行了探索,并取得了丰富的成果。这些成果对本书的开展具有重要意义。社会学、政治学的研究为行政法学研究政府在应对气候变化中的地位和职能提供了基础,有利于我们从整体上把握低碳社会建设的行政模式;经济学关于低碳规制政策工具的研究可以为行政机关理性选择应对气候变化的行政行为方式提供分析工具;环境法学应对气候变化的研究与行政法学具有共通性,从而为本书进一步研究行政法理念原则的发展、低碳行政立法以及低碳行政诉讼等问题提供了理论铺垫。但是,由于不同学科研究视角的局限,现有研究也存在一些不足,有待于从行政法角度进一步深入探讨。

(1) 目前政治学、社会学的研究主要从宏观原理的视角提出了政府在应对气候变化中的地位作用、基础理论,但未能就政府在这方面的具体职能及实现职能的各种管理制度和措施手段作出设计。如贝克揭示了人类进入风险社会,却没有提出预防和处置风险的具体对策;吉登斯提出了"政治敛合"和"经济敛合"的思想,但并未提供具体的制度设计。对此,有待于行政法学通过对政府应对气候变化的行政职能和行政行为研究来具体落实。

(2) 公共管理学主要是从政府的组织体系、管理机制和行政决策及执行等方面来研究应对气候变化的行政活动;经济学则是基于政府与市场的关系、博弈理论和成本收益等经济分析来研究节能减排的政策工具。但从法律角度探讨政府在低碳社会建设中的法定职权职责、设定和运用实施低碳规制的行政行为、社会成员节能减排的权利义务、法律责任及其追究机制等则是公共管理学与经济学研究所未能涉及的,这都需要由行政法学

---

① 参见郭万达、刘宇、刘艺娉《低碳政府指标体系的构建与评估》,《开放导报》2011 年第 4 期。

研究来承担。

（3）环境法学是目前应对气候变化法学研究的主力军，但其主要研究具体的环境管理制度，这些研究不能取代行政法对政府行政活动基本理论和制度的研究。通常而言，环境法是对行政法的一般原理在环境行政管理中的具体运用。因而，如果行政法的基本内容不能适应低碳的时代要求，其在基础理论和基本制度方面的研究滞后于环保法，就不能正确指引甚至可能阻碍后者的发展。同时，环境法学对具体环境管理制度的研究成果如果不通过行政法学的研究加以提炼吸收，也不能形成更具有普遍意义的、低碳时代政府行政行为的一般原理和制度规范。如2014年《环境保护法》加强了对企业环保违法行为的行政强制和行政处罚，这就带来了我国行政强制和行政处罚制度在低碳时代的发展变化，需要行政法学在基本理论层面加以研究总结。

国外关于应对气候变化的研究成果对本书具有借鉴意义，但并不完全适合于中国国情。基于共同但有区别的责任原则，以及我国与西方国家在经济发展水平、环境资源禀赋以及气候脆弱性程度等方面存在的巨大差异，决定了中国不能照搬国外的理论与制度，而是须立足于本国的政治、经济、文化和生态环境等国情，研究和建立有中国特色的应对气候变化的行政法理论和制度。

面对气候变化的挑战，当代行政法学不能局限于自由法治国的"控权行政"理论以及社会法治国的"福利行政"理论，还应当发展形成应对气候变化风险的"低碳行政"理论。在此背景下，传统的行政法基本原则、行政主体、行政行为、行政程序、行政责任等方面的理论与制度均在不同程度上面临着调整和变革。目前的行政法学研究已开始关注气候变化，并应对气候变化的行政组织和行政行为等个别问题上有所深入，但总体来看，现有成果还比较零散，缺乏系统性，尚无人从行政法整体的角度就行政法的基本原则、行政主体、行政程序、行政行为、行政责任等各个重要范畴如何贯穿低碳理念、符合低碳要求进行全面系统的理论分析。而且，现有成果主要是针对具体问题的个别性对策研究，还未能揭示气候变化背景下行政法价值取向和理论基础的变化。行政法学仍然任重道远，需要进行更深入、更系统的探讨与研究。

本书以当代行政法如何应对气候变化作为研究目标。相对于应对气候变化的国家战略、基本政策的宏观研究和具体节能减排方法、技术等微观研究而言，本书主要是在中观层面从行政法角度对低碳时代行政法基本理论、基本范畴的发展开展的研究。基本的技术路线是：以行政法有效应对气候变化、积极推进低碳社会建设为目标，沿着行政法的基本构造展开专题探讨，以实践存在的法律问题为导向，综合运用法哲学、规范分析、比较分析、法政策学以及交叉学科研究的方法，系统研究行政法基本原则、行政主体、行政行为、行政程序、行政责任等构造因应气候变化的发展与变革问题，根据低碳要求进行新一轮理论和制度建设。主要内容包括行政法应对气候变化所应秉承的理念更新、行政法基本原则的发展、行政法对行政主体及其行政活动在组织结构、行政程序上的低碳化规范、行政法保障行政机关对社会有效实施低碳规制的各类行政行为规范、体现低碳约束的行政责任及其追究机制建构等。

第 一 章

行政法对气候变化的回应

第一节 应对气候变化：行政法的当代使命

一 应对气候变化的法律调整

为了应对气候变化的严峻挑战，我国必须积极推进低碳社会建设，实现社会经济的低碳发展。这将是一个复杂的国家治理工程，需要法律制度来调整、规范和切实保障。首先，低碳这一具有当今时代性、体现生态文明和可持续发展的新型价值取向需要法律来固化，并通过制度安排注入全体社会成员的观念和行为之中。在社会发展的每个阶段，总是一种或若干价值处于主导地位，其他价值处于次要或辅助地位。[①] 而一个社会的主导价值必须通过法律确认才具有正当性，因为法律是人民意志的体现，是社会意见的最大公约数。对于低碳时代提出的生态保护和节能减排的新型价值取向，需要通过法律的固化作用上升为社会公意和国家意志，从而作为社会主导价值来引领和规范低碳社会建设。其次，低碳社会建设的多元利益关系需要法律加以协调。低碳社会建设中存在着复杂的利益关系，这包括各级政府、不同企业和公民等多方主体之间形成的错综复杂关系，涉及生态环境利益、经济利益、个人自由利益等不同的利益需求与主张，这就需要法律加以权衡，综合考虑和协调各种利益关系，以促进不同利益主体之间良性博弈，预防和解决冲突纠纷。再次，低碳社会建设的公共政策需要法律加以落实。我国目前低碳社会建设的工作主要是通过政策来推动的，如 2007 年国务院印发了《中国应对气候变化国家方案》，全国人大

---

① 张文显：《法哲学范畴研究》（修订版），中国政法大学出版社 2003 年版，第 189 页。

常委会 2009 年通过了《全国人民代表大会常务委员会关于积极应对气候变化的决议》，专门的立法还十分缺乏。但由于政策一般比较原则化，缺乏可操作性，且不具有国家强制力，因而在治理效果上是有限的。而法律则可以通过配置权利义务和设定行为模式来具体指引各类社会主体的采取低碳行动，并以民事责任、行政责任和刑事责任为低碳公共政策的执行提供刚性保障。因此，为了有效落实国家应对气候变化和建设低碳社会的公共政策，必须及时将有关政策转化并上升为法律。

气候变化对人类社会的影响十分广泛。从法律关系的角度来看，应对气候变化的法律既要调整国际法律关系，也要调整国内法律关系；既调整低碳规制等公法法律关系，也调整碳金融、环境侵权责任等私法法律关系。这决定了低碳社会建设需要多角度、全方位的法律调整，包括国际法、民法、经济法、环境法、行政法、刑法等各个部门协同应对。

二 行政法在低碳社会建设中的特定作用

行政法由于其独特的法律属性和调整方式，在低碳社会建设中具有不可或缺的作用，其他部门法无法替代。这意味着，行政法对低碳社会建设负有重大历史使命，必须与时俱进地发展和变革，以回应低碳时代的法治诉求。这主要体现在以下几个方面：

（一）低碳社会建设是政府主导才能完成的时代任务

在低碳社会建设中，企业法人的生产经营和广大公民的生活消费构成了社会能耗和碳排放的最主要部分。据 2014 年国家发展改革委员会提交给全国人大常委会的《国务院关于节能减排工作情况的报告》指出，2013 年仅万家重点用能单位能耗占全社会能耗总量的 60% 以上；另据《中国能源统计年鉴（1996—2005）》显示，1995 年至 2004 年期间，我国城镇居民的生活消费能耗已经从 2.31×10^8 吨标准煤增长到 5.65×10^8 吨标准煤，在全年第一次能源消费社会总量中所占的比例从 19% 上升为到 30%。[①] 因此，作为重点碳排放主体的企业法人和公民个体应当在低碳社会建设中负有不可置疑的节能减排责任。然而，由于企业法人作为市场主体的天然逐利性和消费者中普遍存在的自由主义消费观，以及现实气候变

---

① 国家统计局能源统计司：《中国能源统计年鉴》（1996—2005），中国统计出版社。

化领域广泛存在的"吉登斯悖论",期待二者在生产经营和生活消费中自觉转向低碳化是不切实际的。节能减排是一项功在当代、利在千秋的长期工作,需要牺牲一些眼前利益才能实现。但正如有学者所言,"法人只有一项社会责任,那就是为股东赚来尽量多的钱。这是一项道德命令,而以环境目标来代替利润是不道德的"①。由于企业法人在市场活动中固有的逐利性,以及气候变化的环境外部性导致企业承担其污染后果的只是其极小成本,对于大部分企业而言,我们很难期待它们具有此种具有强烈公益性质的社会责任感;在公民层面,从人类进化的本性上讲,普通人一般对眼前或近期利益比较敏感,对长远利益则常常缺乏理性认知。加之目前消费社会中盛行的自由主义消费观,决定了大多数公民不会选择为了应对气候变化而放弃眼前的经济收益或改变既有的消费习惯来实施节能减排。同时,由于气候变化风险的反事实性特征及其诱发的"吉登斯悖论",尽管全球气候变暖具有巨灾性的风险后果,但它在日常生活中并不能得以直观呈现,这导致的后果是人们不会将其纳入短期考虑的范围,更不会有实际的行动。但问题在于当这些问题变得有形,变得严重了的时候也通常意味着行动的无意义。② 事实上,也正是因为自由市场经济中国家对企业法人和公民个体经济行为的过度放任,才造就了今天愈发迫近的气候危机。由此,面对气候变化的严峻挑战,在各类社会主体中,政府由于其长远的战略眼光、强大的公共资源支撑决定了它是最有资格主导和引领低碳社会建设的主体。"行政法是关于行政权之组织、作用、程序以及救济的法规范"③,政府进行低碳社会建设的法定职责、机构设置、权力依据、行为方式和实效性确保等,都离不开行政法的规定和保障。

(二) 兑现我国碳减排的国际承诺需要国内行政法的转化和落实

作为负责任的大国,我国一贯以积极态度参与气候变化领域的国际谈判,并秉持共同但有区别的责任原则,主动承担了一系列强制减排义务。

---

① See Joel Balkan, The Corporation, The Pathological Pursuit of Power and Profit, London: Constable & Robinson Ltd., 2004, p. 34.

② 参见 [英] 安东尼·吉登斯《气候变化的政治》,曹荣湘译,社会科学文献出版社 2009 年版,第 2 页。

③ 杨建顺主编:《行政法总论》,中国人民大学出版社 2012 年版,第 8 页。

2009 年中国总理在联合国气候变化大会召开之前，向世界作出了郑重承诺。① 在 2015 年 11 月 30 日召开的巴黎气候大会上，习近平主席作了《携手构建合作共赢、公平合理的气候变化治理机制》的重要讲话，也向世界作出了郑重承诺。② 由此，中国自愿承担了应对气候变化的强制减排义务。因此如何兑现和落实这一国际承诺，是中国国内法面临的重要课题。这一工作无疑需要各个部门法的协调应对和调整，而行政法应当处于排头兵、擎旗手的重要地位，这是因为低碳社会建设的管理体制和顶层设计主要是由行政法来承担的。这一点可以从 2013 年《中国应对气候变化的政策与行动年度报告》中得到验证。该报告第一部分将我国应对气候变化和建设低碳社会的顶层设计概括为"完善领导机构"、"建立碳强度下降目标责任制"、"开展应对气候变化重大战略研究"、"加强应对气候变化规划编制工作"、"推动气候变化立法"和"完善相关政策体系"。其中，完善领导机构需要通过行政法组织来实现，碳强度下降目标责任制有赖于内部行政监督和行政绩效考核的作用，开展应对气候变化重大战略研究和加强应对气候变化规划编制工作则属于行政规划的范畴。此外，推动气候变化立法和完善相关政策体系也都离不开行政法的作用。由此可见，中国兑现碳减排的国家承诺首先需要行政法从顶层设计的角度加以转化。

（三）社会主体的节能减排活动需要全面、系统的行政法规制

应对气候变化要求对现行的经济生产方式和居民生活方式进行变革，以转向节能减排的低碳行为模式，这必然涉及对有关主体的权利和自由进行一定程度的限制。对此，只能通过以行政法为代表的公法规范来予以约束，并由行政监管和行政执法的手段来提供强制性保障，否则，离开了国家行政法的统一筹划和刚性保障，低碳社会建设不可能持续、稳步自上而下推行节能减排的低碳经济和低碳生活。基于行政监管对于低碳社会建设的保障作用，行政法当然是低碳社会建设不可或缺的重要支撑性法律。

---

① 温家宝总理代表中国政府向世界作出承诺：到 2020 年单位 GDP 二氧化碳排放量比 2005 年降低 40%—45%。同时，中国政府把这一目标作为约束性指标，纳入了国民经济和社会发展中长期规划，并制定了相应的统计、监测、考核办法。

② 习近平主席在讲话中指出："中国的'国家自主贡献'将于 2030 年左右使二氧化碳排放达到峰值并争取尽早实现，2030 年单位国内生产总值二氧化碳排放比 2005 年下降 60%—65%，非化石能源占一次能源消费比重达到 20% 左右，森林蓄积量比 2005 年增加 45 亿立方米左右。"

（四）行政活动本身也是一个巨大的碳排放过程，需要行政法的约束

众所周知，国家行政体系和行政活动的运转是需要机构、人员和相应的物质保障要素来支撑的，从行政机构的建设、运营和维护，国家机关公务人员的财政供养到电脑、汽车、公车等办公用品的购置和使用，无不伴随着巨大的财政成本和能源消耗，并产生直接或间接的温室气体排放。因此，国家行政活动本身是一个重要的碳排放源头，而各类公共机构和行政组织则是社会碳排放量的主要排放实体。根据国务院机关事务管理局《公共机构节能"十二五"规划》披露的官方数据，在 2010 年，仅全国公共机构的直接能源消耗就占到了全社会能源消耗总量的 6.19%。而近年来不断膨胀的"三公"经费支出更是直接反映了国家行政活动能源、资源消耗和碳排放量的庞大，迫切需要加以规制。此外，政府作为公共利益的代表和低碳社会建设的旗手，欲推行低碳社会建设，必须先以身作则、率先垂范，使行政活动本身符合低碳标准，才能在节能减排领域获得公信力，从而对广大社会成员的节能减排发挥先锋带头作用。因此，为达到合理控制行政活动碳排放量的目的，既要求精简机构和人员以控制行政规模，也要求行政程序的简化与节省，还包括行政活动所使用的办公物品等物质保障要素运营的低碳化。控制行政权力和实现内部行政自制是行政法的重要功能之一。为了实现行政活动自身的低碳化，必须依靠行政法加以规范，在这方面，我国目前已经出台了《公共机构节能条例》、《党政机关厉行节约反对浪费条例》等行政立法，对行政活动资源能源消耗及碳排放活动进行约束和控制。

（五）行政法对低碳社会建设具有其他部门法所无法替代的调整功能

在低碳社会建设中，各个部门法都具有特定的调整作用，行政法也不例外。较民法、刑法、诉讼法、环境法等主要部门法而言，在低碳社会建设中，行政法具有其无法替代的法律调整功能，具体而言：

1. 民法主要调整的是平等主体之间的法律关系，主要是通过平等主体的合同义务、侵权责任、债权债务等来约束当事人的行为，而应对气候变化需要政府针对在法律地位上与其具有不对等特征的公民、法人以及社会组织采取必要措施，此种法律关系显然具有公法属性，民法是无法进行调整的。因此，必须通过行政许可、行政处罚乃至行政强制等行政行为来加以规制。

2. 刑法在低碳社会建设中的功能也具有较大局限性。在环境犯罪的构成中，有形废物造成污染的排放是犯罪对象，而无形污染（如碳排放）这类具有较长持续时间的恐怕无法定罪；此外，高碳排放后果在短期内难以统计和证明的独特属性和环境犯罪的结果犯要求之间是有矛盾的。① 此外，刑法规范的主要是严重危害社会法益的违法行为，一般较为轻微的节能减排和环境违法行为，难以也不可能上升到刑法层面实施惩戒，对于这些中间违法地带，行政法的惩罚和矫正作用必不可少。

3. 诉讼法的功能是通过法律诉讼和司法审判为受到侵害的法定权利提供救济，如低碳时代的碳排放权、环境权等。但是，诉讼法的调整机制主要是事后调整，而对于气候变化这类具有不确定性风险的环境危害，事前的防范和事中的矫正必不可少，诉讼法在这方面具有难以逾越的局限性，必须依赖行政法的手段来加以避免，如事前的环境影响评价、行政规划，事中的行政许可和行政检查制度等。

4. 应对气候变化必然涉及污染防治和市场监管，故环境法低碳社会建设具有重要作用。但环境法和经济法都是综合性的部门法，其中既包含私法性质的民事和商事法律规范，也包括公法性质的行政法律规范，从而在一定程度上与行政法的调整功能交叉重叠，在事实上也离不开行政法的作用。如 2014 年《环境保护法》之所以具有"牙齿"，就是因为其含有执行罚（未如期关停企业按日连续计罚）、行政强制（环保部门对严重污染企业可以强制关闭责令整顿）和行政拘留（环保部门可以对严重环境违法企业的直接负责的主管人员和其他直接责任人员处行政拘留）。可以说，环境法和经济法对于低碳行政建设的重要功能本身即证明了行政法调整的不可或缺性。

相对于应对气候变化的国家宏观战略和基本政策以及微观的节能减排方法和技术而言，行政法对这一问题的研究主要是行政法原理和基本范畴方面的中观研究，其作用在于一方面从行政法角度落实国家的宏观战略与基本政策，另一方面为政府提供节能减排方法、技术的开发运用提供制度规范。

---

① 参见张磊《低碳经济背景下我国环境刑法立法面临的挑战与对策》，《河南大学学报》（社会科学版）2011 年第 1 期。

环境法要研究具体的环境管理制度，但这些制度需要行政法提供基本理论和制度的支撑。环境法要将行政法的一般原理具体运用于环境管理的具体活动，因而如果行政法基本范畴缺乏适应低碳时代要求的系统性发展，行政法的各基本范畴就不能正确指引环境法具体制度的制定和实施。它们在这一问题上既有重合又各有侧重，因而环境法的研究不能取代行政法的研究。环境法的发展倒逼行政法基本理论和基本制度的发展变化。

第二节 行政法应对气候变化的两个重要维度①

加快发展低碳经济、建设低碳社会的步伐是我国《"十二五"规划纲要》明确提出的一项要求。② 如果从行政法的视角观察，积极应对全球气候变化已成为政府在当今时代的新型行政职能，由此职能进而需要调整政府的职权职责及其行政行为以积极推进低碳经济的发展和低碳社会的建设，这必然要求行政法来充分发挥作用。

在宏观上，行政法应对气候变化具有两大核心功能。一方面，要根据低碳发展和社会建设的国家战略和政策目标，调整行政职权、职责的配置以及行政行为的运用，使政府能有效发挥对全社会的低碳规制的作用，以达成低碳社会建设的公共行政任务。另一方面，行政法还有规范、约束政府自身行政活动的特定功能，即规范、约束政府自身的行政活动必须低碳化，而这与政府依法对社会实施低碳规制是有所不同的，有其对象、规则和方法上的特定性。由此，行政法应对气候变化可以从两个重要维度上展开：就外部而言，行政法要促使政府有效履行对全社会实施低碳规制的新型行政职能；就内部而言，行政法则必须约束行政活动自身符合低碳标准，实行低碳行政，而这将超越行政法传统的合法行政、合理行政要求，提出了新的、具有时代特点的行政活动规范。

---

① 本节部分内容曾作为本课题的阶段性成果，由课题组成员方世荣、孙才华撰写成《论促进低碳社会建设的政府职能及其行政行为》的论文并发表于《法学》2011 年第 6 期。

② 《中华人民共和国国民经济和社会发展第十二个五年规划纲要》提出："面对日趋强化的资源环境约束，必须增强危机意识，树立绿色、低碳发展理念，以节能减排为重点，健全激励与约束机制，加快构建资源节约、环境友好的生产方式和消费模式，增强可持续发展能力，提高生态文明水平。"

一 约束政府的行政活动自身符合低碳要求

在低碳社会建设中，政府及其他公共机构本身也是节能减排控制的重要源头。公共机构活动所需的财政供养成本及其他所需物资也是一种庞大的资源能源消耗，并会带来巨量温室气体排放。目前我国政府和其他公共机构的活动还存在着许多能源、资源浪费问题，这不仅会加重国家的财政负担，而且也是增加碳排放和影响低碳发展的障碍。从现实层面观察，根据世界银行发布的调研报告，截至 2010 年的数据，中国国内约有 200 万家公共机构，其中包括 446200 家国家机关以及其他单位。[1] 2010 年中国公共机构能源消耗最多的是煤炭，终端能耗总量为 1.92 亿吨标煤，约占全国能源消耗总量的 6.2%，国家机关占公共机构能耗总量的 48%；其次为电力和汽油，分别占公共机构总能耗的 34.3% 和 8.54%。2006—2010年间，公共机构能耗增长了大约 15%。[2] 这些数据并非单纯的数字或符号，它们的背后共同表征了一种现象：行政活动的过程自身也需要遵守低碳化标准，并存在非常大的节能减排潜力。政府作为公共利益的代表者和低碳社会建设的主导者，自身必须在节能减排上率先垂范，充分发挥引领和示范作用。而这是必须通过行政法来加以规范控制的，行政法必须以相应的法律规范来约束行政活动自身符合低碳标准，包括保障机构和人员精干高效的行政组织法规范，科学、节省和便捷的行政行为法及行政程序法规范等，从而实现对行政活动自身低碳化的管控。约束行政活动自身符合低碳标准，将需要行政法从行政主体、行政活动的方式和程序、行政活动的公用物资提供、法律责任等诸多方面加以规范。

二 促使政府有效履行低碳规制的新型职能

政府职能是政府在一定的时空范围内对其职责任务的范围、方式与内容的理性设计与安排，其目的是符合经济和社会发展的需要。气候变化危

---

[1] 在我国，公共机构已经形成一个法律概念，是指全部或者部分使用财政性资金的国家机关、事业单位和团体组织。

[2] 佚名:《世界银行发布〈中国提高公共机构能源效率〉调研报告》，载中华人民共和国财政部网站: http://gjs.mof.gov.cn/pindaoliebiao/diaochayanjiu/201310/t20131029_1004638.html，2015 年 4 月 20 日访问。

机的出现对全球经济社会发展的一个重大影响就是它提出了更加紧迫的低碳排放要求，而这一低碳社会建设的宏大工程必须由政府来加以主导。原因在于：

广大生产企业和消费群体虽然是节能减排的主要对象，具有实行低碳经济生产和消费的责任，但也应看到，开展节能减排以应对气候变化是一项有利于人类未来生存的长久事业，要求具备强烈的公益意识，这一过程难免要牺牲一些中、短期利益或个体利益，这在本质上是与各类市场主体的逐利性是相冲突的。而在事实上，人类不断超越生态平衡机制的物质享受以及经济组织在市场作用下为谋取自身最大经济利益对大自然能源资源的过度索取与环境生态危机是高度相关的。[①] 正是在这个意义上，完全让消费人群以及各类经济组织自发、自觉地进行低碳社会建设是不可行的。现实中的"吉登斯悖论"（Giddens's paradox）[②]，使得任何社会个体都难以主导低碳社会的构建。而只有政府才有主导和组织低碳社会建设的能力。处于现代社会中的政府本身就是一个庞大的公共政策储备箱，它可以通过运用多样化的公共政策来规范、引导甚至强制实施低碳社会建设。此外，碳排放几乎存在于各类社会主体的活动中，国家行政活动的开展也要产生数量巨大的碳排放。国家行政活动的低碳化是低碳社会建设中的一项重要内容，它对公民社会各种活动的低碳化具有表率作用，政府必须带头节能减排。而这些都需要行政法来发挥规范作用。

在低碳时代，行政法的一项新的重要任务是促使政府有效履行低碳规制的行政职能，积极主动地推进低碳社会建设。在这里，低碳规制的内涵是广义的，它既包括节能减排方面的行政规制，也包括生态环境保护的行政监管等，这是由低碳社会建设中节能减排与环境保护的协同性、联结性所决定的。行政法促使政府有效履行低碳规制的新型职能主要应包括以下内容：

---

① ［德］乌尔里希·贝克：《世界风险社会》，吴英姿、孙淑敏译，南京大学出版社 2004 年版，第 191 页。

② 全球气候变暖的危险尽管看上去很可怕，但它们在日常生活中却不是有形的、直接的和可见的，人们因而会对此无动于衷。但等到它们变得严重和可见时，我们就不再有行动的余地了，因为到时一切都已经太晚了，这就是"吉登斯悖论"。

（一）建立健全系统并具有效率的职能机构

就政府履行低碳社会建设这项新型职能而言，其自身的组织建设无疑是第一步。我国有组织、系统性的应对气候变化的行政活动已经起步，但目前的相关职能机构和人员队伍建设还存在一些应引起我们重视的问题。能源与气候变化部是英国为应对气候变化、推行低碳经济以及解决能源供给安全问题而专门设立的政府机构，英国这种行政管理体制上的改革体现了它应对气候变化的决心。与英国模式不同，我国实行的是一种复杂、多头管理的组织设置和管理模式。① 这种复杂、多头管理的模式虽然考虑了我国政府在组织结构上具有的"条块"特征，但该系统内部能否协调还有待观察和实践检验。此外，在涉及内容广泛的节能减排面前②，如何组建强有力的规制管理机构和相应的执法人员队伍对于地方政府（尤其是基层）也是一个迫切需要进一步探索的问题。

（二）突出节能减排的宏观调控职能

节能减排的宏观调控职能是指节能减排对于建设"两型社会"具有总工具的作用。作为全面贯彻节约资源和环境保护的基本国策的一种总的工具，节能减排可以通过类型化的行政行为来发挥作用，如行政规划、行政立法、行政政策等方式；此外，通过多样化的途径也可以发挥节能减排的宏观调控职能。③

（三）加强节能减排的激励和监管职能

行政指导、行政奖励、行政许可、行政监管等均可以作为节能减排的激励和监管职能实现的方式。节能减排的激励和监管职能从根本上讲就是

---

① 根据《国务院关于成立国家应对气候变化及节能减排工作领导小组的通知》，我国负责低碳规制的职能机构包括国家应对气候变化及节能减排工作领导小组、环境保护部、国家能源局和国家林业局等部门。国家应对气候变化及节能减排工作领导小组是国家应对气候变化和节能减排工作的议事协调机构。国家应对气候变化领导小组办公室和国务院节能减排工作领导小组办公室均设在国家发改委。国务院节能减排工作领导小组办公室有关综合协调和节能方面的工作由发改委为主承担，有关污染减排方面的工作由环保总局（现为环境保护部）为主承担。而新能源开发、碳汇管理等职能则分别由国家能源局、国家林业局等直属机构承担。

② 节能减排在内容上相当广泛，主要包括环境保护与治理、自然资源与能源管理、财政与税收调节、低碳技术创新、碳汇与碳市场管理、产品碳管理与低碳消费的宣传指导等方方面面。

③ 这主要包括组织编制和实施节能中长期专项规划和年度计划；确立有利于节能和环境保护的产业政策，实施经济发展方式转变以及产业结构、能源消费结构调整；全面规定政府、经济和社会组织、公民等各方的有关节能减排的权利义务。

要建立更加有利于节能减排的社会生态。① 就节能减排的监管职能而言，建立节能减排目标责任制度、节能减排考核评价制度以及行政强制、行政处罚等约束机制尤其需要引起重视。

（四）发挥对全社会节能减排的宣传教育职能

一般风险具有即时感知的特点，但由气候变化引起的生态风险却是一个缓慢累积的过程，这种风险很难在短时间内被我们感知。生态风险所具有的这种特点就决定了政府必须发挥对全社会节能减排的宣传教育职能，使人们重视其危险性并自觉开展节能减排行动。

（五）创新低碳领域的行政管理方式

碳交易、碳汇管理、碳税征收以及碳基金管理等是目前许多国家在应对气候变化、推行低碳发展方面，已创立和采用的新型行政管理方式，这都涉及政府行政行为新的发展和变化，值得我们学习和借鉴，也需要行政法学从理论上探索研究。为了充分、有效地发挥政府对低碳社会建设的引导、规制功能，还必须看到传统行政行为在应对气候过程中内容和方式上所呈现出的不足之处并根据这些不足不断探索和创新更加符合我国国情的低碳规制行政管理方式。

第三节　回应低碳时代：对行政法基本内容的反思

当代行政法要充分发挥促使政府有效履行低碳规制职能和约束行政活动低碳化的作用，要求行政法的内容必须形成适应低碳时代的发展变化，而这一发展变化应渗透在行政法内容构造的各个主要方面。

一　行政法的基本内容

对于行政法的内容构造，中外行政法学都有系统的理论总结，这集中体现在各国经典的行政法学教科书之中。

---

① 有利于节能减排的社会生态至少包括鼓励和支持发展低耗能、低排放、高附加值产业，限制发展高耗能、高污染产业；鼓励和支持开发和利用生物质能、风能、太阳能、水能、地热能、核电等可再生能源和新能源；加快节能环保技术开发和推广，发展节能环保产业、循环经济，建设节能减排重点工程等几个方面。

在法国行政法中,根据法国行政法学者让·里韦罗和让·瓦利纳的《法国行政法》① 和我国著名行政法学家王名扬教授的《法国行政法》② 所阐述的内容看,其主要包括了行政法基本原则、行政行为实施机构(或称行政组织)、公务员制度、行政机关的行为、对政府的监督、行政诉讼、诉讼以外的救济手段、行政主体和公务员的赔偿责任。此外,还论及了行政主体的财产、公用征收和公用征调和公共工程等内容。

在德国行政法中,施密特·阿斯曼所著的《德国行政法读本》③、哈特穆特·毛雷尔所著的《行政法学总论》④,以及汉斯·J. 沃尔夫等所著的《行政法》(3 卷本)⑤ 等均集中阐述了行政法的原则、行政组织、行政活动、行政行为、对行政的监督、国家赔偿、行政程序等主要内容。

日本行政法深受德国的影响,并在一定程度上承袭了德国行政法的构造。从日本学者南博方所著的《行政法》⑥、盐野宏所著的日本行政法"三部曲"——《行政法总论》、《行政救济法》、《行政组织法》⑦ 以及我国学者杨建顺撰写的《日本行政法通论》⑧ 中讨论的内容来看,也主要包括了行政组织、行政作用、行政行为、行政程序、行政上的损失补偿和损害赔偿、行政案件诉讼等。杨建顺在《日本行政法通论》 中甚至将这些

---

① [法] 让·里韦罗、让·瓦利纳:《法国行政法》,鲁仁译,商务印书馆 2007 年版,目录部分。

② 王名扬:《法国行政法》,北京大学出版社 2007 年版,目录部分。

③ [德] 施密特·阿斯曼:《德国行政法读本》,于安译,高等教育出版社 2006 年版,目录部分。

④ [德] 哈特穆特·毛雷尔:《行政法学总论》,高家伟译,法律出版社 2000 年版,目录部分。

⑤ [德] 汉斯·J. 沃尔夫、奥托·巴霍夫、罗尔夫·施托贝尔:《行政法》(第一卷),高家伟译,商务印书馆 2003 年版,目录部分;[德] 汉斯·J. 沃尔夫、奥托·巴霍夫、罗尔夫·施托贝尔:《行政法》(第二卷),高家伟译,商务印书馆 2014 年版,目录部分;[德] 汉斯·J. 沃尔夫、奥托·巴霍夫、罗尔夫·施托贝尔:《行政法》(第三卷),高家伟译,商务印书馆 2006 年版,目录部分。

⑥ [日] 南博方:《行政法》(第六版),杨建顺译,中国人民大学出版社 2009 年版,目录部分。

⑦ [日] 盐野宏:《行政法总论》,杨建顺译,北京大学出版社 2008 年版,目录部分;[日] 盐野宏:《行政救济》,杨建顺译,北京大学出版社 2009 年版,目录部分;[日] 盐野宏:《行政组织法》,杨建顺译,北京大学出版社 2008 年版,目录部分。

⑧ 杨建顺:《日本行政法通论》,中国法制出版社 1998 年版,目录部分。

内容高度提炼形成"行政法概述"、"行政组织法"、"行政作用法"、"行政程序法"和"行政救济法"五编的组成部分。

英、美等普通法系国家的行政法与法、德等大陆法系国家的行政法比较，在内容结构上偏重于对行政权力的控制，因而主要突出了委任立法、行政程序和司法审查等部分。但除此之外，大量的英、美行政法教科书也设有专章研究行政组织（行政机关）、行政行为、行政违法责任等。如在我国较有影响的王名扬所著《英国行政法》（北京大学出版社 2007 年版）、张越所著《英国行政法》（中国政法大学出版社 2004 年版）均阐述了英国的中央政府和地方政府、公法人或行政组织法、行政行为法和行政救济。彼得·莱兰的《英国行政法教科书》（杨伟东译，北京大学出版社 2007 年版）专门讨论了行政违法、公共机关的侵权责任等。美国行政法教科书如施瓦茨所著《行政法》（徐炳译，群众出版社 1986 年版）、盖尔霍恩和莱尔所著《行政法》（英文版，法律出版社 2001 年版）以及王名扬的《美国行政法》（中国法制出版社 1999 年版）均对美国的联邦政府和地方政府（行政机关）、规章制定（行政立法行为）等有大量涉及。

我国行政法学借鉴、吸收国外行政法学的理论结合国情对我国行政法的内容结构进行了系统的理论总结。目前所形成的较有权威性和影响力的行政法学教科书主要有罗豪才教授主编的《行政法学》（北京大学出版社 2012 年版）、应松年教授主编的《行政法与行政诉讼法》（法律出版社 2009 年版）、姜明安教授主编的《行政法与行政诉讼法》（北京大学出版社、高等教育出版社 2015 年版）。此外，还有在我国台湾地区被称为"行政法经典之作"的翁岳生先生主编的《行政法》（中国法制出版社 2009 年版）。这些经典的行政法著作在体系内容安排上虽有一定差别，但几乎都将行政法的基本内容概括为行政法基本原则、行政主体（包括行政机关和公务人员）、行政行为、行政程序、行政救济（包括行政复议、行政诉讼或司法审查、行政补偿和赔偿）等几个主要构成部分。

据此，无论是大陆法系国家的行政法、普通法系国家的行政法学以及我国的行政法学，基本上对行政法主要由上述内容构成已形成共识，确立它们都是行政法的几项核心范畴。

1. 行政法基本原则。法律原则是"法的基础性真理或原理"①。对于任何部门法而言,基本原则都是其构造体系中的基石,是宏观指引其他支架性构造展开和运用的最高准则和精神理念,处于整个法律构造金字塔的"最顶端",行政法亦莫能外。行政法基本原则在行政法中主要有四重功能:一是统摄和繁衍行政法的具体规范;二是作为行政行为实施的准则;三是作为法院对行政行为进行司法审查的准则;四是补充实定法的空白或欠缺,改善实定法适用的僵化状况。

纵观国内外行政法教材的体例安排,除英美行政法教材一般不单列行政法基本原则,而是将其纳入司法审查部分予以阐述外,行政法基本原则一般体现在导论或概述部分。撇开行政法的概念、特点、法源以及历史发展等明显不属于行政法理论构造的章节外,行政法基本原则一般是最先得到呈现或谈论的,故应当作为行政法众多基本构造范畴体系中的首要因素。

2. 行政主体。在概念使用上,当它作为行政法律关系主体中相对于行政相对人的一方主体使用时,称为"行政主体";当其作为承担行政权力实体的行政机构或行政机关来使用时,称为"行政组织"。从行政管理活动的实际过程来看,行政主体的存在是行政法运行的前提,因为一切行政活动的实施都必须依靠行政机关来实施,要求其具备相应的机构人员、主体资格和法律地位。从行政法教材的编排来看,尽管国内外教材存在许多差异,但几乎都具有"行政主体"或"行政组织"的专门章节,可以说,"行政主体"作为行政法的构造范畴之一,是世界行政法的一个显著共识。如让·里韦罗所著的《法国行政法》在"行政法基本原则"后的第一个章节便是"行政行为实施机构";在德国行政法上,无论是施密特·阿斯曼的《德国行政法读本》,还是哈特穆特·毛雷尔的《行政法学总论》,均专门设置了"行政组织"的章节;日本的盐野宏教授甚至撰写了专门的行政组织法教材。英美行政法教材中虽然较少直接提及"行政主体"或"行政组织"的概念,但从其内容来观察,诸如"中央政府"、"地方政府"、"公法人"、"行政机关的授权"、"联邦政府和文官制度"等无疑都是对行政主体权力配置和机构设置的论述。从国内行政法教材的情况来看,行政主体或行政组织作为行政法的基本构造范畴也得到了学者

① *Black's Law Dictionary*, West Publishing Co., 1983, p. 1074.

的普遍认可，绝大多数都单列了专章行政主体，这凸显了行政主体范畴的重要性。还须讨论的一个问题是，与行政主体对应的行政相对人是否也是行政法基本构造的范畴。毋庸置疑，行政相对人是行政法的基本范畴之一，在整个行政法理论体系中具有重要作用。但从国外法治发达国家的行政法教材的编写情况来看，行政相对人尚不具有行政法基本构造的定位，而只是融入各个理论范畴中予以分析。个中理由恐怕在于：行政相对人是行政法管理和保护的对象，相对于行政主体而言，它无法形成独立的制度机制对行政法律关系发挥影响作用，而是要依赖于其他行政法范畴的支撑，缺乏独立的理论意义。例如，在现代行政法中，虽然行政相对人享有广泛的参与权利，但行政相对人参与权必须通过行政主体履行相应的保障义务来实现。而且，行政法主要是调整行政权的运用，在此意义上，行政法相对人并非行政法的本体论范畴。

3. 行政行为。行政行为在行政法的构造中处于十分重要的基干地位，曾被大陆法系行政法鼻祖奥托·迈耶喻为行政法的"核心概念"。[1] 可以说，整个行政法理论体系就是构筑在行政行为这一"阿基米得支点"之上的。[2] 在大陆法系的行政法教材中，无不将行政行为作为专门范畴加以探讨，并倾注大量笔墨。例如，在德国行政法教材中，"行政活动"通常单独成章并占有重要分量；日本行政法教材则以"行政作用"统称所有具体行政行为。国内虽偶有个别学者主张以"行政处理"或"行政处分"来替代行政行为，但目前来看尚无法撼动行政行为的垄断地位。英美法系行政法教科书中虽未直接出现和承认行政行为的单独概念，但其中具有重要地位的"委任立法""调查""行政裁决"等内容在实质上无疑都可归入行政行为的范畴。从行政法的整体构造来分析，行政行为范畴是其他理论范畴的逻辑指向和功能目标。具体而言：行政法基本原则的目的是为行政行为提供一般活动准则和司法审查标准。行政主体则是解决行政行为的主体资格和授权依据问题。行政程序是行政主体实施行政行为所应当遵循的步骤、顺序、方式和时限要求，是对行政行为正当过程的设计，正因此

---

[1]　余凌云：《行政法讲义》（第二版），清华大学出版社 2014 年版，第 214 页。

[2]　鲁鹏宇：《论行政法学的阿基米得支点——以德国行政法律关系论为核心的考察》，《当代法学》2009 年第 5 期。

故，有教材甚至直接将其命名为"行政行为程序"①。行政救济也具有鲜明的行政行为指向，因为无论是行政法制监督、行政复议、行政诉讼抑或行政赔偿等各种救济方式，其指向的都是行政行为的合法性、合理性及其损害补救。基于此，行政行为应当作为衔接行政法基本构造中的核心范畴。

4. 行政程序。行政程序也是行政法的基本构造中的重要范畴。行政程序作为一种行政法的理论范畴和法律制度被单独抽象出来，主要是近代英美法系行政法的理论贡献。由于英美法系的自然公正原则，英美法系行政法十分强调行政程序的正当性，无论是实务界还是法学界对此都进行了充分的关注。② 从教材编排上来看，英美行政法教材一般都会专设行政程序或正当程序一章。长期以来，大陆法系行政法比较偏重于行政实体法，有忽视程序法的倾向。其对行政程序的重视主要与第二次世界大战后行政法程序法典化有密切关系。但发展至今，行政程序在行政法构造中的独立理论地位也已在大陆法系国家得到普遍承认，纵观上述德日学者撰写的行政法教材，几乎都专门论及了"行政程序"。

需要辨析的是，也有少数行政法著述将行政程序作为行政行为的一部分来理解，这只揭示了行政程序与行政行为在形式与内容上的单一关系，没有看到行政程序独立于行政行为以外的价值。在现代行政法上，行政程序不仅仅是行政行为的形式，它已形成具有独立正义价值的"正当程序"（Due Process）。作为一种正当行政程序，它除了展示行政行为的外形和过程、保障行政效率之外，还具有维护相对人的人格尊严、保障行政行为的民主性、正当性和科学理性等独立价值。据此，行政程序作为独立于行政行为之外的行政法内容构造，更加符合现代行政法的发展趋势。

5. 行政责任追究机制。有权利必有救济，有权力同样必有责任。行政法的宗旨既在于保护公民权益，也包括约束行政权力，并通过刚性的制

---

① 杨海坤、章志远：《中国行政法原论》，中国人民大学出版社2007年版，第289页。

② 美国联邦法院大法官威廉·道格拉斯认为，"权利法案的绝大部分条款都与程序有关，这绝非毫无意义。正是程序决定了法治和随心所欲或者反复无常的人治之间的基本差异"。参见任东来等《美国宪政历程：影响美国的25个司法大案》，中国法制出版社2004年版，第427页。美国学者施瓦茨认为"行政法更多的是关于程序和补救的法，而不是实体法"。参见［美］伯纳德·施瓦茨《行政法》，徐炳译，群众出版社1986年版，第3页。

度加以约束。如果行政主体的行政行为违反行政法律规范的规定或给行政相对人造成侵害或损失，国家就有义务设置相应的行政法律制度追究其责任，从而实现矫正正义。这不仅是依法行政的逻辑延伸，也是人民主权和人权保障宪法原则对行政法的必然要求。故此，行政法基本构造中还应包含行政责任的范畴。

关于行政责任实现机制作为行政法的基本构造，中外行政法学者达成了高度的共识。在英美法系行政法体系中，正如学者罗格（Roger）所言："英国行政法就是围绕着公共机构行为造成的侵害给予正式救济为核心建立起来的。"① 从体例上看，上述的英美法系国家的行政法教科书均十分强调"行政裁判所"、"司法审查的可得性"、"行政裁决"、"行政监察专员"等行政责任实现的内容。在大陆法系行政法教材中，行政责任被作为专门一部分，如盐野宏教授专门撰写的《行政救济法》，或由行政监督、行政复议（诉愿）、行政诉讼、国家赔偿等分散的责任追究形式构成，这以法、德较为典型。从近年来我国行政法教材的编写来看，两种形式均有之。总体来看，行政责任及其实现机制作为一个独立的行政法构造，已经在学界形成一致见解。就广义的中国行政法制而言，行政责任实现机制应当包括行政绩效考核、行政信访、行政问责、行政复议、行政诉讼、行政补偿和行政赔偿等。

二 行政法的基本内容尚未充分回应低碳问题

行政法对低碳时代的回应，就是要使低碳的理念和要求在行政法的基本内容中得到全面体现和系统贯彻，这既包括行政法的理论发展，也涉及相关低碳行政法律制度的建设和完善。具体而言，行政法基本原则、行政主体、行政行为、行政程序和行政救济等都应体现具有当今低碳时代特点的行政法治要求，但如果我们反思当代行政法的上述基本内容，可以发现它们尚未能充分回应低碳时代所带来的变化。这主要表现为：

第一，在行政法的基本原则方面，传统上形成的合法行政与合理行政这两项主要基本原则，已难以调整行政机关当今和未来必须践行的低碳行

---

① Roger Warren Evans, French and German Administrative Law: With some English Comparisons, *International and Comparative Law*, Quarterly 1965, No. 14.

政活动,由于指导理念和调整方式的不同,这些基本原则其内容在适应低碳时代的要求上已具有局限性,这需要研究确立新的低碳行政原则来加以补充。低碳行政要求行政活动以生态保护作为一种具有时代特点的新的行政目标和价值取向,要求确立行政行为的低碳化标准,强化生态风险预防的行政管理模式,并以低碳环保作为行政主体及其公务员的一项工作绩效,而不只是要求行政行为的合法与合理。

第二,在行政主体方面,除了传统行政法对行政主体法定性、高效性要求外,还必须强化对组织机构设置和运行的低碳化要求。

行政主体作为社会物质资源的重要消耗主体,也要对外产生数量巨大的碳排放,其规模越大、层级越多、冗余人员越多,公共行政资源的需求也就越大,能源资源的耗费和碳排放量就越高。需要说明的是,行政成本是可以按照一定的数量关系换算成碳排放的,对此较早展开实践的国家是英国。[①] 英国的实践向我们表明,更加合理的政府职能、机构设置的科学化以及对人员的控制等来降低行政耗费以节能减排,是建设低碳化行政主体的重要途径,这一要求应当体现在行政组织法规范之中。

离开了行政主体自身的低碳,低碳社会不可能建成。因而极有必要基于低碳标准对其进行法律规制。从行政主体的组织法要素来看:在机构要素的规制上,必须着力精简目前臃肿不堪的议事协调机构和临时性机构,控制衍生性行政机构的隐性膨胀,废除上下级机构的机械对口设置,并适

---

① 英国 2005 年汉普顿报告 (Hampton Report) 曾提出,通过精简独立规制机构 (将原 73 个规制机构精简为 7 个主题性规制机构),以风险评估作为决策基础,将规制重点放在高风险项目可以显著减轻行政负担。同年由英国规制优化工作小组发布调查报告提供的数据表明,遵循"所测即所得"和"一进一出"规则,通过简化规制项目与合理确定规制优先顺序 (根据风险发生的可能性和严重程度) 等方法来减少行政成本,其潜在方法具有的经济价值将达到英国 2002 年 GDP 的 1%。由于 2002 年英国 GDP 为 1.565 万亿美元,而因此产生的二氧化碳当量约为 6.558 亿吨,由此,通过这类改进机构设置和职能配置的措施,相当于每年为英国节约行政成本 156.5 亿美元,也相当于减少当量 655.8 万吨的碳排放。See Philip Hampton, Reducing Administrative Burdens: Effective Inspection and Enforcement, London: Her Majesty's Stationery Office, March 2005, pp. 115 - 120; Better Regulation Task Force, Regulation-Less is More: Reducing Burdens, Improving Outcomes, London: Cabinet Office Publications & Publicity Team, March 2005, p. 3; UK Department of Energy and Climate Change, UK Climate Change Sustainable Development Indicator: 2008 Greenhouse Gas Emissions, Final Figures, London: UK Department of Energy and Climate Change, February 2010.

当撤并职能相同或相近的工作部门。在人员要素的规制上，应当治理人数超编及其伴随的人员结构性冗余问题，建立正常的冗余公务员清退机制。在物质保障要素的规制上，首先，要建立相关的低碳国家标准约束行政机关建筑和办公物品的配置；其次，要制定相应的节能减排准则来指引行政机关保障要素的运营和使用；最后，还要建立必要的内部和外部监管机制来保障行政主体物质保障要素配置和使用的低碳化落到实处。

第三，在行政程序方面，程序是行政主体实施行政行为的具体过程，程序通过在环节、手续上消除繁文缛节，构建简约、便捷的程序模式，可以有效减少不合理的碳排放。同时，还可以方便相对人办事，降低不必要的社会成本消耗，在低碳生活的全局意义上，也减少了能源耗费和碳排放。因此，对行政程序提出低碳化要求并加以规范，也应当是行政法适应低碳要求的一种发展。但程序正当和程序理性一直是到今日为止我们在行政程序理念上强调的重点内容，程序的低碳化基本上还没有引起关注。学界讨论较多的"程序正当"也主要是强调"行政公开"、"听取意见"、"保障行政相对人和利害关系人的知情权、参与权和救济权"和"实行回避"等几项内容，其目的在控权（力）和保权（利），并未体现当今低碳这一"气候变化的正义"。

行政法对低碳建设的促进需要对行政程序进行低碳化的设置。从现实具体制度来看，目前的行政程序尚缺乏节能减排的生态考量，这不仅指向程序过程自身运行的资源浪费和高碳排放，还表现为现有的程序机制对外不能有效承担起促进社会节能减排的执法和决策功能。为此，构建和完善节能环保的低碳行政程序应当是行政法回应低碳时代的又一重要任务。从行政程序的构成要素来看，在程序主体要素上，行政程序的低碳化要求应当尽量消除不必要的程序事项（如废除各种不必要的证明），相对集中行政主体的职权，从而削减不必要的程序参与主体，以减少碳排放源。在时间要素上，行政程序的碳足迹是程序参与主体一定时间段内的所有活动引起的二氧化碳排放总量，故行政程序持续的期间越长，碳足迹就越长。因此，时间要素的低碳化要求改进行政程序的时效制度，缩短程序参与主体在行政程序中的时间耗费。在空间要素上，行政程序的低碳化要求确立就近灵活的管辖规则，撤并烦琐冗余的手续环节，广泛运用网上办公等低碳化等方便节省的程序工作方式。为此，我国行政程序的未来改进要考虑低碳因素而优化行政过程，减少行政活动中过于形式化，烦琐性的程序、手续并适当扩大行政简易程序在行政活动中的适用范围。目前简易程序只能适用于行政处罚等极少数领域是需要改进的。为了充分实现程序的低碳化，今后可以考虑扩大简易程序在行政活动中的适用范围。

第四，行政法应对气候变化对行政行为也提出了新的要求，这主要表现在两个方面：一方面是使行政行为能有效履行对全社会实施低碳规制的新职能，但传统行政行为主要形成于自由法治国和社会法治国时期，进入以气候变化等环境风险为代表的风险法治国时代，传统的行政行为在理念、类型、方式上均有一些局限性，不能完全适应新职能的要求，因而需要调整、发展和创新。如要突出行政行为的风险控制、预防性功能；将行政许可、行政奖励、行政指导、行政处罚、行政强制等传统行政行为运用于节能减排管理领域时，必须针对新问题、新情况加以方式上的调整；同时，面对低碳规制这一新的管理事项，还必须创新行政行为的类型和方式，探索建立如碳信息管理、碳交易管理、碳汇管理等各种新的行政行为方式。另一方面是规范、实现行政行为自身运行的低碳化。实际上，各类行政行为在方式上都存在低碳化改进的空间，也具有很大的节能减排潜力。① 同时，支撑行政活动的物质保障即行政活动的办公物品、办公场所、车辆使用等更需要低碳控制，必须符合低碳标准。行政活动所需的物质有巨大的能源、资源耗费，能产生巨大的碳排放量。② 从行政活动涉及

---

① 如网上许可审批和行政指导、电子执法、电视电话会议等都是节省能源、减少碳排放的行为方式。

② 以美国联邦政府为例，正是由于联邦政府巨大的能源、资源耗费和巨大的碳排放量，美国总统要求所有联邦机构在建立清洁能源经济中发挥领导作用，并就2020年前二氧化碳减排事项，向环境质量委员会主席和联邦管理和预算办公室（OMB）主任提出详细实施计划。计划涉及联邦机构所有或控制的资源直接产生的温室气体排放，联邦机构购买的电、热、气等直接产生的温室气体排放，以及虽非联邦机构所有或控制但与联邦机构活动有关的温室气体排放（如邮递服务、自动售货机供应链、公务人员的交通等）。根据各联邦机构自己设定的碳减排目标，美国联邦政府将于2020年在2008年的基础上直接减少28%的碳排放（如原油和建筑能耗），并且间接减少碳排放13%（如联邦职员通勤和办公室垃圾处理）。按此目标，联邦政府可以减少能源用量646万亿焦耳的当量，相当于节约2.35亿桶原油或一年减少1700万辆汽车，也相当于到2020年减少能源开支累计总量达80亿—110亿美元。The White House Office of the Press Secretary, President Obama Sets Greenhouse Gas Emissions Reduction Target for Federal Operations, January 29, 2010, http：//www. whitehouse. gov/the-press-office/president-obama-sets-greenhouse-gas-emissions-reduction-target-federal-operations，2010年9月18日访问。

物质资源来说，行政活动的低碳化至少体现为以下要求：建造、使用节能的办公建筑；节约使用煤、气、水、电等能源；使用节能环保型照明设备、办公用品、交通工具等各种公共设施；加强办公区域的绿化建设；实现办公用品的回收利用，等等。

第五，在行政责任方面，行政法应对气候变化要赋予政府实施低碳规制和自身遵守低碳标准的法定职责和义务，如果政府怠于履行职责或相关义务，就应当承担相应的政治和法律责任。这要求行政法在行政责任方面建立低碳内容的法律责任体系，从生态环境这一重大长远利益和一旦破坏难以逆转的危急性着眼，这必须是极严格和刚性的制度建构，如实行生态环境决策的终身责任追究、严格的绩效考核和内部行政问责，还包括相应的行政复议和行政诉讼制度。而在这种责任构建方面，目前的行政法规定当然还需要完善。

第 二 章

低碳行政原则研究①

第一节　传统行政法基本原则及其时代局限

一　传统行政法基本原则的主要内容

行政法的基本原则高度体现行政法的精神、目的及价值取向，指导行政法的制定、执行和遵守，是行政法具体规则的基石。为此，行政法应对当今时代的气候变化，并指导和规范相应的行政活动，首先应在基本原则上得以体现，这就必须先探讨研究行政法所应确立的相关基本原则。

对于行政法的基本原则各国行政法学都有高度提炼，其中以大陆法系的法国、德国和普通法系的英国、美国为代表。

法国是现代行政法的母国，它最先确立和发展了独立的行政法体系，并总结提炼了行政法治和行政均衡两项基本原则。对于"行政法治原则"，多数法国学者认为，是指行政活动必须遵守法律，违反法律要承担一定的法律责任，如导致无效、撤销或行政赔偿责任。具体而言，这一原则包括行政应当有法律的授权、行政行为应当符合法律上的形式标准和目的要求、行政机关应当通过各类行政行为以保障法律的实施等三项内容。② 对于"均衡原则"，法国行政法学家古斯塔夫·佩泽尔从司法审查的角度提出了均衡原则的三个核心要求：行政决定的结果不能"看起来

---

① 本章部分内容曾以《低碳行政原则的确立与展开》为题发表于《东岳论丛》2013 年第 8 期。

② 参见［法］莫里斯·奥里乌《行政法与公法精要》（上册），龚觅等译，辽海出版社、春风文艺出版社 1999 年版，第 45—67 页；［法］莱昂·狄骥《公法的变迁·法律与国家》，郑戈、冷静译，辽海出版社、春风文艺出版社 1999 年版，第 56—62 页。

有悖良知、丑恶可耻、违背逻辑"、手段与目的相称、损失与利益平衡。①

德国行政法提炼的基本原则以体系化、精细化著称于世，并对各国行政法产生了深刻影响。德国行政法的基本原则主要包括依法行政原则、比例原则与信赖保护原则。德国行政法学鼻祖奥托·迈耶认为，依法行政原则由"法律的规范创造力"、"法律优位"、"法律保留"三个子原则构成。② 比例原则在广义上包括"妥当性"（即行政手段应有助于达成其所追求的目的）、"必要性"（最少侵害原则）、"法益相称性"（行政机关对公民个人利益的干预与实现的公共利益必须基本相称）三个子原则。③ 信赖保护原则形成于"第二次世界大战"之后，学者们对其的共识性见解是：当社会成员信任行政主体的行为过程中某些因素的不变性，并且此种信任依法应当受到保护时，行政主体不得任意改变，或者出于公共利益保护在改变后行政主体必须就社会成员的信赖损失予以合理补偿。④

英国行政法主要采取普通法的规则与形式，普通法传统中的法治原理、自然正义原理等在英国行政法的形成与发展过程中发挥着至关重要的作用，也由此形成了英国行政法上的越权无效原则、合理性原则与程序公正原则等三项行政法基本原则。⑤ 作为英国行政法的核心原则，越权无效原则禁止公共当局越权，但其具体内容并没有制定法上的明确规定，从英国法院的判例来看，违反自然公正原则、程序上的越权、实质上的越权构成行政法上越权的理由，其都会导致公共当局决定的无效。合理性原则主要针对行政自由裁量权而设，它是衡量行政自由裁量权的行使是否合理及其是否被滥用的标准，该原则也由英国法院判例发展而来，判断合理性的标准主要有是否背离法定目的、是否存在虚假动机、是否有不相关考虑以及是否存在显失公正。⑥ 程序公正原则要求行政权力的行使应当保证最低

---

① 参见［法］古斯塔夫·佩泽尔《法国行政法》，廖明坤等译，国家行政学院出版社 2002 年版，第 45—51 页。

② 参见［德］奥托·迈耶《德国行政法》，刘飞译，商务印书馆 2002 年版，第 68 页。

③ 参见陈新民《德国公法学基础理论》，山东大学出版社 2001 年版，第 369 页。

④ 参见［德］格奥尔格·诺尔特《德国行政法的一般原则——历史角度的比较》，于安译，《行政法学研究》1994 年第 2 期。

⑤ 参见［英］威廉·韦德《行政法》，徐炳等译，中国大百科全书出版社 1997 年版，第 95 页。

⑥ 参见周佑勇《行政法基本原则研究》，武汉大学出版社 2005 年版，第 74—76 页。

限度的公平、正义与理性，其具体包括避免偏私规则和公平听证规则。①

受英国普通法传统中"自然正义"理念的影响，美国行政法特别注重行政正当程序和行政公开两大基本原则。行政正当程序原则是美国宪法中正当法律程序原则在行政法领域的具体运用，核心思想是当行政机关的决定对行政相对人的生命、财产或自由造成侵害或其他不利影响时，行政机关应当听取相对人的意见；行政机关在行政活动中还应当排除偏见或避免偏私。而行政公开原则则是逐步通过制定法确立起来的，1967年颁布的《情报自由法》、《阳光下的政府法》以及1974年颁布的《隐私权法》分别就行政机关在政府文件公开、会议记录公开以及个人记录公开方面的义务作出明确规定②，由此确立了行政公开这一美国行政法的基本原则。该原则要求行政机关的行政信息必须及时对外发布，主动接受公众对行政机关工作态度及工作效率的实时监督，以弥补其他监督方式的不足。

我国的行政法学起步较晚，在学习、借鉴他国行政法学理论成果和制度经验的基础上，结合我国行政法的实际，总结提炼了一系列基本原则。其中最具有共识性和高度概括性的是"合法行政"与"合理行政"这两个基本原则。③ 合法行政原则要求行政机关必须依法实施行政管理，没有明确的法律依据，行政机关不得作出影响行政相对人权利、义务的决定。依据功能和内容的不同，该原则具体包括职权法定、法律优先、法律保留三个子原则。合理行政原则则要求行政机关实施行政管理必须符合公平、正义等法律理性，其包括平等对待、程序正当、比例原则以及信赖保护原则等方面的内容。此外，还有学者认为行政法的基本原则应当包括依法行政原则、合理性原则、责任行政原则、诚实信用原则和正当程序原则。④ 也有学者从实体性原则和程序性原则两个角度加以表述，认为前者包括依法行政、尊重和保障人权、越权无效、信赖保护、比例原则等子原则，后者包括正当法律程序、行政公开、行政公正、行政公平等子原则。⑤ 还有

---

① 参见周佑勇《行政法基本原则研究》，武汉大学出版社2005年版，第77页。

② ［美］威廉·F. 芬克、理查德·H. 西蒙：《行政法案例与解析》，中信出版社2003年版，第331页。

③ 参见罗豪才主编《行政法学》，中国政法大学出版社1999年版，第56—65页。

④ 参见应松年主编《当代中国行政法》，中国方正出版社2005年版，第80—119页。

⑤ 姜明安主编：《行政法与行政诉讼法》，北京大学出版社2005年版，第64—79页。

学者在反思上述行政法基本原则的基础上，以"行政法的根本价值和基本矛盾"为内在根据，将行政法基本原则分为行政法定、行政均衡、行政正当三项。其中行政法定原则等同于一般意义上的合法行政原则，具体包括职权法定、法律优先以及法律保留三个子原则；而行政均衡原则则包括平等对待、禁止过度、信赖保护等子原则；行政正当原则包括避免偏私、行政参与、行政公开等子原则。[①]

中外行政法学所提炼形成的上述这些基本原则，虽然在认识的角度、要求的标准或表述的方式上有一些区别，但就其实质内涵而论都有一个共同的核心指向：从根本上讲，这就是要求政府的行政活动必须依据法律与公正合理，约束行政权力不得专横和恣意，构造的是政府与公民之间关系的和谐。而行政法应对气候变化，突出的是节能减排的低碳要求，主要调整人（包括政府与公民）与自然的和谐，这显然对行政活动增加了新的约束标准，即行政不仅有合法、合理的约束，还有着低碳的约束，这种低碳约束包括节约资源能源、减少碳排放、保护生态环境等多个方面，它一方面要求行政活动必须低碳化，同时还要求行政活动以积极推进全社会的低碳发展为其新的目标任务。这一内涵显然已不是合法行政、合理行政等基本原则的内容和指向所能解决的，因而传统行政法的基本原则就存在着一定的历史局限性。

二　传统行政法基本原则的时代局限

总体上讲，行政法经历了自由法治国、社会法治国和风险法治国三个不同的时代，不同时代的行政法有其不同的时代任务，各时期的基本原则也就具有不同的内涵及作用。

（一）自由法治国时代产生的行政法基本原则

近代意义的行政法是随着资产阶级革命的胜利，欧美各国陆续建立宪政体制后得以逐步产生和发展的，政治上就是为了约束政府权力的专制，保障公民的合法权益免受政府的不法侵害。在自由资本主义时期，摆脱了封建专制桎梏的资本主义生产关系则要求经济上奉行自由竞争、自动调

---

①　参见周佑勇《行政法基本原则研究》，武汉大学出版社2005年版，第158、200、238页。

节、自由放任的原则,反对国家以任何形式干预经济,使资本主义的经济完全按照市场自身的规律发展。为此,这一时期的行政法要求政府只是充当"守夜人"的角色,以"秩序行政"为其主要职能——"政府的目的是充当警察和卫士,而不是提供衣食住"。①

基于此,不同国家的行政法确立了不同的限制行政权力的原则,如法德等大陆法系国家的法律优先、比例原则等,这是在实体方面控制行政权力,要求行政接受法律的绝对拘束;英美等普通法系国家确立的越权无效、程序正当原则等,主要是从程序上制约行政权。虽然这些原则在内容表述、控制模式上存在差异,但核心思想都是确保行政机关必须在法律范围内行使行政权力,以制约其不得超越和滥用。可见,自由法治国时期的行政法属于消极行政法,贯穿这一时期行政法基本原则的精髓就是"控权"。

(二) 社会法治国时代行政法基本原则的发展

以控权为精髓的行政法基本原则适应了自由法治国时代控制行政权力的需要,但在 19 世纪末 20 世纪初资本主义社会进入垄断资本主义时期后,自由放任的市场经济所固有的缺陷②开始不断显现出来,并导致了很多的社会问题,这亟须政府对社会经济进行综合性、经常性的调节,承担起干预市场经济和为公民提供生存照顾的任务。为此,行政开始干预社会生活的各个方面,除经济事务之外,在科技、教育、医疗、交通及其他社会事业领域,政府承担大量的行政职能。因此,行政的职能得到了强化,特别是给付行政在实现公共福利方面的作用得到了极大的发挥。社会法治国时代的行政法开始普遍建构"实质的法治国家"和"给付国家的综合体制",即行政机关应成为给付的主体,而予人民充分的照顾。③

为了确保政府能够有效地承担起社会福利供给的重任,社会法治国时期的行政法基本原则除继续强调对行政权力进行监督与制约外,更侧重于促进行政权力积极有效行使以回应社会的民生需求。因此,行政法的基本

① 路易·亨金语,转引自杨小君《二十世纪西方行政权的扩张》,《西北政法学院学报》1986 年第 2 期。
② 自由放任的市场经济有自发性、盲目性、滞后性等固有缺陷。
③ 城仲模:《现代行政法学发展的新趋势》,中国台湾《人事月刊》1988 年第 6 期。

原则在以"控权"为指导的自由法治国时代原则基础上进行了拓展，通过信赖保护原则和便民高效原则来促使政府积极履行民生保障的行政职责，体现"民生保障"的精髓。

这两个原则针对的都是积极行政。信赖保护原则是在实质意义的行政法治取代形式意义的行政法治之后，由大陆法系国家如德国等国的学者最早提出来的。福利国家中，公民以行政机关的决定来预期安排自己当下及将来的生活，所以国家和公民之间的关系应当值得信赖；当行政机关的某个行政行为，给公民带来了可预期且值得保护的信赖利益，行政机关不得任意撤销该行政行为，如因保障公共利益或者紧急情况下必须撤销该行政行为，行政机关也应依法给予相对人合理补偿。信赖保护原则与行政合法性原则之间会产生冲突，这在 1956 年德国柏林高级行政法院"安寡金"案件中得到了体现，因此必须在个案中平衡好信赖利益保护原则与行政合法性原则之间的关系。[①] 便民高效原则是指行政机关行使行政职权或者履行行政职责必须严格遵守法定时限，不断提高办事效率，方便公民、法人和其他组织。信赖保护原则和便民高效原则是在自由法治国向社会法治国发展过程中不断形成的，它们并不是对自由法治国时代行政法基本原则的抛弃，而是拓展和深化，确保了行政行为既合法又合理、既有效控制行政权力又保障公众的社会福利。

（三）传统行政法基本原则在风险法治国时代的局限性

进入 20 世纪，传统化石能源的大量消耗、二氧化碳的大量排放，导致地球温室效应不断显现：气温日益升高、极端气候频繁、环境急剧恶化等。行政权力的行使除了需要具备合法性、满足社会的民生需求外，还需要承担起规制环境风险的重任，行政管理也不断扩张至更为广泛的社会福利和环境领域。[②] 不同于自由法治国时代对行政权力的制约、社会法治国

---

① 在该案中出现了依法行政原则所保障的公共利益与信赖保护原则所保护的私人利益之间的矛盾，而依法行政原则与信赖保护原则都是代表宪法价值的原则。该案后经德国宪法法院确认，认为这是法律安定性原则在保护公民合法权益上的表现形式，侵害公民的信赖即构成违反法律安定性原则，从而适用了保护公民私人利益的信赖保护原则。关于该案件的具体内容参见吴坤城《公法上信赖保护原则初探》，载于城仲模主编《行政法之一般法律原则》（二），中国台湾三民书局 1997 年版，第 241 页。

② 参见伯纳德·施瓦茨《行政法》，徐炳译，群众出版社 1986 年版，第 55 页。

时代对民生保障的重视,风险法治国时代的行政法更加注重于对生态环境的保护、对生态文明的追求,其精髓在于"生态保障"。因而传统行政法基本原则的控权与民生保障思想已经不完全适应风险法治国时代的要求,逐渐暴露出其时代局限性。

1. 基本理念的局限

传统的行政法基本原则着眼于行政权的控制,在"自由法治国"时期所形成的合法行政原则即秉持严格的"控权"理念,保证行政权力在法定范围内行使①,恪守无法律则无行政的准则。合理行政原则是在行政合法原则基础上的发展和补充,要求行政权及其行使不仅应依据法律外,还必须在法律规定的空间限度内适当运用。在随后的"社会法治国家"时期,这一原则尤其凸显了其重要作用。因市场调节失灵而引发的经济危机和第一次世界大战遗留的社会民生问题为政府行使行政职能提出了新的要求,即积极运用广泛的裁量权满足公民生存和发展需要,但行政裁量则带来了行政权力的滥用和行政恣意问题,使得行政法必须重视对行政裁量权合理运用的约束,由此延伸出行政的"妥当性"、"必要性"、"法益相称性"和"信赖保护"等合理行政的具体内容。可见,合法行政原则与合理行政原则旨在制约行政违法和行政失当,这一理念受限于其特定的时代背景,尚不能有效回应当代应对气候变化、推进低碳发展的行政职能,没有体现节约资源能源和生态环保这一新的具有全球共识性的时代理念。行政法学历经了从自由法治国时代到社会法治国时代的发展,而当今已进入了风险法治国时代,面对能源和气候环境危机等风险问题,传统行政法的控权理念以及由此而形成的合法行政原则和合理行政原则等,还不能适应政府推进低碳社会建设的时代任务和新型职能,因而需要确立新的基本原则作为重要补充。

2. 价值目标的局限

"自由法治国"时期的合法性原则和合理性原则(包括延伸和扩展的各项次级原则),其重要作用是严格约束行政权力不得越权或滥用,追求的主要价值目标是保障公民的人格尊严、自由权、财产权等不被行政权力所侵害,以及保障获得公正的对待,这主要体现为实现在政治层面上

① [英]威廉·韦德:《行政法》,徐炳等译,中国大百科全书出版社1997年版,第5页。

"政府与公民之间关系的和谐"。

"社会法治国"时期在合法性原则和合理性原则基础上增加形成的"信赖保护"原则和"便民高效"原则，其重要作用是促使政府积极履行服务职责，追求的主要价值目标是保障公民的生存福利、社会公平以及平等发展等社会、经济权利，这主要体现为在社会层面上"社会成员之间关系的和谐"。

在当今"风险法治国"时代，能源资源安全和生态环境风险以及承载代际正义的可持续发展已成为一种新的价值目标，这是体现在生态层面上"人与自然之间关系的和谐"，它需要当代政府履行新的职能并积极采取行动来保障实现，因而也需要行政法来明确政府的行为规则，但是，无论是自由法治国还是社会法治国时期，传统行政法所确立的合法性原则、合理性原则、信赖保护原则以及便民高效原则，却均不包含有这一新的价值目标。

3. 规制标准的局限

基本理念与价值取向的不同，决定了行政法在规制标准上要遵循不同的要求。行政法的合法性标准要求行政机关在作出行政行为时必须严格依据法律规定，法无明文规定不可为，通过法律优先、法律保留等规则保证行政活动遵从形式法治，这些意味着行政要服从并依照人民的意志。行政法的合理性标准要求任何行政行为的作出都必须公平公正公开，不仅要确保合法行政，更需要依照平等对待、比例原则、程序正当等合理行政原则以实现实质法治，这提出了行政要遵循社会伦理的要求。在自由法治国与社会法治国时代，合法性标准与合理性标准能够满足当时社会对规制行政行为所提出的要求。但是当人类社会进入到风险法治国时代，高碳排放、极端气候、环境恶化等风险已经严重威胁到人类的生存与发展，节能减排、低碳发展已经刻不容缓。合法性标准与合理性标准作为规制行政行为的两大标准，虽然能够确保行政行为的合法与合理，但是它们两者均属于社会伦理。而在促进节能减排、构建低碳社会的重任中，更为强调科学技术的运用，通过理性的技术手段，如定量的碳排放量数据测算、环境风险的评估等来对行政行为进行规制，这表明低碳性标准属于科技伦理，要严格按照科学的标准去开展低碳行政行为。

单纯依靠社会伦理的合法性标准与合理性标准并不能够保证行政行为

的低碳与环保，这就提出了风险法治国时代规制行政行为的新的标准——低碳性标准。低碳性标准的提出并不是否定合法性标准与合理性标准，任何行政行为首先都要严格遵循这两个标准，但随着时代背景的变化，政府职能及其行政行为内涵都已经出现了变化，进行节能减排、实现生态文明等已经成为行政行为的目标，因此低碳性标准的本质是要求行政行为必须符合生态规律。根据这一标准，行政机关一方面要通过优化行政程序、减少碳排放量等措施来实现行政活动的低碳化；另一方面要求行政机关通过自身的示范带动效应来促进整个社会成员都做到节能环保，从而承担起促进构建低碳社会的重任。行政行为的规制标准由合法性标准与合理性标准扩展到低碳性标准，能够适应低碳的时代背景对行政行为提出的新要求。

4. 调整方式的局限

在低碳时代，以确定性、行政机关为主导的传统行政法学越来越受到风险社会理论的影响。传统行政法学所调整的行政行为基本上是以确定性的决策依据为导向——要求确定的法律法规依据、确定的科学证据支持等，因此建立在这样一种理念上的行政行为都被要求：明确的事实认定、较为充分的证据以及合理的行政裁量等。在自由法治国与社会法治国时代，为了有效规制不断膨胀的行政权力，确保行政机关为社会公众提供安定的秩序及完善的社会福利，合理平衡限制公共权力与保障公民权利之间的相互关系，因而对行政权力的调整采用的是事后确定性的模式。行政机关在作出行政行为时，必须要以法律认定的相关事实及确定的法律条款为基础，在对行为的规模、程度及可能导致的损害予以充分判断之后，才能依法运用行政权力予以干预，往往采取的是事后处罚、事后强制等调整方式。行政行为的传统调整方式表现出确定性及反应性的特点。但风险法治国的到来使得行政权力所针对的对象呈现出越来越高的不确定性，针对低碳领域的相关问题，如何识别潜藏的环境风险，并对之进行有效的预防与规避，为社会公众提供安全的生活并确保社会公共利益，成为行政行为的重点所在。"政府职责的重心显然已经有所改变，即从对秩序的关注、保护公众的自由权利状态不受非法干预，转变为通过未来目标而全面形塑社会。"① 低碳时代的环境风险等具有更高的不确定性、复杂性与灾难性等特点，尤其是有些环境风险的发生概率虽然很低，但却极容易造成灾难性后果；加之公众由于自身知识所限，难以对风险进行客观理性的分析与认知，极容易产生恐慌性认识。这些原因都使得风险无法在事先被理性认知，通过现有的行政法理念与原则，也难以在事前对之采取提前介入的方式进行有效的预防性调整。法治国家对行政的基本要求就是依法行政，任何行政行为都应置于法律的规范之下，但这种事后的调整方式已经不适应低碳时代的要求，在面对不确定的环境风险时，行政机关如果畏缩不前，就不能够为公众创造一个安全的生活秩序。因此行政机关要以预防性理念为指引，将行政行为的时间界限提前，通过认真的提前规划，阻止潜在的不利影响，确保所采取的行政行为具有预防性与前置性。

上述这些局限性的存在，要求风险法治国时代的行政法基本原则在传统行政法原则的基础上进行必要的深化与拓展，从而指导政府积极履行生态保护的行政职责，实现行政行为既是合法合理的，又是低碳环保的；确保政府活动既能够节约能源资源，又能够减缓环境危机。这就需要确立新的行政法基本原则，以有效回应低碳时代对行政法所提出的以上新要求。

第二节　低碳行政原则的提出

一　确立低碳行政原则的必要性

应对气候变化的多层次性和复杂性决定低碳行政原则是一项内涵新颖且内容丰富的行政法原则。依据本书理论构建的前提预设，可以将低碳行政原则的内涵界定为：政府作为实现公共利益的主体和低碳社会建设的旗手在应对气候变化上负有法定职责，它要求政府以及社会公众节约能源资源，不断降低能源消耗；通过技术改造鼓励支持开发使用新能源，规制传统化石能源的使用；通过增加碳汇等方式进行碳中和，以确保在各具体领域实现节能减排目标，有效应对气候变化的挑战，因此，低碳行政原则的确立具有迫切的现实必要性，这主要表现为以下几个层面：

---

① ［德］埃贝哈特·施密特·阿斯曼等著、乌尔海希·巴迪斯编选：《德国行政法读本》，于安等译，高等教育出版社 2006 年版，第 53 页。

（一）贯彻可持续发展战略的需要

可持续发展（Sustainable Development）的概念最先由世界环境与发展委员会主席布伦特兰夫人在 1987 年发表的《我们共同的未来》报告中提出，其将可持续发展原则的基本内涵概括为："既满足当代人的需求，又不对后代人满足其需求的能力造成危害的发展。"世界环境与发展委员会由此又提出了《关于环境保护和可持续发展的法律原则》，其提出将"保护和可持续利用"作为环境保护的总原则，要求各国维护生物圈发挥功能所必需的生态系统和生态过程，以保护生物的多样性，该原则还强调在利用生物资源和生态系统时，应当遵守最佳可持续产量的原则。有学者将可持续发展原则的具体内涵总结为：环境与经济、社会协调发展原则；综合开发、利用、保护和防治环境资源原则；防治结合原则；环境责任原则；公众参与原则①。还有学者认为可持续发展原则由代内公平、代际公平、环境与经济社会发展协调化、资源可持续利用四个基本要素构成。②1991 年，中国发起召开了"发展中国家环境与发展部长会议"，发表了《北京宣言》。1992 年，中国政府在里约热内卢世界首脑会议上签署了环境与发展宣言，并作出履行《21 世纪行动议程》的庄严承诺。1994 年，国务院编制并通过了《中国 21 世纪议程》。1997 年，党的十五大明确将可持续发展战略作为我国经济发展的基本战略。

在气候变化的背景下，低碳行政原则的提出是实现可持续发展战略的一个重要途径。首先，在当今全球气候变化的背景下，节能减排与低碳发展已经成为可持续发展的应有之义和必要条件，二者相辅相成，互相促进。可持续发展要求当代人对资源的使用不能危及下一代的生存能力，依赖政府的规制手段促进各方社会主体节约资源、能源，保护生态环境。其次，政府作为行政组织本身就是一个巨大的资源消耗实体，可持续发展战略的落实离不开行政组织的节约和环保，因此，需要通过低碳行政原则对政府本身的可持续发展作出要求。再次，可持续发展战略作为一项国际和主权国家层面的发展战略，涉及社会、政治、经济、技术等方方面面的问

---

① 沈木珠：《可持续发展原则与应对全球气候变化的理论分析》，《山东社会科学》2013 年第 1 期。

② 张平、刘小红、杨平：《环境可持续发展原则探析》，《西部法学评论》2008 年第 5 期。

题，需要在综合考虑国家和社会整体发展能力的基础上进行全盘规划、综合统筹，这绝非任何私人主体所能胜任，而只有依靠国家和政府以其强大的公共资源调配能力和长远的战略规划能力才能得到实现，这就需要在作为"政府管理法"的行政法中确立与之相应的法律原则来予以落实。

（二）落实共同但有区别责任的需要

共同但有区别的责任（Common but Differentiated Responsibilities）是一项气候变化领域的国家责任。最早由 1992 年《里约环境与发展宣言》原则 7 所提出。[①] 1998 年《联合国气候变化框架公约》再次强调和重申了该原则——"各缔约方应当在公平的基础上，并根据它们共同但有区别的责任和各自能力，为人类当代和后代的利益保护气候系统。"在规范内涵上，共同但有区别责任原则包括"共同责任"和"区别责任"两个要素。"共同责任"要求国际社会把气候变化作为一个全球整体问题来对待，每个国家都应根据共同但有区别的责任与其自身能力、社会经济发展实际，广泛开展国际合作，并参与到全面有效的应对气候变化国际行动之中。"区别责任"源于发达国家的巨量碳排放（包括过去和现在的排放）和减排能力优势（技术和财力资源）。基于"区别责任"，发达国家应率先承担强制性的减排义务，而发展中国家由于面临"发展要务"，在达到发达国家的社会经济水平之前暂时不承担量化的、强制的减排义务，但鼓励发展中国家主动承诺减排义务。在二者的内部关系上，"共同责任"应当是基础性和主导性的原则规范，无论是在气候变化的国际政治谈判还是各国节能减排的国内行动中，"共同责任"作为底线都应无条件地得到遵守。与"共同责任"的普遍适用不同，"区别责任"是指各国应当根据自身经济社会发展实际情况承担不同的责任，但是，也有学者提出适用"区别责任"应受到必要的限制：一是适用"区别责任"不得背离条约根本目的[②]，二是"区别责任"适用的情形不存在时，该原则应当停止适

---

① 该条原则的具体内容是："各国应本着全球伙伴精神，为保存、保护和恢复地球生态系统的健康和完整进行合作。鉴于导致全球环境退化的各种不同因素，各国负有共同的但是又有差别的责任。发达国家承认，鉴于他们的社会给全球环境带来的压力，以及他们所掌握的技术和财力资源，他们在追求可持续发展的国际努力中有责任。"

② See Kerry Tetzlaff, Differentiated Treatment in International Environmental Law, *International & Comparative Law*, Quarterly, 2007, Vol. 56.

用。因此，从理论上来说，共同但有区别责任原则的两个方面应当以"共同"为原则，以"区别"为例外，二者相互补充、相互制约。①

基于共同但有区别的责任，中国已承诺至 2020 年单位国内生产总值二氧化碳排放率与 2005 年相比下降 40%—45%，并将该比率纳入我国国民经济约束性指标。为落实这一国家责任，需要依靠国内的立法、行政和司法活动来将之进行转化和贯彻，这也对立法、行政和司法提出了新的要求——根据本国的减排份额或减排承诺，科学制定气候变化立法、积极运用行政行为推动节能减排并对严重不低碳行为和气候侵权行为实施司法审查。其中尤其需要行政来发挥作用。因为，立法只是行政和司法的前提和标准，需要行政机关的规制行为来约束行政相对人的节能减排活动，司法则只能在事后加以救济和惩罚，具有其固有的滞后性。可以说，在行政法领域的低碳行政原则应当是兑现共同但有区别责任的前沿阵地。

（三）预防生态风险的需要

从长远来看，气候变化可以造成严重的不可逆转的影响，但其具有严重的"反事实性"——在现实生活中的直观危害性与其风险程度成反比，虽然具有灾难性的后果，但这种不利后果往往需要数十年甚至更长的时间才会显现出来。这在某种程度上导致了气候变化领域的"吉登斯悖论"，即由于气候变化风险在日常生活中具有不明显、不可见的特点，在危险后果发生之前人们往往对其无动于衷，但一旦待到其危害后果变得明显、可见时，一切行动都为时已晚，从而酿成难以逆转的风险后果。与以往的环境损害相比，气候变化的环境风险在一定程度大大超出了普通人的认知范围。对此，低碳行政原则有利于促使政府强化低碳意识，面对气候变化风险积极主动地采取政策和应对措施。

二 低碳行政原则的法理基础

从现实需要的视角观察，低碳行政原则的提出具有紧迫的现实必要。但其能否作为一项法律原则进入行政法的理论体系，还须从规范层面分析其可能具备的法理基础。以下主要从法哲学和宪法规范的两个方面展开分析。

---

① 参见李艳芳、曹炜《打破僵局：对"共同但有区别的责任原则"的重释》，《中国人民大学学报》2013 年第 2 期。

（一）低碳行政原则的法哲学基础

正义是法哲学永恒的话题，也是用于评价法律现象之正当性的终极工具，正如罗尔斯所指出，正义是社会制度的首要价值。① 从法律正义的角度，低碳行政原则符合了法哲学的横向正义与纵向正义。

1. 横向正义：气候脆弱人群的保护。在气候变化领域，横向正义主要指向气候脆弱人群的保护。气候变化中的脆弱群体主要是由于地理位置、资源禀赋、经济社会地位等条件限制而最有可能优先受到气候变化后果威胁的人。例如，部分小岛屿国家的居民就属于典型的气候变化脆弱人群，因为他们可能会随着全球暖化和海平面上升的加剧而丧失赖以生存的国家领土及相应的生存发展机会。正如习近平总书记 2013 年在海南考察时所强调的，"良好生态环境是最公平的公共产品，是最普惠的民生福祉"。② 气候变化脆弱群体所能承受的气候变化风险是最低的，这些主体的基本生存安全就是国际社会和各国政府在设定应对气候变化的目标时所应遵循的最低标准，也是气候变化法律治理必须恪守的底线伦理。低碳行政原则的目的是通过低碳社会建设保障和实现全社会乃至全世界人民的生态福利。通过督促政府积极提供"应对气候变化"这一普惠性公共物品，低碳行政原则充分照顾到了气候脆弱人群的利益，同时辐射到所有主体在气候变化中的生态安全，从而充分体现了气候变化的横向正义。

2. 纵向正义：气候变化的代际公平。气候变化的纵向正义主要要求当代人的生存和发展不应损害未来世代生存和发展所依赖的生态安全与发展资源，即不同代际享有的生存与发展条件的公平。早在 1972 年罗尔斯就提出资源与环境代际正义理论，其认为下一代人至少应该享有与上一代人相同的资源与环境基础。气候变化不仅影响当代人的生存和发展，也会威胁到后代人的利益，因此，基于代际正义，上一代人的碳排放不应当缩减下一代人的碳排放空间。然而，基于人类短线思考（只能对近期的收益或者危险作出反应）的行为机制③，当代人在发展经济社会时难以考虑

---

① ［美］约翰·罗尔斯：《正义论》，何怀宏等译，中国社会科学出版社 1988 年版，第 1 页。

② 光明日报评论员：《良好生态环境是最普惠的民生福祉》，《光明日报》2014 年 11 月 7 日。

③ See E. O. Wilson, *The Future of Life*, London：Little Brown，2002.

到后代人的需要。对此,低碳行政原则可以促进政府以其行政活动前瞻性、系统性地控制社会碳排放总量,通过充分照顾后代人碳排放空间及生存发展能力的长远政策考量,引导和规制全社会的能源资源消耗和碳排放,以实现气候变化的代际公平。

(二) 低碳行政原则的宪法规范基础

行政法作为具体化的宪法,其原则的确立源自宪法的基本精神和价值。从我国《宪法》的相关规定来看,低碳行政原则具有以下宪法规范作为基础:

1. "人权条款"。我国《宪法》明确规定:"国家尊重和保障人权。"气候变化所导致空气、水质问题,雪灾、洪灾等极端天气都严重影响了公民的环境权;并且,因气候变化而产生的海平面上升则可能导致沿海城市和地区被淹没,从而威胁人的生存权。来自国际人权政策理事会 (ICHRP) 的一份报告指出:气候变化将会直接或间接地威胁几乎所有人权,包括健康权甚至生命权,粮食、饮水和住宅的权利,文化权以及个人生计和安全的权利等。[①] 其中的健康权、生命权、住宅权等都属于最基本的人权范畴。当然,公民不能对非直接来自国家的权力的威胁而请求国家给付或者赔偿、补偿,但按照基本权利的客观价值秩序理论,国家有义务为环境权、生命权等基本人权的实现提供 "制度性保障"[②],即国家通过建立相应的法律制度以及积极作为应对气候变化,这也构成低碳行政原则的基本内涵。

2. "公民权利和义务相统一条款"。气候变化根源于人类在经济社会发展过程中对生态环境以及资源利用的 "有组织的不负责任" (organised irresponsibility)[③],正如克里斯蒂安教授所指出,部分社会成员大量的碳排放将人类与整个生态环境系统置于普遍危险之中,意味着个人 "随意伤害别人却无须为自己的行为负责"。[④] 因此,低碳行政原则要求政府通

---

① ICHRP, Climate Change and Human Rights: A Rough Guide, at http://www.ohchr.org/Documents/Issues/ClimateChange/Submissions/136_ summary.pdf, p.3.

② 参见张翔《基本权利的双重性质》,《法学研究》2005 年第 3 期。

③ [德] 乌尔里希·贝克:《世界风险社会》,吴英姿、孙淑敏译,南京大学出版社 2004 年版,第 191 页。

④ [瑞典] 克里斯蒂安·阿扎:《气候挑战解决方案》,杜珩、杜珂译,社会科学文献出版社 2012 年版,前言。

过行政活动对社会成员的碳排放活动实施规制，有着宪法上的正当性。我国《宪法》第33条第4款规定，公民享有法定权利的同时必须履行法定义务①，《宪法》第51条规定，公民行使权利存在着边界，即不得损害公共利益和其他公民的合法权利。② 这两项构成公民宪法权利的限制性条款，二者具有密切的法理关联：一是公民行使宪法和法律规定的权利与自由的同时负有不损害国家、社会、集体及他人合法权利与自由的义务；二是为维护国家、社会、集体及他人的公共利益，可以一定程度上克减公民的权利和自由。在当代，任何公民、法人和其他组织无疑都享有正当的碳排放权利和环境权利。但同时应当看到，正是社会个体共同的过度碳排放将人类与生态系统置于巨大的危险之中，进而威胁到社会成员共同的生存发展权利。因此，基于《宪法》上的"公民权利和义务相统一条款"，政府可以通过法律制度对严重的高碳排放主体课以节能减排的义务，通过行政规制来约束其不合理的碳排放活动，以保护社会的共同利益、长远利益，维系共同体的生存发展。

3. "节约条款"与"环境保护和防治污染条款"。我国《宪法》第14条第2款和第26条明确提出了"厉行节约""保护和改善生活环境和生态环境"的国家目标。对于"厉行节约，反对浪费"条款而言，在党和国家提出建设资源节约型和环境友好型社会、加强生态文明和美丽中国建设的背景下，"厉行节约"不仅包括行政成本的节约，也必然涵盖了节约资源、能源的低碳内涵。在"防治污染和其他公害"条款中，我国当前的环境标准虽然暂未明确列举温室气体③，但将温室气体列为空气污染物已成为当今世界环境法的发展趋势④，在此背景下，通过目的扩张性的宪法解释将温室气体纳入污染防治范围并无不妥。据此，在低碳时代，基于"节约条款"与"环境保护和防治污染条款"这两项国家目的条款，可以分别解释出政府应当积极推动全社会"节能"和"减排"的宪法义

---

① 我国《宪法》第33条第4款规定："任何公民享有宪法和法律规定的权利，同时必须履行宪法和法律规定的义务。"

② 《宪法》第51条规定："公民在行使自由和权利的时候，不得损害国家的、社会的、集体的利益和其他公民的合法的自由和权利。"

③ 参见《中华人民共和国国家大气污染物综合排放标准》（GB16297－1996）。

④ 如在 Massachusetts v. EPA 一案中，美国联邦最高法院判决温室气体为空气污染物。

务，进而构成低碳行政原则的宪法规范基础。

第三节　低碳行政原则的基本内容

从低碳时代的法治精神和实践需要分析，低碳行政原则应当包含以下几项具体要求：

一　生态保护优先的行政价值目标

面对着具有灾难性后果的气候变化风险，传统行政法创立的控权行政和给付行政理念，在避免国土因气候变暖而沉入大海等问题上已显得很苍白。为此，低碳时代的行政法不能不以生态安全作为优先的价值目标。生态保护的价值追求要求行政活动正确处理经济发展与生态文明之间的关系，实现人与自然和谐的可持续发展。然而，由于人类欲求无限性和生态容量有限性之间存在的固有张力，经济发展和生态保护有时并不完全一致，甚至发生矛盾。① 对此，政府应当把生态保护摆在优先地位，使经济利益在生态安全允许的范围之内。这首先是由生存权的至上性所决定的。不同价值之间的衡量和取舍从根本上讲是为人的权益服务的。来自国际人权政策理事会（ICHRP）的一份报告指出，气候变化的加剧将会直接或间接地威胁人类的健康权、粮食、饮水和住宅权等基本生存权利。② 也就是说，生态保护是保障人类生存权的必要举措；而经济发展对应的则主要是发展权和福利权等。生存权作为"首要人权"、"第一人权"③，在人权的价值秩序中居于最高地位。因此，在二者的利益衡量中，应当"给予地球生命支持体系的保护以至上的优先权。这种价值必须胜过经济利益"④。同时，气候变化在后果上具有不可逆性，为了避免错过应对变化的宝贵时间和环境利益的永久损失，暂时放缓经济发展而让位于生态环境

---

① 参见王灿发《论生态文明建设法律保障体系的构建》，《中国法学》2014 年第 3 期。

② See ICHRP, Climate Change and Human Rights: A Rough Guide, at http://www.ohchr.org/Documents/Issues/ClimateChange/Submissions/136_ summary. pdf, p. 3.

③ 李龙：《论生存权》，《法学评论》1992 年第 2 期。

④ ［澳］大卫·希尔曼、约瑟夫·约翰·史密斯：《气候变化的挑战与民主的失灵》，武锡申、李楠译，社会科学文献出版社 2009 年版，第 212 页。

的保护无疑是最为理性的选择。此外，气候与环境资源容量的有限性也决定了法律上的生态优先原则，即人类开发建设与利用资源必须在生态系统的环境容量限度内。① 关于这一点，目前已经在《中共中央 国务院关于加快推进生态文明建设的意见》中得到肯认，《意见》强调："在环境保护与发展中，把保护放在优先位置，在发展中保护、在保护中发展。"从而明确了生态环境保护相对于社会经济发展的优先地位。

鉴于生态环境对于人类生存与发展人权的基础性影响，以及所有行政部门的具体活动将直接或间接影响相对人的环境行为，生态优先原则不仅应作为环境保护行政部门的低碳要求，还应进一步被确立为所有部门行政法的全局性、普遍性的原则。

二　节能减排的行政行为要求

行政行为是落实行政管理目的的基本工具，为此低碳行政原则的实现必然对行政行为提出节能减排的要求。行政行为的节能减排要求具体又包括两个方面。

（一）行政主体在行政行为过程中实现自身的低碳化

作为行政权力行使的主体，政府自身就是一个巨大的碳排放源，政府公共消费所产生的大量能源消耗和浪费加剧了碳排放，影响了低碳行政目标的实现。② 构建低碳社会需要政府做出表率。这就要求行政行为不仅要受到合法性、合理性要求的约束，还要符合低碳标准。从行政权力的构成要素来看，行政主体在行政行为过程中自身的低碳化标准可以具体分为行政主体的低碳化、行政行为物质保障要素的低碳化以及行政行为程序的低碳化等三个层面：（1）行政主体的低碳化，即行政机构设置和人员组织应当符合低碳要求。精简的、科学的组织机构和人员设置有利于减少行政成本，降低碳排放。（2）公务活动物质保障的低碳化，即行政主体在公物和办公物品的选择与利用上要以严格的低碳标准进行自我约束，主要包括两个方面：一是行政主体在公物选择上的低碳化。这要求强制政府采购或者优先采购节能、环保的公共产品，严格控制采购成本，从源头上降低

① 王灿发：《论生态文明建设法律保障体系的构建》，《中国法学》2014 年第 3 期。
② 参见黄爱宝《生态行政创新与低碳政府建设》，《社会科学研究》2010 年第 5 期。

碳排放，政府公物选择的低碳化应当确立为《政府采购法》中的一项基本原则。二是行政主体在公物利用上的低碳化。即政府使用公物也应当强调低碳、节省，该项要求已在我国《公共机构节能条例》中有明确的反映，如该法第 29 条规定："公共机构应当减少空调、计算机、复印机等用电设备的待机能耗，及时关闭用电设备。"（3）行政行为程序的低碳化，即行政程序是行政行为实施的形式载体，行政程序的低碳与否直接决定了行政行为过程的低碳与否。行政行为程序的低碳化要求行政行为的程序设计、运行与责任必须符合低碳标准，尽量删减不必要的环节和步骤，合并关联性较强的环节，并缩短时限。如大力推进电子政务，精简行政审批，降低相对人的行政成本，减少行政活动过程中的能源、资源消耗。

（二）行政行为以实现低碳规制作为新的重要目标

为了应对气候变化，当代行政行为必须以对全社会实施低碳引导和低碳规制为新的重要目标任务，以行政力量强有力地推进低碳社会建设，这是当今时代所要求的一种行政活动战略重点变化。从产生社会碳排放的总量来看，企业是主力军之一，它们占据全世界能源消耗的 1/3 以上。[1] 公民个体也占据了重大比重。统计显示，在英国，来自家庭的碳排放（含居民出行）大约占 40%[2]，而在我国，全社会总碳排放量的 21% 源于家用能源消费，居民的家庭年碳排放量平均达到 2.7 吨/人。[3] 行政法应对气候变化在根本上是调动企业和公民个体实施共同的低碳行动。低碳行政原则要对企业、公民等行政相对人的活动实施调整，在作用机制上，这主要是通过政府的低碳行政活动实施有效的行政规制来实现的。

以低碳规制作为新的重要目标任务对行政行为提出了以下要求：

（1）积极实施低碳规制应当成为约束行政主体行政行为的法定责任和义务。尽管全体社会成员基于其生产或消费过程中的资源消耗和高碳排放都有节能减排的责任，但期待人们的自觉行动是非常困难的。对个体而言，消费属于个人的自由，公民只要具备一定的经济能力并且愿意承担相应的

---

① ［英］安东尼·吉登斯：《气候变化的政治》，曹荣湘译，社会科学文献出版社 2009 年版，第 134 页。

② 同上书，第 119 页。

③ 陈雪慧：《今天你排了多少碳》，《厦门商报》2009 年 12 月 19 日。

消费成本，即可自主选择消费方式和种类；对企业而言，盈利构成其成立和运转的根本原因，由此，"以环境目标来代替利润是不道德的"。[①] 由于气候变化具有天然的"外部性"，其产生的生态环境效应实质上是由所有社会成员共同分担的，个人消费和企业盈利所付出的成本只能反映其行动负面效应的极小部分。这样的结果就是形成全球气候变化的"公地悲剧"，即公地理论之父加内特·哈丁（Garrett Hardin）所指出的"环境公地上的自由带来的是所有人的毁灭"。[②] 不仅如此，低碳价值理念难以内化为公民个体或者企业的自觉行动，待碳排放的外部效应与风险显而易见的时候，一切行动将为时已晚。基于此，行政主体必须对社会成员（包括公民个体和企业法人）的生产消费活动实施强有力的行政干预，以约束他们大力开展节能减排。这是行政权力作为公权力运用的社会责任，由此必须使行政主体积极运用行政行为实施低碳规制形成一种法定责任和义务。

（2）低碳规制的主要内容包括着力推行生态保护、能源资源节约和合理消费。在生态保护方面，人与自然的和谐是低碳行政原则的核心价值追求，这与传统行政法原则所追求的"政府与公民之间的和谐"、"人与人之间的自由、平等"是有区别的。因此，低碳规制首先应致力于制约和引导行政相对人自觉保护生态环境，以减轻与防止因生态环境恶化而引发的人类生存危机。在资源、能源节约方面，气候变化背景下的资源能源形势日趋严峻，我国《宪法》、《节约能源法》等已经将节约资源、能源确定为基本国策，对此，必须通过强有力的低碳规制来贯彻这一国策。在合理消费方面，"环境问题的最后解决可能要到消费领域去寻找答案"。[③]全社会的碳排放量的绝大部分是由消费产生的，其消费观念和消费模式对于低碳社会建设有着重要影响，需要加强引导来促使其合理消费。合理消费包含适度消费和绿色消费两个方面的内容：一方面，适度消费是从数量上将消费控制在合理范围内，减少奢侈性消费，因为过度消费、奢侈消费

---

① Joel Balkan, *The Corporation*, *The Pathological Pursuit of Power and Profit*, London: Constable & Robinson Ltd. , 2004, p. 34.

② G. Hardin, The Tragedy of the Commons, *Science*, Vol. 112, 1968, p. 1244.

③ 徐祥民主编：《气候变化背景下的环境法学研究》，知识产权出版社 2012 年版，代前言，第 5 页。

并非源于"人们的真正的需要"，而只是"一种虚假的需要"①，对其所产生的碳排放必须严格限制；另一方面，绿色消费是从质量上要求优先选择低碳排放甚至是零碳排放的商品或者服务，尽量减少或消除一次性消费、高耗能消费。其中，绿色消费蕴藏着巨大的节能减排潜力，根据有关计算数据，全国家庭如普遍采用节能电灯，一年可节电 700 多亿千瓦时；如将全国现有的 1 亿多台冰箱全部换成节能型，一年则可节电 400 多亿千瓦时，两者相加，可省下一个多三峡电站的发电量。

（3）积极运用和创新行政行为的方式以实现低碳规制。低碳行政要求行政主体依据不同行政行为的功能和特征，积极运用和创新有针对性的行政行为以实现低碳规制目标。低碳规制的行政行为主要包括引导性的行为方式和强制性行为方式，有效运用各类行政行为方式就需要改进和完善行政奖励、行政合同、行政指导等"柔性"方式，充分发挥其指引、倡导低碳经济和低碳生活的作用，改进和完善行政许可、行政处罚、行政强制等方式来有效管制能源资源耗费和温室气体排放。此外，行政主体还必须积极探索研究碳交易管理、碳信息披露管理、碳基金管理等新型行政事务管理的有效行为方式。

三　强化生态环境风险管理的行政模式

气候变化将形成一种未来巨灾性的生态环境风险，其危害后果一旦发生，就会对生态环境系统和社会经济部门产生诸多不可逆转的负面影响，且不能被其他环境物品替代。② 对此，政府间气候变化专门委员会（IPCC）公布的风险评估报告明确提出，"应对气候变化是一个反复的风险管理过程，该过程包括适应和减缓，并考虑气候变化造成的损失、共生效益、可持续性、公平性以及对风险的态度。"③ 因此，低碳行政原则要

---

① ［美］马尔库塞：《单向度的人》，张峰、吕世平译，重庆出版社 1988 年版，第 6 页。

② 关于气候变化后果的不可逆性，参见 ［美］凯斯·R. 桑斯坦《最差的情形》，刘坤轮译，中国人民大学出版社 2010 年版，第 170—179 页。我国《气候变化国家评估报告》也明确指出，若不采取有效措施减缓气候变化的增温效应，2050 年中国西部的冰川面积将比 20 世纪中叶减少 27%，冰川融水将使南方地区平均增幅达 24%，河川径流季节调节能力大降低，造成洪涝灾害严重加剧。参见《气候变化国家评估报告》编写委员会《气候变化国家评估报告》（摘要），《世界环境》2007 年第 2 期。

③ IPCC, Climate Change 2007: Synthesis Report, IPCC, 64 (2007).

求行政活动强化环境风险管理的新型行政模式。按照哈贝马斯的说法，制约国家权力对自由的威胁、克服资本主义产生的贫困、预防工业文明带来的生态风险，这些诉求分别为不同时代的行政法提供了各自的议事日程与制度目标：自由保障、社会福利和风险预防。[①] 风险管理行政模式对传统的行政手段和决策模式提出了挑战：传统行政法所规范的基本上是面向确定性的决策，要求行政活动有清楚的事实认定、确凿的证据支撑和明确的法律依据，甚至在手段和目的之间进行较为精确的合比例判断。但面对气候变化风险的不确定性迫使行政活动不得不决策于未知之中，将气候、生态与能源等各种风险的预防和处理作为一项核心任务。在此过程中，风险是否存在、风险概率有多大、风险应当被规制在何种程度、损害后果如何归责等问题都可能面临着诸多不确定的信息。为此，行政立法、行政决策、行政执法等各种行政活动中必须建立能够科学处置风险的制度机制，如环境监测和预警制度、生态规划制度、环境影响评价与环境风险评估制度、信息公开与风险沟通制度等，以理性回应气候变化的生态风险。

四　构建新的低碳行政绩效管理体系

绩效管理是各级政府及其官员行政活动的"指挥棒"，从政治激励的角度来讲，有什么样的绩效考核指标，就有什么样的政府行为。改革开放以来，我国长期实行的是 GDP 指标为核心的行政绩效管理制度。在这种制度下，地方政府官员基于追求晋升的考虑，不顾生态环境和资源、能源代价来换取短期经济发展的现象普遍且严重，更有甚者，有些地方政府为了招商引资而与排污企业进行利益合作，充当污染者的保护伞。其结果是，不仅极大损害了经济赖以发展的生态环境基础，也引发了一系列社会矛盾。有关资料显示，我国"十一五"期间，环境诉求类信访高达 30 多万件。[②] 这反映出，传统的绩效考核体制难以应对甚至在一定程度上加剧了工业文明的生态危机。因此，低碳行政原则的实现还要求建立以低碳环保为激励导向的行政绩效管理制度来加以保障。

---

①　参见［德］哈贝马斯《在事实与规范之间——关于法律和民主法治国的商谈理论》，童世骏译，三联书店 2003 年版，第 537 页。

②　佚名：《系列环境群体性事件的警示及政府应对》，《新华舆情》2013 年 10 月 27 日。

可喜的是，为了解决唯 GDP 考核引起的高能耗、高污染、高排放问题，近年来党和国家已从顶层设计着手对传统的绩效考核制度进行改革，力求改变以往片面注重经济发展、忽视生态环境的政治激励模式。党的十八大报告明确提出将资源消耗、环境损害、生态效益纳入经济社会发展评价体系，《中共中央关于全面深化改革若干重大问题的决定》强调要加大资源消耗、环境损害、生态效益等指标在发展成果考核评价体系中的权重。在此基础上，中国共产党第十八届中央委员会第五次全体会议进一步明确将"绿色发展"作为我国"十三五"时期的发展目标之一。以上政策规定充分反映了中央政府重视环境绩效、建设生态文明的坚定决心，但这只是从宏观上勾勒了低碳绩效管理的大致轮廓，落实到实践中，如何使低碳环保绩效管理真正转化为对官员晋升的政治激励，尚有赖于以下两个维度的具体落实：

（一）考核指标的设计

应对气候变化工作的系统性、复杂性要求低碳绩效管理应当建立一个立体、多元的考核指标体系，对此应当注重三个方面的考量：

1. 考核指标应当综合考虑低碳与环保，实现温室气体与环境污染协同控制。低碳与环保具有密切的关联度，低碳离不开环保，环保也离不开低碳，二者彼此勾连、相促相发。从国外发达国家的实践经验来看，大多数都经历了一个从单一控制环境污染到低碳、环保综合治理的发展过程。美国环保署已将温室气体纳入空气污染物予以规制，欧盟则制定了应对气候变化、节约能源和保护环境的一揽子政策，将防治环境污染的目标与减缓和适应气候变化挂钩。[①] 因此，低碳绩效管理的考核指标中既应当涵盖污染防治的指标，也应当包括节能减排的指标，如温室气体总量控制指标与污染物总量控制指标、能耗强度指标与碳强度指标、PM2.5 改善指标与温室气体浓度指标等。

2. 考核指标既要包括正面指标，也应包括负面指标。绩效考核是对工作优劣两个方面的综合评定，因而不能只"奖功"而不"罚过"。这要求低碳考核指标体系中既要有正面的指标，又要有负面指标。对于正面指标，如空气

改善情况、污染治理成效等，要给予加分奖励；对于负面指标，如环境事故发生数量，严重雾霾天气日数等，就要给予一定的扣分或惩罚性评价。

3. 考核指标的长远考量。低碳行政所要促成的低碳经济、低碳生活等目标在目前有着很高的技术要求，完成整个社会的低碳转型可能需要半个世纪的时间，并且耗资巨大；而成本回收周期长，甚至从短期经济利益来看是低效益或者负价值的。据英国查塔姆研究所的分析，为达到 65% 的建筑节能目标，吉林市每年需要 26 亿元的额外投资，需要大约 33 年才能回收成本。[①] 因而在成本与收益之间呈现出一种桑斯坦所谓"世俗的不等价"。[②] 这决定了低碳行政的效率评价标准必然是长期性、公益性的，其时间跨度往往超出一届甚至多届政府任期。为此，低碳绩效的考核指标设计必须超越眼前的、局部的经济利益，而应将长远的、整体的利益纳入法律的范畴。[③]

4. 科学分配考核指标的权重。考核指标的权重决定了不同指标对考核结果（评分）的影响，因而必须具有科学性，否则会影响考核的公正性和激励效果。对低碳考核而言，指标权重包括两个方面：（1）低碳指标相对于 GDP 指标的权重。纳入低碳环保的指标不应当停留于走形式、走过场，而是要切实发挥约束激励的作用。故低碳指标权重赋予的原则是能够对 GDP 指标发挥制衡作用，例如，2011 年《国务院关于加强环境保护重点工作的意见》提出对干部的选拔任用和管理监督"实行环境保护一票否决制"，即充分体现了低碳指标对 GDP 等其他考核指标的刚性约束力。当然，低碳绩效考核的提出绝不意味着 GDP 就不再重要了，在未来的考核体系中，GDP 仍然是一个重要因素，因为环境问题最终要依靠社会经济发展来得到解决，只不过要适当予以淡化。（2）低碳指标体系内部不同指标的权重。尽管低碳和环保是一个世界性的共同课题，但由于各地社会经济发展状况和环境资源禀赋的不同，应对气候变化和防治环境污染的具体目标和方式也不尽相同。这一点在考核指标上应体现为内部不同

---

① London：Chatham House，2010，附录 D。

② ［美］凯斯·R. 桑斯坦：《最差的情形》，刘坤轮译，中国人民大学出版社 2010 年版，第 140 页。

③ 参见吕忠梅《中国生态法治建设的路线图》，《中国社会科学》2013 年第 5 期。

低碳指标的权重差异。例如，在工业功能区，能源节约、空气清洁的指标权重可能更大；在农业功能区，应当向耕地保护的指标权重倾斜；在生态功能区，则可能更加注重生物多样性、水土保持、植被覆盖等指标。

（二）考核结果的应用

绩效管理的权威性和约束性最终是透过考核结果的应用来体现的，在此意义上，考核结果是激励政府及其官员实施相应行政行为的杠杆动力。就政府绩效管理的一般原理来讲，考核结果主要可通过以下途径得到运用：

1. 在官员任用和监督中的运用。要将低碳绩效考核的结果作为党政干部任用和晋升的基本依据和硬性条件，破解官员缺乏低碳和环保激励的问题。这既包括正面考核作用，也包括负面考核作用。例如，在正面结果上，可规定，官员任职期间连续两年在低碳环保工作上被考核为优秀的，晋升时予以优先考虑或破格提拔；官员胜任一定级别的领导岗位时，可规定必须要求曾经在低碳环保方面获得过优秀以上的考核。在负面结果上，可规定，官员在任职期间具有生态环境负债并被考核为基本合格的，不得提拔；考核结果为不合格的，担任领导职位的要降格为非领导职务。干部任职期间或离任后查明由于其决策失误导致重大生态环境损害后果的，应当实行终身责任追究，无论当事人调任何地担任何种职位，或者是否退休，都应当按照国家法律和党内法规追究相应的法律责任和政治责任。

2. 在政府/部门利益分配中的运用。绩效考核结果不仅要约束政府官员，被考核的行政区域同样要作为一种类似于"公法人"的主体承担相应法律后果，并影响其利益分配。因为，从环境资源容量上讲，形成被考核之生态环境绩效（包括优秀绩效和不良绩效）的实际载体是具体的政府管辖区域或特定行政机关，官员个人只是其辖区或所在单位的人格代表。具体而言，低碳绩效考核的结果可以在以下政府/部门利益分配中加以运用：（1）预算奖惩。根据考核结果，上级财政部门应当对低碳环境绩效明显改进或恶化的地区、部门通过增加或减少财政转移支付的方式予以奖惩。（2）区域限批。区域限批的法律依据是 2005 年年底出台的《国务院关于落实科学发展观加强环境保护的决定》①，2014 年《环境保护法》

---

① 参见《国务院关于落实科学发展观加强环境保护的决定》第 5 条（二十一）项规定。

第 44 条第 2 款也有类似规定①。区域限批对于地方政府的不良环境绩效具有良好的治理效果。在国家环保总局 2007 年的环评集中整顿中，对河北唐山、山西吕梁、山东莱芜、贵州六盘水四个违反环评"三同时"规定的行政区域实行了暂停审批燃煤机组新、改、扩建项目环评的审批，预计每年可削减二氧化硫排放超过 19 万吨。② 低碳绩效考核中同样可以吸收和运用区域限批制度，对于低碳环保绩效考核为不合格的行政区域，上级政府（主要是发改部门）应当暂停审批其高污染、高能耗、高碳排放的建设项目，并相应削减其污染物和温室气体排放的总量控制配额指标。

（3）争先创优。争先创优活动是指对考核为优秀的地方政府或行政部门授予先进荣誉称号的一种自上而下的考核制度。例如，"全国文明单位"评比、"全国先进单位"评比、"全国文明城市"评比、"全国卫生城市"评比等，不一而足。目前，由于通常与相应地方和行政部门的政策优惠和公务员的工资奖励挂钩，因而对部门和地方政府具有较强的考核激励作用。为此，将低碳绩效考核的结果整合运用到各类争先创优活动的评选中，对于保障低碳绩效考核的实效、加强低碳考核的激励作用具有重要意义。目前，在国家政策的大力倡导下，一些全国性的争先创优标准已在一定程度上将低碳考核结果纳入其中，如《2014 年全国文明城市测评体系（地级市）》就专门设置了"可持续发展的生态环境"测评项目，并将城市空气质量、节能减排任务完成情况等指标的考核结果作为二级指标。但从整体上看，许多地方性标准仍未充分重视低碳绩效考核的结果应用，如《湖北省省级文明单位考评办法》虽然也设置了"内外环境和谐优美"的测评项目，但主要考核的是单位的卫生和绿化情况，对于节能减排、资源循环利用等考核结果并未纳入。这在今后是应当加以改进的。

---

① 参见《环境保护法》第 44 条第 2 款规定。

② 对此，时任环保总局副局长潘岳总结道："历时 3 个月的区域限批所取得的成效，比以往任何一次环评执法都更加明显，既解决了一些遗留的严重环境违法问题，也扭转了一些地方政府先污染后治理、先积累后发展的思路，使他们逐渐甩掉对高耗能产业规模数量的依赖、加速跨入发展新型产业的行列。"中华人民共和国环境保护部：《吕梁、六盘水两市和华电集团最后一批被解除"限批"环保总局将总结限批经验谋求更大作为》，http://www.zhb.gov.cn/gkml/hbb/qt/200910/t20091023_180066.htm，2015 年 1 月 11 日访问。

第 三 章

低碳行政主体研究

　　如前所述，行政法应对气候变化主要有两个维度：一是促使行政主体对全社会积极有效地履行低碳规制的职能，二是约束行政主体自身实现低碳化。其中行政主体自身的低碳化至少又涉及行政主体内部组织结构的低碳化和行政活动的低碳化这两个方面。行政主体在机构设置、人员配备以及所需的各类财政支出和物质资源使用等，都可折算成相应的碳排放量，行政主体是否有科学合理的组织机构设计、科学的职能分工、精干的人员配置和节俭的经费使用以及绿色环保的办公设施，都决定着其低碳化水平。而行政活动则会从是否简化、流畅、富有效率的行政过程即行政程序来反映其低碳化水平。行政程序是行政活动所应当遵循的方式、步骤、时限和顺序。[①] 行政活动的碳排放强度与行政过程的效率具有高度关联性，繁文缛节、效率低下的行政过程，耗费的行政成本和资源体量当然更大，因而产生的碳排放在强度上也越大，反之亦然。不仅如此，行政程序除能决定行政主体自身行政活动的低碳化水平外，还会直接或间接影响行政相对人在参加行政程序进行相关活动时产生的碳排放水平，即具有外部辐射效应。这是因为，除纯粹的内部行政程序外，所有的外部行政程序既是行政活动的流程，也是行政相对人参与行政过程时活动的流程，而且要对不特定行政相对人反复适用。因而冗繁、不便民的行政程序设计，都将使行政相对人付出不必要的成本或资源耗费，如本可一次往返一个行政机关就能办妥的事项，却需要多次往返于多个行政机关之间才能办妥，由此类活

---

　　① 参见姜明安主编《行政法与行政诉讼法》，北京大学出版社、高等教育出版社 2002 年版，第 260 页。

动产生的碳排放量当然更大。据此，行政主体组织结构的低碳化和行政活动过程的低碳化，都有赖于行政组织法和行政程序法作出科学、高效、简便与节省的相关制度设计。本章先讨论行政主体。

对气候治理而言，行政主体本身即是一个巨大的碳排放实体。2011年，我国的"三公"开销达3000亿元，占财政支出的比重高达18.6%，远超日本、英国、加拿大、美国等其他国家（四个国家的同类支出分别占本国预算的2.38%、4.19%、7.1%和9.9%）。[①] 而这些"三公"经费开销又都意味着行政主体活动过程中大量碳排放的产生。可以说，离开了行政组织本身的低碳化，政府便失去了践行低碳行政原则的表率资格，低碳社会也不可能建成。

然而，由于"帕金森定律"的存在和行政主体开支的公共负担性使然，在没有外力制约的情况下，行政主体的碳排放活动常常处于一种"有组织的不负责任"（organised irresponsibility）[②] 状态。在"帕金森定律"的影响下，行政主体的机构和人员具有一种内在的自我扩张冲动，无论是机构设置还是人员编制都难以走出"精简——膨胀——再精简——再膨胀"的怪圈。同时，行政主体的经费开支和日常运转由纳税人和国库买单，这决定了行政主体及其工作人员在办事过程中缺乏降低成本和节约资源、能源的动力，如据报道，2005年我国公共机构的平均日耗电量为普通公众的19倍。[③] 一方面是机构人员的不断膨胀，一方面是机构人员对公物要素使用的铺张浪费。在二者的共同作用下，必然形成行政主体运行的资源浪费和高碳排放。因而，极有必要基于节能减排的要求对行政主体的资源能源使用及其碳排放活动予以规制。

第一节　行政主体的组织法要素

从行政组织法的角度看，行政主体由三个要素构成，即机构要素、人

---

① 蒋彦鑫：《公款吃喝一年3000亿 九三学社中央建议三公浪费入刑》，《新京报》2012年3月2日。

② ［德］乌尔里希·贝克：《世界风险社会》，吴英姿、孙淑敏译，南京大学出版社2004年版，第191页。

③ 王文韬、俞丽虹：《公务员1日耗电够百姓用19天》，《潇湘晨报》2005年7月5日。

员要素和物质要素。① 一是机构要素，也被称为最狭义的行政组织，包括行政组织机构的设置、权限、法律地位以及相互关系等；二是人员要素，机构只是行政组织的形式和名义载体，行政任务的实现必须通过公务人员的行动来执行；三是物质要素，它包括行政组织行使职权所必需的财政资金、建筑及其他办公用品等。

行政主体的三个组织法要素相促相发，共同决定着行政组织碳排放足迹。其中，机构要素是行政组织碳排放的源头和准入，属于间接的碳排放。一般来讲，政府中设置的机构越多，其潜在的碳排放实体就越多；人员要素依托机构要素进行编制，并从两个方面影响着行政组织的碳排放。一方面，公务人员的薪酬供养和职务活动需要以一定的财政成本和物质资源作为保障，而这些最终都可以折算为碳排放当量。另一方面，公务人员在办公过程中对物质要素的使用是否合理和节省也影响着碳排放的高低；物质要素是产生行政组织碳排放的物质基础，公物规模是否适度、公物采购是否绿化、公物使用是否低碳节省等，都是制约碳排放的重要因素。基于此，行政组织低碳规范的任务就是通过制度优化与合理安排，使行政组织内部诸要素的能源消耗及碳排放维持在科学合理的较低程度。

第二节　行政主体机构要素的低碳规制

一　机构要素非低碳化的表现

从实践情况看，行政主体机构要素和人员要素的非低碳化主要体现为机构的臃肿、膨胀，以及人员的超编。这些现象在精简机构和提高行政效能的维度无疑已是老生常谈的问题。但从应对气候变化的角度，机构要素和人员要素肿胀的危害性指向远比影响行政效率要大得多，对此，应当上升至新的认识高度来加以解读。首先，机构和人员要素的膨胀大大提高了行政过程中的资源消耗和财政成本，并带来巨量的相应碳排放，这无疑是对生态文明和美丽中国建设的破坏。其次，行政主体自身的机构浪费和人员超编，已经在很大程度上损害了政府在低碳社会建设中的表率作用，长此以往，将对广大公民的低碳行动形成不良示范。具体而言，行政主体机

---

① 参见杨建顺主编《行政法总论》，中国人民大学出版社 2012 年版，第 60 页。

构要素的非低碳化主要表现为以下几个方面：

（一）议事协调机构、临时性机构过多过滥

据统计，2012 年湖南省石门县所街乡一次性就成立了 38 个工作领导小组；2007 年，杭州市萧山区编制办发现，区委、区政府议事协调机构多达 235 个。① 自 2013 年群众路线教育活动开展以来，全国范围内共计集中清理了 13 多万个议事协调机构，这些机构名目繁多，包括领导小组、协调小组、委员会、指挥部、办公室等不一而足；涉及的业务领域更是五花八门，"禁止午间饮酒办公室"、"推广足疗保健工作领导小组"、"西瓜办"、"馒头办"、"生猪办"等，有的地方甚至事隔 10 年仍保留"省防治非典指挥部"……② 由此，可以窥见我国议事协调机构的臃肿。根据《地方各级人民政府机构设置与编制管理条例》第 11 条规定，可由现有机构承担职能解决问题的，不另设立议事协调机构。但许多地方一级的议事协调机构都有独立的常设机构、核定预算及人员编制。同时，临时性机构在地方层面也广泛存在，且更不规范，不仅有实体的办事机构和于法无据的庞大支出，有的规模甚至数倍于政府职能部门。议事协调机构和临时性机构的泛滥不仅造成机构臃肿、人浮于事而额外产生巨量的碳排放，同时还导致行政组织日常运行文山会海，从而间接引起资源和碳排放的二次浪费。

（二）衍生机构的隐性膨胀

政府衍生机构是指从行政机关衍生出来的非内设下属机构，包括隶属的公益组织、官办的中介服务机构、行业协会和各类企事业单位等，一般可分为行政性机构、专业性机构、经营性机构和公益性机构四类。在实践中，它们大量存在于不同层级和部门的行政机构中，从中央机构到地方机构、从党委工作机构到政府职能机构，从服务机构到执法机构，无不能看到其踪影。衍生机构属于法律规定的灰色地带，其机构设置更为灵活。这导致许多行政机关的衍生机构在数量上与其内设机构持平甚至更多，以财

---

① 参见程国昌《专家谈"馒头办"现象：地方类似机构很普遍》，《河南商报》2014 年 6 月 18 日。

② 参见周琳、朱翃《全国砍掉 13 万"协调机构""领导挂帅"频现背后是无奈还是无能?》，新华网：http://news.xinhuanet.com/politics/2014－10/22/c_1112929815.htm，2014 年 11 月 19 日访问。

政部、商务部和发改委为例,其衍生机构和内设机构数量比各自依次为31∶23、35∶31、30∶31。① 其中,商务部在正式的内设机构、派驻机构之外,另设有中国国际经济技术交流中心、商务出版社、中国外商投资企业协会、中国国际贸易学会等不同性质和类型的衍生机构30多家。同时,由于衍生机构的人员配备不受公务员编制的限定,其工作人员数量也往往多于其上级行政机构。衍生机构的经费来源许多为财政全额拨款或差额拨款,其职责行使更是与其母机构有着千丝万缕的联系甚至有一定程度的重叠,是不折不扣的"准行政机构",故有学者把这种衍生机构称为政府规模的"隐性膨胀"。② 相对于正式行政机构的膨胀而言,衍生机构的膨胀更为隐蔽,人财物的运用也更加难以规范,形成了大量逸脱组织法管控的碳排放源。

(三)上下级政府机构对口设置

尽管《国务院行政机构设置和编制管理条例》和《地方条例》已经明确规定上级政府不得要求下级人民政府设立与其业务对口的行政机构,但实践中各级政府"上下一般粗"的问题仍十分普遍③,不少基层政府设置了门类齐全却无事可管、流于形式的行政机构。如,某县为了"上下对口"成立了台属办公室,配备了7名工作人员,而全县在册台属仅有1人。④ 这种流于形式"上下对口"机构的设置显然没有必要。

(四)行政机构和党委工作部门设置的重叠

我国存在着党政两套系统,目前各级党委设立了许多与政府机构职能近似或相同的工作部门,如与农业行政机构对应的农村工作委员会、与教育行政机构对应的高校工作委员会、与工商行政机构对应的企业工作委员会等。部分党政机构职责重叠,却各自拥有独立的办公建筑、公物配置、财政支出和人员编制,整体上不利于行政成本的节约及其碳排放的削减。

---

① 参见张小劲、吉明明《隐性膨胀:政府机构改革灰色地带》,《人民论坛》2014年第12期。

② 同上。

③ 李军鹏:《行政管理体制改革理论与实践的九大热点问题》,《学习时报》2007年11月5日。

④ 参见马善记《"上下对口"之议》,《中国财政》1992年第4期。

二 机构要素低碳化的路径选择

针对目前行政主体机构设置所存在的问题，应基于低碳要求作出下列改进：

1. 对于议事协调机构和临时性机构过多过滥的问题，要分三个层次解决。其一，议事协调机构对于沟通条块关系以实现跨部门的行政任务具有重要作用，确有需要的应当保留，但在实际机构总额上要加以限制，杜绝无限膨胀。根据《国务院关于议事协调机构设置的通知》（国发〔2008〕13 号），国务院目前共有 29 个议事协调机构，地方政府议事协调机构的限额应当以此为参照，至少不应超过国务院议事协调机构的数量。其次，各级人民政府的议事协调机构原则上不得单独设立实体性的办事机构，已经设立的实体议事协调机构要予以撤销，具体工作转移给现有职能部门；为办理特定行政任务确实需要设立单独办事机构的，应当待任务完成或期限届满时撤销。其二，"临时性机构"作为一个组织法概念源于 1998 年《国务院关于议事协调机构和临时机构设置的通知》（国发〔1998〕7 号）。但 2007 年颁布的《地方条例》和 2008 年第十七届二中全会通过的《关于深化行政管理体制改革的意见》已经明确取消了"临时性机构"的概念，只保留了"议事协调机构"。也就是说，临时性机构的大量设置系行政体制改革的历史遗留问题，时至今日，其已不具备组织法上的合法性而成为滋生资源浪费和高碳排放的温床，应当及时清理和撤销。其三，治理议事协调机构和临时性机构的滥设，最终要依靠监督检查来予以保障。按照现行《地方条例》的规定，机构设置的监督检查由同级机构编制管理机关实施，发现违法设置行为的，向本级政府提出处理意见和建议。但在实践中，议事协调机构和临时性机构一般都是由党政领导牵头，期待本级政府中的机构编制管理机关来对其提出监督建议并由其自行整改，不啻与虎谋皮。为此，有必要改变《地方条例》目前的监督检查机制，从同级监督转变为上级监督。如，规定由省级人民政府机构编制管理机关对县级以上人民政府机构设置情况进行监督检查；由中央编委和中央编制办对各省和直辖市人民政府的机构设置情况进行监督检查。同时，发现违规设置机构的，不仅要规定追究主管领导的法律责任,更重要的是要依法撤销机构本身,消除于法无据的碳排放实体。

2. 衍生机构膨胀的治理,首先要在组织法层面严格限定行政组织的机构设置权,对其有权设置的机构形式予以法定化,如内设机构、议事协调机构等,在此之外不得再设定任何意义上的衍生机构。其次,对于现有的衍生机构的处理,可以结合《中共中央、国务院关于分类推进事业单位改革的指导意见》中的精神,进行分类改革:对于承担一定监管职能或内部服务职能的行政性衍生机构,应当与正式行政机构进行合并,但人员编制必须有合理的总量限定。对于经营性的衍生机构,应当逐步将其转变为财政自收自支的企业;对于承担某类公共服务任务的公益性衍生机构,可以将其保留在事业单位序列,其机构设置和人员编制纳入统一管理。对于诸如行业协会、研究学会等专业性衍生机构,则应及时转变为经费自筹、内部自治的非政府社会组织。

3. 破解上下级政府机构对口设置的问题,要求改变现有的建制模式,转为采用职责调整模式来安排上下级政府的机构设置,即在合理分配各级政府职责的前提下,除中央垂直领导和省级垂直领导的机构外,根据不同层级政府的不同职责来设置各自的职能机构。① 一般而言,基层政府原则上承担与居民生活密切相关的具体管理职责,如社会治安、户籍管理、资源供给、环境保护、社会保障、城乡规划和市政建设等;而省级以上政府则适宜承担重大行政决策、财政转移支付、制定经济和社会发展规划以及民族宗教事务等较为宏观的管理职责。② 基于职责调整模式,各级政府有何种职责就设置何种行政机构,无相应职责则无须根据上级建制来设置机构,从而能够有效避免层层设置重复或类似的行政机构,达到精简机构和节约资源之目的。

4. 关于党政机构设置重叠的问题,党的十六届四中全会已经提出"撤并党委和政府职能相同或相近的工作部门"的原则。所谓"撤",即

---

① 参见徐继敏《地方行政体制变革与服务型政府建设》,《中共浙江省委党校学报》2009年第 2 期。

② 参见朱光磊、张志红《"职责同构"批判》,《北京大学学报》(哲学社会科学版) 2005年第 1 期。

凡是已有政府机构承担相同或相近职能的，党委原则上不再设立类似的工作部门；已经设立的，要逐步分批予以撤销。所谓"并"，即确实需要政府行政机构和党委工作部门共同承担的职能，应当尽量采取合署办公的形式，实行"两块牌子一套人马"的机构设置，如纪委与监察部、党校与行政学院、高校工作委员会和教育行政机构等。我国目前在"并"的方面已经进行了卓有成效的工作，但在"撤"的方面尚缺乏有效举措，有待在行政体制改革中继续探索。

第三节　行政主体人员要素的低碳规制

一　人员要素非低碳化的体现

人员要素的低碳组织规范是使行政组织的人员编制维持在履行职责所需的适当规模，并具有合理明确的职责分工，避免不必要的冗官闲禄。但我国人员编制存在较为严重的数量超编现象，不尽符合低碳规范的要求。

（一）总体人员数量超编不同程度存在

人员超编一直以来就是我国行政组织的一个老大难问题。有学者对某省编制情况进行的实际调查发现，政府层级越低，人员超编现象越严重，据该学者的调研结果，H省省级政府系统超编6.5%，XF市市级政府系统超编36.9%，FC区和NZ县一级政府系统则分别超编了90%和72.5%。[①] 另据报载，安徽省灵璧县环保局环境监察大队正式人员为73人，而根据该县机构编制委员会批准的编制文件，环境监察大队的编制仅为21人，超编近200%。[②] 供养这些超编人员所耗费的财政资金和资源、能源，无疑都属于不合理的碳排放。

（二）副职人数超编及人员的结构性冗余

除了总量人员超编以外，副职等领导职数的超编问题也十分突出。在中央层面，《国务院组织法》特别对部委的副职人数配置明确规定2—4

---

① 参见曾峻《地方党政机构设置与编制管理问题及其"治本"策略》，《上海行政学院学报》2008年第4期。

② 参见王利民《给机关事业单位人员超编"把脉"》，《陕西日报》2008年2月25日。

人,但实践中有些部的副部长远不止 4 人,明显违反组织法的规定。① 在地方层面,有媒体综合全国 42 个省市区的信息公开申请答复情况和官方网站信息发现,各地政府的副职配备人数一般为 7—9 名,而有的地方副秘书长配备的人数达到 15—16 人,远远高于副职领导人数。② 从资源消耗和碳排放来看,行政领导的消费要比普通公务员大得多,因为其一般还配备有秘书、助理、司机等辅助人员,享有更大的办公面积和更好的福利待遇等,这些因素都会大大提高整个行政组织人员的平均碳排放强度。与此同时,受副职及其他领导人数过多的影响,行政组织出现了"官多兵少"的结构性人员冗余,即行政领导人员和一般公务人员比例明显失衡,指挥的人多而办事的人少。有学者指出,在我国的行政体系中,"负责人"与"办事人员、其他人员"之比为 1:0.84,远高于美国的 1:2.7 和日本的 1:3.6。③ 人员的机构性冗余意味着等量的行政任务需要耗费更多的人力、物力来完成,导致行政人员平均资源消耗和碳排放量的不合理增长,从而又进一步增加了行政组织的碳排放强度。

二 人员要素低碳化的路径选择

对于总体人员数量超编的精简问题,当前各级政府的惯常做法是在体制内部进行"消化",如将被精简的超编人员向事业单位等其他公共机构分流等。④ 这虽然在形式上削减了正式编制,但实际上政府财政的供养人数并未减少,而只是将这些人员转移到了其他非行政编制的公共机构⑤,是一种拆东墙补西墙的办法,并不能真正起到节约行政成本和减少资源消耗的低碳效果。对此,治本之策应当是建立公

---

① 参见应松年《完善行政组织法制探索》,《中国法学》2013 年第 2 期。

② 佚名:《全国多地公布削减政府副秘书长情况》,《南方都市报》2014 年 8 月 18 日。

③ 徐刚:《结构性冗余下政府副职的机理反思与进路选择》,《学习与探索》2013 年第 2 期。

④ 参见张贵峰《武汉市 4000 多名机关超编人员如何"消化"》,《中国青年报》2009 年 9 月 8 日;《黄冈市消化党政机关超编人员情况汇报》,http://www.hbcz.gov.cn/421101/lm2/lm4/2011 - 11 - 22 - 1197171.shtml.2014 年 11 月 19 日访问。

⑤ 按照《公共机构节能条例》的界定,所谓"公共机构"是指全部或者部分使用财政性资金的国家机关、事业单位和团体组织。

务员的正常退出机制，对冗余超编人员予以清理和辞退，引导其在社会上实现再就业，而不得变相安排至其他公共机构。这一点应当在《公务员法》和《地方各级人民政府机构设置和编制管理条例》中得到明确。

对于副职人数超编及其伴随的人员结构性冗余问题，应当从"首端控制"和"末端控制"两个方面加以纾解。在首端控制方面，应当在行政组织立法中对各级政府及其职能部门的副职人数进行明确的限制，对此《国务院组织法》已有若干量化的规定，但在《地方各级人民代表大会和地方各级人民政府组织法》中尚付阙如，亟待在修法中予以完善；同时，还须根据一定的科学标准，对领导人员和办事人员的比例进行原则性的规定，考虑到实践情况，这里的"领导人员"不仅包括实职领导职务，还应涵盖检查员、调研员、巡视员等享受领导待遇的虚职非领导职务，以达到合理的人员结构。在末端控制方面，一是要在组织法中明确违法超编设置副职的法律责任；二是对于超编的副职人员，应当根据干部能上能下的组织原则，依法对其实施降职和撤职处理，进行降职和撤职的，不得保留原级别待遇，以真正达到财政供养成本与资源能源消耗的低碳实效。

第四节　行政主体物质保障要素的低碳规制

长期以来，基于组织法定主义，行政组织法对行政主体的规范重点通常在于行政组织的法定职权、机构设置和人员编制，物质保障要素往往游离于行政组织法的视野之外。在低碳时代，行政主体物质保障要素的运营已经成为社会能源消耗和温室气体排放的重要源头。基于节能和减排的现实约束，在低碳框架下重新考虑物质保障要素的规范结构是行政主体回应低碳行政任务的必然走向。基于碳排放活动的生命周期视角，物质保障要素的低碳规制可以从公物的配置、使用及监管等方面展开分析。

一　物质保障要素非低碳化的体现

在机构和人员要素上，我国目前已经初步建立了以机构设置和编制管理法律规范的约束和监管制度，但在物质要素的监管上，目前的组织法制度尚十分缺乏。这使得我国行政主体的物质保障要素存在许多非低碳化的现象。这主要体现为物质要素配置、物质要素使用的非低碳化。在物质要素的配置上,我国的公务活动就涉及巨量的公共物品与设施使用,如目前党政机关及行政事业单位公务用车总量为 200 多万辆,每年公务用车消费支出近 2000 亿元(不包括医院、学校、国企、军队以及超编配车),每年公务用车购置费支出增长率为 20% 以上。① 在物质保障要素的使用上,我国的行政活动涉及巨量的资源和能源耗费。根据 2010 年的统计数据,中国公共机构终端能耗总量为 1.92 亿吨标准煤②,约占全国能源消耗总量的 6.2%。上述材料都表明,我国行政主体在物质保障要素层面远未达到低碳标准,存在非常大的节能减排潜力。

二　物质保障要素低碳化的路径选择

(一)　物质保障要素的低碳配置

物质保障要素的低碳配置属于"静态"意义的低碳组织规范。在特定行政组织中,物质要素的碳排放总量可以视为单位物质的碳排放强度和拥有物质总量的乘积。据此,物质保障要素的低碳配置可以分解为技术和规模两个方面。技术层面是指行政组织所配备的物质要素本身应为绿色节能的低碳产品;规模层面是指行政组织所配备物质要素的数量与规模必须经济节省,控制在履行职责所需要的最低水平,避免财政资金和社会资源的浪费。其中,技术层面是"质"的低碳,规模层面是"量"的低碳,二者相辅相成,缺一不可,共同约束物质要素的低碳配备。按照大的分类,行政组织物质要素的配备可分为办公建筑和办公物品两类,对二者低碳配置的具体要求分别是:

1. 办公建筑配置的低碳化。在技术规范方面,办公建筑及其设备系统的新建、维修和改造应当符合节能减排的科学标准。具体而言,根据减碳能力的大小,节能减排的建筑标准大致包括"节能建筑标准"和"零碳建筑标准"两个层次。"节能建筑标准"要求在建筑生命周期内,从规划、设计、施工、运营、拆除、回收利用等各个阶段的设计都必须有利于

---

① 李欣欣:《打开公务用车消费灰箱》,《瞭望》2010 年第 1 期。

② 1 吨标准煤约等于 1.9 吨碳排放。

降低能耗、保持能源和提高能源利用效率，实现建筑生命周期碳排放性能的优化。① 具体包括建筑物的体形系数、窗墙比、围护结构各部位的传热系数或传热热阻、玻璃窗的遮阳系数、空调系统的季节能效、供热季节性能系数、制冷机组的综合部分负荷值等系列技术指标。② 我国现行的《公共建筑节能设计标准》（GB 50189—2005）即属此列。"零碳建筑标准"又称"碳中和建筑标准"，要求建筑所用全部能源由可再生能源提供、所需全部水源由雨水和中水提供、所产生的废弃物经分拣后全部本地销毁和再利用，或者通过绿化和植被等增加碳汇的途径实现碳中和。③ 其中，节能建筑标准是行政组织建筑营造低碳化的基本要求和初始要求，在一定历史阶段内逐步达到节能建筑标准后，行政组织法要进一步提升为零碳建筑标准，以应对不断加剧的气候变化趋势。如美国《2007年能源独立和安全法案》规定，以2003年能源消耗水平为基线，联邦新建和翻修建筑必须在2010年前使化石燃料使用降低55%，在2020年前降低80%；到2030年，所有联邦新建建筑必须符合碳中和（carbon-neutral）标准。④ 此外，对于高能耗、高污染的老旧建筑，应当对其建筑围护结构及用能系统进行必要的节能改造。在规模规范方面，行政机构新建建筑的建设规模，应当严格按照《中共中央办公厅、国务院办公厅关于进一步严格控制党政机关办公楼等楼堂馆所建设问题的通知》（中办发〔2007〕11号）、《党政机关办公用房建设标准》（计投资〔1999〕2250号）等规范性文件，根据本单位建筑等级、人员编制数额、人均核定使用面积来合理确定建筑规模，不进行豪华装修；各级领导干部的办公使用面积不得超过《党政机关办公用房建设标准》规定的标准，超标的应当及时腾退并集中在部门间进行调剂。同时，现有机构建筑及其设备系统能够正常使用的，应当物尽其用，不得新建、扩建、迁建或者购置新的办公建筑。

　　2. 办公物品配置的低碳化。办公物品低碳化配置的技术规范要求

---

　　① 参见李海兵《浅析"生态建筑"与"节能建筑"的异同》，《建筑节能》2010年第1期。

　　② 叶凌等：《节能建筑评价指标体系初探》，《建筑科学》2006年第6期。

　　③ 参见陈硕《零碳建筑技术指南》，《建筑技艺》2011年第Z5期。

　　④ See Energy Independence and Security Act of 2007, SEC. 432.

行政机构应当采购节能环保的办公物品。在这方面，我国已在《公共机构节能条例》第18条中予以明确规定①，并通过《国务院办公厅关于建立政府强制采购节能产品制度的通知》授权财政部和环保部共同制定和调整"节能产品政府采购清单"和"环境标志产品政府采购清单"，并明确划定强制性采购和有限采购的办公用品名录。这初步构成了行政组织办公物品配置的技术规范，各个行政机构应当严格加以执行，落实绿色采购。办公物品低碳化配置的规模规范包括三个方面：首先，除了对部分对办公用品有专业特殊需要的行政机构可以实行部门集中采购外，其他行政机构一律由本级政府采购单位或采购中心集中采购，并严格控制采购数量，以避免各行政机构频繁、重复采购办公用品。其次，建立跨行政机构的办公用品调剂机制，从整体上盘活办公用品存量，通过部门间调剂能够解决行政机构办公用品需求的，不再进入政府采购。最后，对已经配置的办公物品应当物尽其用，对已到更新时限但仍可正常使用的办公用品，不得重新组织政府采购（已到报废年限的公务用车除外）。

（二）物质保障要素的低碳化使用

对物质保障要素进行低碳化配置之后，后续行政组织运行过程中的碳排放量即取决于各种物质要素的使用是否符合低碳、环保标准，这是"动态"意义的低碳组织规范。具体而言，物质要素的低碳化使用又可分为宏观上的碳排放总量控制和微观上的节能减排行为规则。

1. 物质保障要素低碳化使用的总量控制。由于行政组织物质要素使用所消耗的能源、资源都由国库埋单，导致其具有一种天然的浪费使用倾向，需要通过碳排放的总量控制来加以约束。物质要素低碳化使用的总量控制首先要求中央政府对全国范围内所有行政组织的碳排放总量或节能减排总量制定统一的控制性规划。例如，2010年1月29日，美国总统奥巴马根据第13514号总统令设定了联邦政府温室气体减排的总体目标——截至2020年，联邦政府的碳排放总量将在2008年的基础上减少28%，相当于每年少消耗646万亿英热单位（BTUs）、2.05亿桶石油或减少路面汽车

① 参见《公共机构节能条例》第18条规定。

1700 万辆。① 2012 年 8 月 6 日，我国国务院印发了《节能减排"十二五"规划》（国发〔2012〕40 号），要求截至 2015 年，公共机构单位建筑面积能耗和人均能耗分别比 2010 年水平降低 12% 和 15%。在此基础上，各地区要将国家下达的节能减排总体目标逐级分解落实到下一级政府及其职能部门，下级行政机构应当根据指标分配制定本部门的节能减排目标和实施方案。此外，鉴于全球气候变化趋势日益加剧，碳排放总量控制的目标还应当随之进行逐步提高。

2. 物质保障要素低碳化使用的具体操作规则。从总量上对行政组织物质要素使用的碳排放进行规划后，尚须依靠具体的操作规则来约束和指导物质要素日常使用的低碳化。根据节能减排方式的不同，这里可以将物质要素低碳化使用的操作规则大致概括为如下几类：一是设备系统节能规则，如合理设置电梯开启的数量和时间，合理控制室内温度，减少计算机、复印机等用电设备的待机能耗，充分利用自然采光，减少照明时间，及时关闭用电设备、实行办公区域分时供电等；二是绿色消费规则，如使用环保可再生纸张、减少一次性物品的使用、节约用水等；三是资源循环利用规则，如对非涉密废纸、废旧电子产品、废弃物和餐厨垃圾等主要废弃物品进行分类回收；四是公务用车节能规则，严格公务车辆的使用途径、严格车辆的节能驾驶规范、推行机动车能耗核算制度。② 除此以外，还应当鼓励行政机关采取合同管理方式，在明确节能减排责任目标的前提下，将本部门的节能减排工作一揽子委托给第三方服务机构，以便对本部门的低碳工作进行诊断和管理。

（三）物质要素的低碳监管

为保障行政组织物质要素配置及使用的低碳，还应当建立相应的监管制度。按照方式的不同，物质要素的低碳监管制度可以分为内部监管和外部监管。

1. 内部监管，即基于行政组织内设机构来监管本机构物质要素的节

---

① The White House Office of the Press Secretary, President Obama Sets Greenhouse Gas Emissions Reduction Target for Federal Operations, January 29, 2010, at http://www.whitehouse.gov/the-press-office/president-obama-sets-greenhouse-gas-emissions-reduction-target-federal-operations，2014 年 11 月 15 日访问。

② 参见《公共机构节能条例》第 24 条第 2 款规定。

能减排。我国《公共机构节能条例》第 25 条规定:"公共机构应当设置能源管理岗位,实行能源管理岗位责任制。"初步确立了行政机构物质要素低碳化的内部监管制度。但这只是一种概略性的规定,监管岗位如何产生及岗位职责等问题尚有待进一步明确。节能减排的监管是一项技术性很强的工作,需要具备专业能力方可胜任,对此,可以从社会上聘请国家注册节能管理师或通过公务员考试选任具有能源管理或环境工程等专业学位的人才进入本单位,并根据单位的规模和能源、资源消耗情况合理确定岗位人数。结合实际需要,这类监督管理人员的职责至少应包括:协助单位制定节能减排的规章制度;根据政府制定的节能环保产品采购目录,按照有关强制性购买和优先购买的规定采购本单位的办公用品;根据上级下达的指标编制本单位的节能减排目标规划并组织实施;对本单位重点用能、用水设备的运行情况进行检查和调节;定期评估本单位节能减排情况并提出改进建议;对本单位职工进行节能减排的知识培训。

2. 外部监管,即政府通过专门的政府组织对各个行政机构物质要素的低碳化使用情况进行监测和评价,并在此基础上作出一定的处置和整改决定。我国于 2010 年在各级机关事务管理机构中设置了公共机构节能管理办公室,专门负责组织行政机构节能考核评价、监督检查和能源审计工作,并通过《公共机构节能条例》设置了行政机构违反规定的相应法律责任。现行的监管体制和制度大致是妥适的,也取得了较好的监管成效。但就全面保障行政组织物质要素低碳化的目标而言,尚存在一些值得完善之处。其一,现行监管职责完全依托机关事务管理机构下的公共机构节能管理办公室,存在权责失衡之虞。从专业性上看,机关事务管理机构长期定位于政府内部的服务职能,其在节能减排工作的专业性、技术性上必然存在一定的能力欠缺。从执法力量上看,机关事务管理机构在政府序列内属于规模较小的机构,面对大量行政机构的节能减排监管任务,不免会遇到执法力量不足的问题。基于弥补单一机关监管在专业性和执法力量上的缺陷,应当考虑建立以机关事务管理机构为主导,发改、财政、审计、统计、环保等多部门参与、分工明确的多元协调监管体制,形成一个综合性的外部监管体制。这方面美国的经验值得借鉴,美国总统环境质量咨询委员会(CEQ)下设联邦环境执行办公室(OFEE),与总统预算管理办公室(OMB)、环保署(EPA)共同监督各个行政机构执行联邦政府节能减排绩效目标的情况。[①] 其二，目前对违反节能减排规定的法律责任设置只注重了惩罚性责任，矫正性和恢复性的法律责任较为缺乏。如《公共机构节能条例》的法律责任部分几乎都是对违法机构责任人的处分，而不是对超额耗能或超标碳排放行为的弥补或中和。为此，基于碳排放的总量控制和节能目标，应当在设置惩罚性责任的同时，进一步强调恢复性、矫正性的法律责任。如对于某行政机构耗能或碳排放超标的，首先应考虑从本级其他机构的能耗和碳排放结余量中进行转移支付；结余量不够转移支付的，应当责令该机构按从碳交易市场上购买相同当量的碳排放权或碳汇（CCER）进行碳中和。

第五节　行政主体低碳化的组织法完善

根据以上分析，行政主体需要从机构设置、人员编制和物质保障等三个要素实现低碳转型。对此，我国的相关组织法应当进行完善和修改，通过立法约束行政主体遵循低碳要求。具体而言，可从以下几个层面进行规定。

一　确立低碳的组织法原则

目前，中央层面的行政组织法律、法规主要有《国务院组织法》、《地方各级人民代表大会和各级人民政府组织法》、《国务院行政机构设置和编制管理条例》等。以上行政组织法律、法规确立的组织法原则主要是"精简"、"统一"、"效能"三项。诚然，这些原则与低碳具有某些一致性，在很多情况下，行政主体的精简和高效有助于降低行政活动的碳排放。然而，传统的组织法原则主要针对的是行政组织的规模和效率问题，尚未明确体现低碳理念，某些情况下甚至与低碳存在矛盾。例如，精简原则要求行政主体的机构和人员保持合理规模，但对并未要求行政主体使用低碳、节能、环保的办公物品，对行政活动过程中的能耗和碳排放也没有实施总量控制；效能原则强调的是行政主体的工作效率，未考虑碳排放强

---

① About the Office of the Federal Environmental Executive, at http：//www. ofee. gov/about. asp# ofee

度和能源利用效率，这可能导致行政活动虽然具有较高效率，却花费了大量的资源和成本，在结果上同样是不低碳的。

因此，各级政府的行政组织法应当在"精简"、"统一"、"效能"三原则的基础上引入新的低碳组织法原则。对此，可在总则部分规定："在机构设置、人员编制和职权活动等方面，各级人民政府严格遵守经济社会全面协调可持续发展的要求，遵循精简效能、权责统一和低碳环保的原则。"

二　设置低碳的行为模式

如果将行政主体视为组织法意义上的行为主体，针对其机构设置、人员编制和物质保障等方面的非低碳化表现，相关组织法极有必要设置各类低碳的行为模式来加以约束和指引。

（一）关于机构设置

1. 严禁设置各类临时性机构和衍生性机构

长期以来，临时性机构和衍生性机构游离于组织法的管控，成为行政法治的灰色地带。事实上，根据组织法定主义，二者并不属于现行组织法所设定的行政机构类型，不具有组织法上的合法性，应当在立法中予以明确禁止，以彻底剔除此类于法无据、于理不合的碳排放实体。对此，立法中不妨作如下规定："各级人民政府及其职能部门禁止设立内设机构、议事协调机构之外的任何临时性机构或衍生性机构等。"

2. 合理控制议事协调机构的规模

关于议事协调机构，由于我国现行条块分割的行政管理模式，为了应对跨部门甚至跨区域的行政管理事务，议事协调机构的存在具有合理性，但应合理控制其规模。这方面，《国务院行政机构设置和编制管理条例》和《地方各级人民政府机构设置和编制管理条例》已从原则上规定政府设立议事协调机构应当严格控制，但缺乏可操作性。对此，应当规定各级政府设立的议事协调机构不得超过特定数目或内设机构的某种比例，从而有效制约议事协调机构的滥设。

3. 根据行政职能设置上下级政府的对口机构

针对上下级政府设置对口机构的问题，《地方各级人民政府机构设置和编制管理条例》在第 7 条进行了原则性规定①。但是，该规定只是禁止上级政府干预或强制要求下级政府设置对口机构，对下级政府主动迎合上级设置对口机构的情形没有约束力，也未给予下级如何设置对口机构的具体指引，因而不够完整。为此，相关组织法应当采用职责调整模式，进一步规定："除中央垂直领导和省级垂直领导的机构外，各级政府应当根据本级政府的行政职能来设置机构，不得擅自设置与上级政府对口的机构。"

4. 撤并党委和政府职能相同或相近的工作部门

针对现实中存在的党政机构重叠问题，早在党的十六届四中全会时就已经提出要"撤并党委和政府职能相同或相近的工作部门"。对此，相关组织法应当及时规定加以落实。在"撤"的方面，可规定凡是已有政府机构承担相同或相近职能的，党委原则上不再设立类似的工作部门；已经设立的，要逐步撤销。在"并"的方面，承担相同或相近职能政府行政机构和党委工作部门应采取合署办公的形式，以避免机构重叠带来的资源浪费。

（二）关于人员编制

首先，组织法必须控制人员编制的总量，严禁各级政府超编配备人员。其次，要严格控制副职领导职数，消除行政主体人员配置的结构性冗余，以减少碳排放强度。目前，《国务院组织法》已明确规定："各部设部长一人，副部长二至四人。各委员会设主任一人，副主任二至四人，委员五至十人。"但在地方层面，《地方各级人民代表大会和地方各级人民政府组织法》和《地方各级人民政府机构设置和编制管理条例》尚未就领导职数的配置作出明确限制。在今后的组织法修订中，应当根据科学设定不同层级政府副职领导职数的上限，并明确规定副职领导不仅包括实职领导职务，还应涵盖检查员、调研员、巡视员等享受领导待遇的非领导职务，从而切实减少人员的结构性冗余。

（三）关于物质保障

近几年来，我国已针对行政主体物质保障要素的资源浪费问题出台了一些法规和政策，如 2007 年中共中央办公厅、国务院办公厅联合发布的

---

① 参见《地方各级人民政府机构设置和编制管理条例》第 7 条规定。

《关于进一步严格控制党政机关办公楼等楼堂馆所建设问题的通知》、
2008年10月1日起施行的《公共机构节能条例》、2013年11月25日颁
布实施的《党政机关厉行节约反对浪费条例》，等等。这些规范对于促进
行政主体保障要素的低碳和节省具有重要的促进作用。但现有的规范还比
较零散，其中一些属于政策范畴而不具有刚性的法律约束力。为此，今后
的组织法应当从以下三个方面对行政主体物质保障要素的低碳要求作出较
系统规定：

1. 物质保障要素的总量控制

温室气体排放和能源消耗的总量控制是节能减排的一项基本制度。由
于行政主体物质保障要素的配置和使用由国库买单，导致其具有一种天然
的浪费倾向，因而必须通过总量控制制度来进行宏观上的约束。对此，立
法应当授权中央政府（具体由机关事务工作部门承担）对全国所有政府
机构的碳排放总量或能源消耗总量制定统一的控制性规划，并根据一定的
标准逐级分解落实到下一级政府及其各职能部门。

2. 物质保障要素的低碳配置

对物质保障要素的低碳配置，组织法应当从"质"和"量"两个层
面进行规定。在"质"的层面，立法应规定行政主体修建的办公建筑和
采购的办公用品必须符合特定的低碳或环保标准，提倡使用绿色节能的低
碳产品。如要求行政主体的办公建筑必须达到公共建筑节能标准，要求行
政主体的办公用品应当采购低碳环保系列，严禁采购高碳排放、高能耗的
办公用品。在"量"的层面，立法应要求行政主体所配置的物质保障要
素的数量应保持在履行职责所需的较低水平，严格控制行政主体办公建筑
的规格、面积和办公用品的数量，禁止重复采购办公用品等。

3. 物质保障要素的低碳使用

目前，《公共机构节能条例》和《党政机关厉行节约反对浪费条例》
等法律法规已对行政主体物质保障要素的低碳使用进行了初步规定，但还
不够全面和完整。根据节能减排方式和途径不同，立法可从三个方面对物
质保障要素低碳使用的行为模式作出系统规定：（1）节能管理规则。要
求行政主体在办公建筑的营运和办公物品的使用中尽量降低能耗，并规定
具体的节能措施，如合理设置电梯开启的数量和时间，合理控制空调温
度，车辆运营应严格遵守节能驾驶规范，实行公务用车油耗定额管理等。

（2）绿色消费规则。如规定行政主体办公过程中应使用环保可再生纸张、减少一次性物品的使用、节约用水等。（3）资源循环利用规则。如规定行政主体对非涉密废纸、废旧电子产品、废弃物和餐厨垃圾等主要废弃物品进行分类回收。此外，立法还可以提倡行政主体探索合同管理方式，委托符合条件的第三方机构提供专业的节能减排服务。

三 增加法律责任条款

立法设定的行为模式最终要依靠法律责任来予以保障，没有法律责任条款相匹配的行为模式是不具有刚性约束力的。为保障低碳的组织法原则和各类低碳行为模式得到行政主体的切实遵守，立法还应当规定相应的法律责任后果。根据客观需要，立法应重点规定矫正性责任和惩罚性责任两类法律责任。

（一）惩罚性责任

惩罚性责任以制裁违反低碳行为模式的行政主体及其公务员为主要目的，从而起到教育和震慑作用。根据情节轻重，具体的责任形式可包括对相关责任人员通报批评、进行诫勉谈话直至给予调离岗位、责令辞职、免职、降职等行政处分，对行政主体可以取消单位评优资格等。

（二）矫正性责任

矫正性责任的主要功能是对行政主体不低碳的违法行为进行制止和补救，以使其恢复到法定的低碳状态。现行组织法的责任条款偏重于对违法行为的惩戒，矫正性责任几乎付之阙如。例如，对于违法设立内设机构和超编人员的行政主体，《地方各级人民政府机构设置和编制管理条例》没有规定相应的责任后果。这显然不利于对行政主体非低碳行为的补救。为此，对行政主体的非低碳化行为，要增加规定相应的矫正性责任，包括：（1）对于违反组织法规定滥设、多设机构的，应规定由机构编制管理机关宣告无效并进行撤销。（2）对于超出编制限额调配财政供养人员和超职数、超规格配备领导成员的，立法应当建立必要的清理和退出制度。超编招录的人员，应当予以辞退，并不得变相安排至其他公共机构，当事人不存在过错的须给予适当补偿并引导其再就业；超职数、超规格配备的领导成员，应当给予降职、调离或转至非领导岗位，且不得保留原级别待遇。（3）对于违反法定标准或限额配置、使用物质资源的,应当责令改正,并根据总量控制规划减少物质资源的拨付。例如,对行政主体违反规定超标准、超编制购置公务用车的,可对车辆采取收回、拍卖、责令退还等方式处理。对行政主体达不到节能目标责任而造成能源浪费的,应要求其及时整改,并责令其购买相等当量的碳排放权以抵消其超额的能源消耗,购买费用从下一年度的财政拨付中予以扣除。

第 四 章

低碳行政程序研究

 行政过程的规范性和正当性是行政法学对行政程序的传统研究着力点，其基本不从低碳的视角展开分析，因而是不涉及低碳价值判断的，这实际上是一种研究视角的局限，它不利于行政程序的低碳化建设。行政程序的目标及构造与碳排放有密切的关联性，对此，我们可以通过一个实例来进行分析：

 2013 年 10 月 11 日，中央电视台《焦点访谈》曝光了一则有关行政程序的案例：河北省一位公民因行政机关办理护照的手续反复折腾 11 次，往返家乡 6 趟，多跑路 3000 公里。[①] 对于此案例，社会公众、媒体、学界以及行政机关，都只是将矛头指向经办人员的官僚主义不作为、加重当事人负担和不便民的问题，却都完全忽视了其中所包含的低碳问题。对此案可以从碳排放的角度来算账：该当事人因办理护照的繁杂手续多跑路 3000 公里，单就使用交通工具而言，若乘坐火车将增加碳排放量 25.8 千克，若乘坐飞机将增加碳排放量 417 千克，若乘坐中等油耗小轿车则增加碳排放量 735.9 千克。如果每年我国公民中有一亿人因行政许可审批等各种行政程序的设置不合理而多跑路 3000 公里，将会产生的碳排放总量分别就是约 736 亿千克（乘小轿车）、417 亿千克（乘飞机）、26 亿千克（乘火车）。以 2013 年为例，全国社会碳排放总量约 100 亿吨（10 万亿千克）[②]，那么在乘

---

 ① 钟新、邵国栋：《北漂小伙办护照回乡 6 次江苏市民办执照折腾 11 次》，《北京青年报》2013 年 10 月 13 日。

 ② 参见澎湃新闻网《中国 2013 年碳排放量全球第一，或促使能源结构加速调整》，http://j.news.163.com/docs/99/2014092320/A6RVCDOK9001CDOL.html，2014 年 10 月 23 日访问。

小轿车的情况下仅因这一项行政程序问题所产生的碳排放量就占到了全部总量的 0.736%，应当说这是一个巨大的数量，而这种碳排放本是完全应当避免的，行政程序的设置对低碳建设的影响可见一斑。

在气候变化的生态风险之下，这些碳排放数据无疑是行政程序中"难以忽视的真相"①。究其缘由，公务员个人的官僚作风固然难辞其咎，但始作俑者恐怕在于行政程序理念与制度的缺陷——为何外地公民办理护照必须"向户口所在地的市、县公安局出入境管理部门提出申请"②而不能就近申领？这从一个侧面反映出目前行政程序尚缺乏节能减排的生态考量。然而，在整个行政程序法制中这仍只是冰山一角。现有行政程序应对气候变化之乏力，不仅指向程序过程内部的资源浪费和高碳排放，还表现为对外不能切实承担起促进社会节能减排的执法和决策功能。如，现行的一整套执法程序虽为相对人权利提供了较完备的程序保障，但在环境执法中却因执行程序的冗长周期而"十年关不了一家污染企业"，反而成为企业规避执法的保护伞③；行政决策程序中引入了广泛听取意见的公众参与机制，但一些裨益低碳环保的公共项目却频频遭遇民众的"邻避效应"而搁置、流产。④

党的十八届三中全会通过的《中共中央关于全面深化改革若干重大问题的决定》将"优化政府机构设置、职能配置、工作流程"作为转变政府职能的明确要求，其中政府的工作流程问题也就是行政程序问题。面对全球变暖"这个时代最为迫切的环境挑战"⑤，构建和完善节能环保的低碳行政程序无疑是低碳时代行政法的紧迫课题，也构成了本章的主要关注。从低碳角度优化行政程序，不仅是节能减排的重要途径，也是我国政府积极履行应对气候变化的行政职能，努力兑现减排承诺的有效举措，具有重大战略价值。因此，低碳行政程序的研究对整个行政法制在低碳时代

---

① 引自美国前副总统戈尔主演的同名气候变化纪录片：《难以忽视的真相》。

② 参见《公民出境入境管理法实施细则》第 3 条规定。

③ 梁思奇：《为何十年关不了一家污染企业》，《沈阳晚报》2006 年 11 月 4 日。

④ 如近年来，因行政决策过程中遭遇民众激烈反对而不予立项或被迫叫停的核电站项目、垃圾焚烧项目等已不少见。参见索寒雪《中核遇左右夹攻 丧失核心"动力"》，《中国经营报》2013 年 7 月 19 日；刘茜《垃圾焚烧选址撞上"邻避效应"》，《南方日报》2011 年 4 月 29 日。

⑤ See Massachusetts v. EPA, 127 S. Ct. 1438 (2007).

的发展、改革具有基础性意义，可以此作为建立低碳行政法体系的理论支点。

第一节　传统行政程序的类型及其低碳缺陷

一　行政程序的基本类型

随着社会环境和公共行政的变迁，行政程序涉及的内容和领域不断拓展，专业性也日益增强，不同领域的程序往往具有不同的特征和功能，从而发展演进出种类各异、谱系广阔的样态，难以用整齐划一的模式加以描绘。根据价值目标和调整机制的不同，可以将现有的行政程序大致分为管理式程序、裁判式程序和参与式程序等三种理想类型。[①] 这些程序类型分别在不同的时空场域中发挥了重要作用，但在新的低碳时代背景下，其构造和功能已不能有效担负起应对气候变化的历史使命。

（一）管理式程序

管理式程序主要形成于 20 世纪，核心目标是提高行政机关的管理效率和经济效益，其典型形态主要见于苏联和我国。在苏联社会主义初期，为了尽快恢复生产和发展国家经济，维护和巩固革命秩序，加强政府管理成为行政法制度和规范的焦点。比较有代表性的学术观点是马诺辛等在其著作《苏维埃行政法》中提出的"管理论"："行政法作为一个概念范畴就是管理法，更确切地说就是国家管理法。"[②] 正如美国行政学者邓肯所言，与管理联系得最为紧密的词为效率[③]，在管理论的支配下，整个苏维埃行政法体系的构建以行政权的高效运行为中心，而行政程序作为行政机关的办事流程和行为载体，自然也将行政管理的效率奉为圭臬。后来这种程序理念被新中国所继受并予以进一步发展。新中国成立初期，出于政治

---

① "理想类型"方法系马克斯·韦伯所创立的社会科学研究方法。实践中无论哪种类型都与其他类型有着或多或少的联系，并可能互相包含彼此中的因素，任何一种类型都不可能在现实中以纯粹形态出现。参见［德］马克斯·韦伯《社会科学方法论》，韩水法等译，中央编译出版社 2002 年版，第 19 页。

② ［苏］B. M. 马诺辛等：《苏维埃行政法》，群众出版社 1983 年版，第 29 页。

③ W. Jack Duncan, Great Ideas in Management: Lessons from the Founders and Foundations of Managerial Practice, Oxford: Jossey Bass Publishers, 1990, p. 27.

意识形态上的原因，我国借鉴苏联经验建立了计划经济和行政主导的管理体制；在理论上，苏联的管理论也占据了统治地位。这时的学者和立法者将行政法视为保障国家政策贯彻的管理法，行政管理的效率则顺理成章地成为行政程序最重要乃至唯一的目标。十一届三中全会开启了改革开放的序幕，党和国家开始以经济建设为中心，经济效益也随之被提升到行政程序基本目标的高度。① 当时原国家计委、建委和财政部联合发布的《关于基本建设程序的若干规定》开篇即阐明了建设领域行政程序之目的："高速发展国民经济，多快好省地进行建设。"② 由此形成了我国以行政效率和经济效益为主旨的管理式行政程序。此外，还有其他许多国家的行政程序也采取这种模式，甚至在立法中予以明确规定，如西班牙1958年《行政程序法》就将行政程序的一般原则表述为："行政行为应根据经济、速度、效率之规则进行。"③

（二）裁判式程序

裁判式程序发端于19世纪中期，是一种模仿法官角色和裁判程序以保护个人权利、控制行政合法的经典程序模式，主要存在于针对特定相对人的行政执法行为中，如行政许可、行政处罚、行政强制中的陈述申辩、听证程序等。"依法裁判"模式的源头可以追溯到奥托·迈耶的行政行为理论。迈耶对行政法治的核心判断是不仅通过法律限制丰富的行政活动，而且在其内部也应逐渐形成确定内容以保证个人权利及个人对行政活动的可预测性。④ 循此目的，他主张"行政应尽可能地被司法化"⑤，行政机关应当像法官一样遵循调查、询问、质证、说明理由等法定程序来作出具体决定，将行政行为视为"从属于行政的政府裁决"或"司法判决在行政程序中的对应物"。⑥ 因为在他看来，司法过程是"理性公法活动的范本"，借助一套系统、严密的法定程序，司法不仅实现了自我约束，而且

---

① 参见王锡锌《行政程序法理念与制度：发展、现状及评估——兼评〈湖南省行政程序规定〉正式颁行》，《湖南社会科学》2008年第5期。
② 参见李宗兴《加强行政程序立法刍议》，《中国法学》1985年第4期。
③ 应松年主编：《外国行政程序法汇编》，中国法制出版社1999年版，第259—260页。
④ ［德］奥托·迈耶：《德国行政法》，刘飞译，商务印书馆2013年版，第99页。
⑤ 同上书，第66页。
⑥ 同上书，第99—107页。

有利于保障当事人的权利。[①] 该模式的另一个重要渊源是英美行政法的正当程序原则。正当程序源自于 1215 年英国《大宪章》，并在美国宪法第五修正案中得以传承发扬。根据第五修正案的规定，联邦最高法院在 20 世纪 70 年代处理了 4 万余件针对公民权利的正当程序诉讼。其中最具代表性的是哥德伯格诉凯利案，该案判决要求行政机关在取消当事人的福利给付之前，必须给予一个比较完全的审判式的听证程序。[②] 由此形成了具有鲜明美国特色的司法裁判式行政程序，即更加强调相对人的程序抗辩，通过准司法性的程序过程对相对人的权利提供保障。目前，在诸如德国、美国等许多国家的行政程序及行政程序法中可以找到这一模式。比较典型的是日本《行政程序法》，该法将行政程序分为一般性的辨明程序、针对不利益处分的听证程序和申请处分中涉及第三人利益的公听会程序；一些单行法还特别设置了由合议制行政机关依据与司法诉讼类似的行政程序作出决定的行政裁判程序。[③] 这些程序设计无疑具有显著的裁判特征。

（三）参与式程序

参与式程序兴起于第二次世界大战结束后。它形成的背景是，战后经济的高速发展和福利国家的出现使政府职能不断扩大，迫于行政的多样性和复杂性，民意机关不得不授权行政机关进行必要的行政立法、行政决策，并赋予其极为宽泛的裁量权。如 1791 年法国宪法规定立法权专属于议会，而该国 1958 年宪法则明确内阁享有对行政事务的立法权。这些事实导致行政正当性的古典模式——"传送带"理论[④]的破产，因为以上权力的行使很大程度上已不再是执行民意机关制定的法律，从而产生了民意基础薄弱的"民主赤字"。[⑤] 对此，理论家和立法者给出的解决方案是在行政程序的设计中引入相对人的民主参与，通过再现议会立法的民主审议过程来克服现代行政的民主赤字，从而保证行政的正当性。这构成了参与

①　参见赵宏《行政法学的体系化构建与均衡》，《法学家》2013 年第 5 期。

②　Goldberg V. Kelly, 397 U. S. 254, 262 (1970).

③　参见朱芒《行政程序中正当化装置的基本构成——关于日本行政程序法中意见陈述程序的考察》，《比较法研究》2007 年第 1 期。

④　关于传送带理论的分析，参见［美］理查德·B. 斯图尔特《美国行政法的重构》，沈岿译，商务印书馆 2011 年版，第 5—11 页。

⑤　王锡锌：《当代行政的民主赤字及其克服》，《法商研究》2009 年第 1 期。

式程序设计的基本思路。当代许多国家都建立和引入了这一程序模式，并大量运用于行政立法、行政决策等公共政策领域。其中最具有代表意义的当数美国。该国 1946 年《行政程序法》规定所有非正式行政规则的制定，都必须经过公告建议制定的法规的内容和涉及的问题、利害关系人书面或口头的评论、说明制定根据和目的等三个步骤，并允许各利害关系人提出申请制定、修改或废除行政规则的创意。① 1990 年的《协商式规则制定法》进一步规定行政机关制定规则时可以召集不同的利益代表组成协商委员会，通过合意和多数决程序来形成行政规则的草案。② 我国近年来关于行政立法和行政决策的程序立法中也有许多保障公众参与的制度规定，如要求通过行政立法或决策在立项、公告、起草、审议和评估等环节中为公众提供参与的机会和途径，听取他们的意见和建议等。③

二 管理式程序的问题

应当说，管理式程序在很多情况中对低碳行政目标的实现具有积极意义，如行政机关为了提高效率，简化办事流程、缩短办事时限等都有利于节能减排，但不利于节能减排之处亦相当明显：（1）该种行政程序的效率取向主要是从行政机关角度出发，程序的设计只注重行政成本的节省和职权履行的便利，而几乎不考虑行政相对人在程序中的效率。由于相对人在程序过程中同样要耗费一定的人力、物力、财力和时间成本，它极易导致这样的结果：虽然提高了行政效率和节约了行政成本，却大大增加了相对人的程序负担、降低了相对人的程序效率，从而在社会整体意义上造成行政程序的低效率和高成本，形成不低碳的结果。这在实践中并不鲜见，我国《行政处罚法》规定行政处罚由违法行为发生地的行政机关管辖就曾使一些相对人在交通行政管理的跨地域罚单中"来回的车马费比罚款

---

① Administrative Procedure Act 5 U. S. C. §551—559（2000）.

② Negotiated Rulemaking Act 5 U. S. C. §561—570（1994）.

③ 行政立法方面如《立法法》第 58 条、《行政法规制定程序条例》第 15 条分别规定："行政法规在起草过程中，应当广泛听取有关机关、组织和公民的意见"；行政决策目前虽然尚无国家统一立法，地方层面的程序立法却已有许多公众参与的规定，如《广州市重大行政决策程序规定》、《贵州省人民政府重大决策程序规定》等都明确要求，"决策起草部门应当充分考虑、采纳听证代表的合理意见"或"应当吸收、采纳社会公众提出的合理意见和建议"，等等。

还要高出好多倍"①，而这些乘坐各种交通工具的"车马费"都意味着不必要的碳排放和能源耗费。（2）该种行政程序的另一维度是以单一的经济效益来衡量程序效能，这实质上是一种"被剥夺了宗教和伦理意义"②的工具理性。当短期、局部的经济利益和长远、整体的环境利益发生矛盾时，若无低碳、环保的价值理性作为引导，在效能模式下，行政机关很可能为了追逐经济利益而不计社会成本和环境代价。事实上，早在20世纪韦伯便意识到效能模式下的官僚体制所具有的危险性，即为了实现效率目标而无节制地使用资源，直到最后一吨石油燃烧殆尽为止。在今日之中国，此种危险已有许多现实折射。如，许多行政机关尤其是地方政府为了招商引资而任意简化甚至省略必要程序步骤的现象就时有发生。2007年国家环境保护总局在执法检查中发现，全国许多工业园区都存在先上污染项目后进行环评程序或放松环评程序的问题，造成了严重的环境后果。③

三　裁判式程序的问题

毫无疑问，裁判式程序对于制约行政权力、保障相对人权利发挥了不可替代的作用，而且在我国目前行政权力异常强大的背景下仍具有很强的运用价值。可是，当这样一种前行政国家的程序模式在应对现代风险社会中的气候变化问题时，也出现明显的不适应，有时甚至还会产生负面效果，这表现为：（1）受迈耶法治国理念的影响，该种行政程序被设计成仅仅适用实定法的一种方法，只要求行政程序在形式上符合法律规定，本质上是一种形式法治的程序，因而欠缺一种低碳的超验价值尺度来反思、指引乃至形塑实定法。由此导致的危害如：当已有的行政程序法规范本身不符合低碳标准时，机械适用程序规则可能产生高碳的结果，引言中商户变更执照登记往返11次的案例即是证明；而当行政程序法规范对有关事项未作规定或规定模糊时，裁判式程序又不能引导行政机关自主采取有利于节能减排的程序方法，亦即无法为自由裁量和行政解释提供低碳价值的

①　曹树林、银燕、高翔：《"跨省罚单"不再折腾人》，《人民日报》2013年7月22日。

②　[德]马克斯·韦伯：《社会科学方法论》，韩水法等译，中央编译出版社2002年版，第182页。

③　参见葛新中《十一省区九成工业园环境违法折射地方政府媚商》，《中国改革报》2007年8月6日。

指引。（2）该种行政程序将私人的权利和自由作为最高的价值追求，并通过严格的、准司法性的程序来为之提供最大化的保障。然而，正如学者所指出的："在具体个案中，个体正义的价值通常与整体价值共存，但他们从根本上是相互冲突的。"① 在私人的个体自由和社会的低碳环保价值存在矛盾时，过分偏向于权利保护的程序设置可能阻碍低碳行政任务的顺利实现。一个典型例子是，在控烟处罚中遵循调查取证、陈述申辩、警告、责令整改等法定的处罚程序虽然对保护吸烟者个人的合法权益具有积极意义，但此类过于烦琐的程序步骤却使许多地方的控烟执法陷入了执法难的困境。② 不利于低碳环保和居民健康等社会整体利益。

四　参与式程序的问题

参与式程序模式有效弥补了后传送带时代行政正当性的缺失，尤其是随着当代公众参与的兴起③，其作为行政民主化制度载体之功能进一步得到彰显。然而，也正是囿于该模式对公众参与的路径依赖，其在低碳行政中遭遇了滑铁卢般的困境。在实践中比较突出的问题如：（1）目前公民对行政程序的参与方式主要有听证会、座谈会、论证会和公开征求意见等形式，但这些方式在实践操作中还存在着不够便民和不够节省的缺陷。听证会、论证会、座谈会等会议形式虽然是一种较为正式的程序参与形式，但是其运行成本较高、效率较低，参会往往需要数量众多的参与者长途跋涉赶赴现场，耗费大量的交通成本以及会议记录纸张，而且决定的周期也往往较长。应当说，行政程序中的碳排放是来源于程序参与主体的，程序参与主体越多、单位主体的碳排放越大，整个行政程序的碳排放量就会越大。参与式程序无疑比其他程序类型的程序主体更多，其参与方式上欠缺便民、节省的设计往往会导致整个行政程序过程中的不低碳后果。

---

① Orly Lobel, The Renew Deal: The Fall of Regulation and the Rise of Governance in Contemporary Legal Thought. pp. 34—46.

② 例如，广州市就因法律规定的控烟处罚程序太过复杂导致一年仅开 6 张罚单；其中有的虽然成功处罚，但程序所要求的多次警告、责令整改，往返循环，花费了执法人员大量时间，造成执法成本严重负荷。参见郑旭森《广州控烟 1 年仅开 6 张罚单》，《羊城晚报》2011 年 10 月 11 日。

③ 参见王锡锌《公众参与和中国新公共运动》，中国法制出版社 2008 年版，序言。

（2）在某些情况下，该种行政程序对某些低碳环保的新兴规制领域设置了过多的民主要求，从而对行政机关有效履行职责造成阻碍，这突出表现在环境规制中技术标准的制定程序中。有美国学者基于案例分析指出，当下过于严格的技术标准制定程序和司法审查使环保署（EPA）在规制空气污染和执行清洁空气法案时被束缚了手脚。[①]如在"壳牌石油公司诉环境保护署案"中，法院因为环保署最后发布的新增污染物名单与公告时的建议新增污染物名单之间不一致，进而认为其没有认真履行对规则内容进行完整说明的公告义务而推翻了涉案的空气污染物认定规则。[②]事实上，在低碳、环保等规制领域，由于规制对象和规制环境瞬息万变，经常会出现行政机关最后公布的规则与公告规则之间内容不一致的情况，若僵化地适用"公告"程序来要求行政机关，无疑是一种不恰当的限制，这也是该案后来受到诟病之处。（3）在涉及气候变化的行政规制中依赖民主程序，可能导致议程设置产生偏差甚至使规制政策彻底"流产"。先来看议程设置。由于气候变化风险具有危害后果不明显的"反事实性"特征，其在公众对于风险规制排序中常常处于与之危险性极不相称的位置。多项研究或调研表明，在公众对人类所面临主要问题的排序中，应对气候变化的重要性要远远落后于战争、恐怖主义、交通安全、疾病、失业等，甚至都没有进入前十位。[③]在这种情形下，如果采用民主参与的程序模式来设定议程，针对气候变化的规制政策将难以适时推行或错过最佳时机。其次，节能减排是一项长期性、公益性的事业，它需要牺牲一些经济利益或生活自由作为代价，而这与公众个体作为经济理性人的逐利性和自主性是有矛盾的。当一项气候政策增设公民义务或削减其既得权利时，几乎一开始就注定不可能在民主审议中获得支持。如澳大利亚曾于2012年开征碳税，但因为民众的激烈反对，澳大利亚联邦议会参议院不得不在2014年

---

① R. Shep Melnick, *Regulation and the Courts: The Case of the Clean Air Act*, The Brookings Institution, 1983.

② 罗豪才、毕洪海主编：《行政法的新视野》，商务印书馆2013年版，第314页。

③ See Paul Slovic, Perception of Risk, 236 Science p. 280, 1987; Cabecinhas, R., Lazaro, A., & Carvalho, A. Lay representations on Climate Change. In Proceedings of LAMCR's 25 Conference: 504 – 508. Retrieved March 23, 2010, from http://repositorium. sdum. uminho. pt/bitstream/1822/5335/1/Cabecinhas_ Lazaro_ Carvalho_ IAMCR_ 2006. pdf.

废除碳税法案①；德国政府近年计划上马的一批陆地风电项目也在评估程序中由于民众中广泛的"邻避效应"而被迫搁置。②

现行行政程序应对气候变化的乏力，呼唤新型低碳行政程序的建构。

第二节　低碳行政程序的要素与要求③

一　构建低碳行政程序的重要性

根据本书的研究目的和理论预设，低碳行政程序应当是指行政程序内部各要素均符合低碳节省的要求，使整个行政程序过程中各方参与主体的程序成本、能源资源耗费以及碳排放量保持在合理较低程度的一种程序模式。行政程序的低碳化是行政法回应低碳时代的重要维度，低碳时代不仅需要与之相适应的行政法原则、行政主体和行政行为，也离不开低碳行政程序的构建。理由在于：

首先，行政程序是行政主体实施行政行为的手续和方式，如果没有行政程序的低碳化，即便行政主体自身的组织法诸要素均符合低碳标准，或者作出了具有低碳内容的行政行为，但如果行政程序本身不符合低碳的要求，同样可能会导致南辕北辙的结果。试想一下，无论一个行政机关的机构和人员多么精简，办公建筑和办公用品的配备、使用如何低碳节能，倘若某事项的行政程序需要经过过于冗长的步骤或者周期，行政主体的低碳就会被程序的碳排放耗费所抵消。再以本章开头提到的环境执法为例，责令污染企业停产停业的行政处罚行为无疑是有利于低碳和环保的，但因为各种行政执行程序的冗长周期，导致 10 年关不了一家污染企业，这在结果上无疑与低碳环保的行政行为的初衷背道而驰。

其次，行政程序具有广泛的辐射效应，不仅涉及行政主体，还影响到参加行政程序的特定或不特定行政相对人；而且，行政程序在相关行政行为的作出过程中都是反复和多次适用的。因此，哪怕是行政程序设计中一

---

① 参见鲍捷《澳大利亚在争议中废除碳税》，《人民日报》2014 年 7 月 21 日。

② 参见管克江《"邻避效应"与能源转型》，《人民日报》2013 年 8 月 13 日。

③ 本节部分内容曾作为本课题的阶段性成果，由课题组成员方世荣、谭冰霖撰写成《优化行政程序的相对人维度》的论文并发表于《江淮论坛》2015 年第 1 期。

个微不足道的烦冗、浪费之处，在实际应用过程中经过辐射效应的放大，都会产生天文数字的资源浪费和巨量的碳排放。可以说，行政程序对于整个行政活动中双方尤其是对行政相对人的碳排放能够起到牵一发而动全身的杠杆作用。

再次，行政程序制度的遵循和实施本身需要以一定的物质和资源作为保障，而在程序过程中的物质和资源使用都会带来相应的能源消耗与温室气体。就此而言，所遵循的行政程序本身也是一个碳排放源头，需要按照低碳要求加以规制。

二 行政程序的基本构成要素

应对气候变化涉及行政管理活动的方方面面，决定了低碳行政程序的构建必然是一项复杂的系统工程，任何局部性的零敲碎打都可能陷入头痛医头或挂一漏万的窘境。对此，可以借助构造论的方法，解构行政程序的内部诸要素，以作为构建低碳行政程序的理论框架。因为，构造论主张对法律程序的全部要素进行"纵断的、立体的、有机联系的分析"[1]，它能够帮助我们较为系统、周延地设计低碳行政程序制度。

从行政程序的内涵上进行观察，行政程序的构造主要是指支撑行政程序运行的一般要素和基本装置。按照法理学的定义，法律程序的内涵是"人们进行法律行为所必须遵循或履行的法定的时间和空间上的步骤和方式"[2]。据此，法律程序的内部构造应当是由行为主体、法定时间和法定空间等要素组成的三维结构。具体到行政程序中，时间要素是行政程序进行的顺序和期限，空间要素则涵盖行政程序的管辖规则、环节手续和工作方式等三个方面。关于主体要素，目前学界一般认为行政程序的主体只是行政主体，不包括行政相对人。[3] 这种观点存在认识误区，也不利于低碳

---

① 龙宗智、杜江：《"证据构造论"述评》，《中国刑事法杂志》2010 年第 10 期。

② 孙笑侠：《法律程序剖析》，《法律科学》1993 年第 6 期。

③ 如国内外经典的行政法学教科书大多将行政程序界定为："行政主体实施行政行为时所应当遵循的方式、步骤、时限和顺序"或者"行政机关为了做出决定、采取其他措施或者签订合同而进行的所有活动的总称"。参见姜明安主编《行政法与行政诉讼法》，北京大学出版社、高等教育出版社 2002 年版，第 260 页；［德］哈特穆特·毛雷尔《行政法学总论》，高家伟译，法律出版社 2000 年版，第 451 页。

行政程序制度的科学设计。理由是：其一，没有相对人行政程序就无法启动。行政程序按照启动方式的不同，可分为依申请的程序和依职权的程序。其中，依申请程序毫无疑问都是由相对人的申请行为而启动的。依职权程序从外观上看是由行政主体单方依职权启动，但从因果关系上分析，却是由行政相对人的行为或与其有关的法律事件作为引发的最初起因，如行政处罚程序的启动是因相对人违反行政法律规范的行为所导致；而行政救助程序的启动则可能是因相对人的人身或财产由自然灾害等法律事件造成损害而引起。其二，没有相对人的行为或意思表示，行政程序的决定或结果无法形成。如不听取相对人的陈述和申辩，行政处罚程序的决定就不能成立。其三，仅有行政主体的单方行为，没有相对人行使权利或履行义务的行为，行政程序的结果无法得以落实。从应对气候变化的角度分析，相对人的程序活动同样会产生相应的碳排放，如果只关注行政主体而不把相对人作为重要的主体加以对待，低碳行政程序的制度设计必定是"跛脚"的，甚至出现行政主体在程序中减少的碳排放被相对人因程序活动排放的二氧化碳当量所折抵甚至超过的情况。这也是产生类似于相对人为办理行政程序往返 11 次等不低碳程序后果的一个理论症结所在。由此，行政相对人与行政主体同样应当是行政程序中不可或缺的主体要素。行为主体、法定时间、法定空间三要素的共同作用形成了整个行政程序的碳排放过程：参加行政程序的行为主体在一定程序时间内通过特定的空间关系和方法所直接或间接产生的温室气体之总和（见图4—1）。

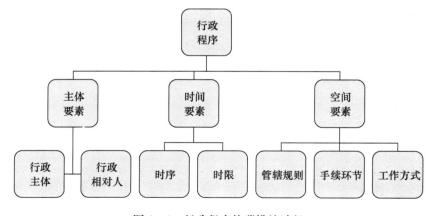

图4—1 行政程序的碳排放过程

从行政程序的基本构造分析，低碳行政程序构建的主要要求是在主体、时间、空间等程序要素的运行过程中尽量降低或避免不必要的资源消耗与碳排放，整体而言，是一个引入低碳程序装置和剥离高碳程序装置的过程。

三　主体要素上的低碳程序要求

从碳足迹（Carbon Footprint）的角度分析[①]，行政程序的碳排放实际上是所有程序主体进行程序活动时直接或间接产生的二氧化碳当量的总和。也就是说，行政程序是否低碳与进入行政程序的主体数量是有密切关联的。进入程序过程的主体越多，行政程序所产生的二氧化碳当量就越大；进入行政程序的主体越少，那么行政程序就相对低碳、节省。故减少进入程序的主体数量可作为行政程序低碳化的一种源头控制方法。这既包括减少程序行政主体的数量，也包括减少行政相对人的数量。

（一）整体层面

整体而言，如果办理某一事项根本无须经过行政程序，无疑彻底消除了所有主体产生碳足迹的可能。就此而言，减少不必要的行政程序设置是促进程序低碳化的有效途径。它虽未直接减少具体行政程序中的主体数量，但其对潜在可能进入行政程序的主体起到了过滤作用，而这种过滤作用对节能减排的贡献极为巨大。如在广州办理准生证涉及 8 个部门，要盖 13 个章，办 16 道手续，需时 19 个工作日。当地一位政协委员算了一笔账，如果将准生证手续加以优化，办理时间可以缩减为 4 个工作日，每年可节约 815 亿元的成本（未计算中间的路费等成本）。[②] 按照 2014 年 8 月

---

① 碳足迹的概念由生态足迹的概念而来，主要是指在人类生产和消费活动中所排放的温室气体的总量，相对于其他碳排放研究的区别，碳足迹是从生命周期的角度出发，破除所谓"有烟囱才有污染"的观念，分析产品生命周期或与活动直接和间接相关的碳排放过程。参见 Wang W, Lin J Y, Cui S H, Lin T. An overview of carbon footprint analysis. *Environmental Science and Technology*，2010，（7）：71 – 78. 吴燕、王效科、逯非《北京市居民食物消费碳足迹》，《生态学报》2012 年第 5 期。

② 牛日成：《去除"行政冗余"才能避免"审批长征"》，《羊城晚报》2013 年 8 月 8 日。

国内最新碳交易平均价格计算（约 57 元/吨），可供购买 14.3 亿吨碳排额度。① 如果像黑龙江、吉林、江苏等省份一样取消准生证审批，节能减排的低碳效益还会更高。

当然，如何减少行政程序根据不同的领域和事项有不同的方法，难以形成整齐划一的方案。这里仅以行政许可程序为例进行分析。行政许可程序的设置一般有两种模式。一是"正面清单"模式，即授权各层级的立法来规定须经过行政许可程序的事项，如我国《行政许可法》即规定法律可以设定 6 类事项的行政许可、行政法规可以在法律尚未制定许可的范围内设定行政许可、地方性法规和规章可以设置除资格资质和法人等级及其前置性许可外的许可。二是"负面清单"模式，即通过统一的法律规范对需要经过许可的事项进行"排除式"规定，此外的事项则皆无须设置许可程序。我国上海自由贸易试验区对外商投资准入的许可采用的即是此种模式。② 比较之下，"负面清单"模式显然更加可取。理由是：其一，"正面清单"模式将许可程序的设置权层层授予不同地方、不同层级的行政主体，在具体操作中具有很大的随意性和扩张性。基于地方保护和部门利益等立场，各级享有许可设定权的政府及其职能部门往往制定出种类繁多的"许可清单"，有的甚至通过"审批"、"备案"、"登记"等隐蔽形式来巧立名目，造成许可程序的大幅膨胀。以武汉市为例，该市仅在 2004 年第 6 批次取消调整的行政审批项目就达 1268 项③，这从侧面反映出"正面清单"下许可程序的繁多。而"负面清单"模式中"法不禁止即自由"的排除式规定，则能够对解决这一问题起到釜底抽薪之效。其二，"负面清单"模式虽从表面上看并未直接减少行政程序的设置数量，但它使得许多事项和活动可以不通过许可程序即可准入，实际上大大减少了行政程序的开启。其三，从行政相对人的角度来看，"负面清单"模式

---

① 中国碳排放交易网：http://www.tanpaifang.com/tanshichang/201408/2036998.html，2014 年 9 月 13 日访问。

② 《中国（上海）自由贸易试验区外商投资准入特别管理措施》（2014 年修订）规定了 139 个限制准入或禁止进入的外商投资领域，除此之外其他行业、领域和经济活动都许可外商投资进入。

③ 参见《武汉市人民政府关于第六批取消和调整行政审批项目的决定》（武政批〔2004〕54 号）

亦有明显的优势。"负面清单"模式明确告知了相对人在哪些领域或项目存在准入限制，使其可以对照清单实行自检，避开需要许可的领域、事项，从而在申请阶段阻止了部分程序的启动。① 有鉴于此，以后应当积极推广"负面清单"模式，逐步取代"正面清单"的程序模式。当然，"负面清单"的列出也非一劳永逸，而应当是一个根据经济社会发展予以动态调整、不断精简的过程，如上海 2014 年的"负面清单"较 2013 年的"负面清单"就有大幅度削减，进一步减少了不必要行政程序的启动及其带来的碳足迹。

（二）行政主体层面

通常而言，由哪些行政主体进入行政程序取决于特定行政主体对程序涉及的事项是否拥有管理职权。在同一程序事项上，具有管理职权的行政主体越多，进入程序的主体就会越多，相应产生的碳排放也就越多。就此而言，行政职权相对集中可以作为减少程序进入主体的有效方案。所谓"行政职权相对集中"，是指将业务性质相近、管辖范围类似、行政职能相同或密切相关的行政职权合并，并集中配置给一个行政部门由其统一行使相关的行政职权。② 在我国，由于立法空白以及法律规范本身的模糊和冲突，不少行政领域都存在着部门职权的重叠交叉，导致实践中出现一系列重复执法现象。这既浪费了宝贵的执法资源，又加重了相对人的接受管理的负担，从而增加了整个行政程序的碳排放。如原交通部颁布的《运输船舶消防管理规定》同时授权航运公安机关和海事管理机构实施船舶消防检查，导致现实中两个部门均分别依据不同的标准对船舶进行行政检查，使相对人疲于应对。③ 在音像制品管理等其他领域也存在类似现象④。针对这类问题，有必要根据实际情况，将重叠、交叉的行政职权收归一个部门，尽量减少行政程序中不必要的行政主体介入以降低碳排放。在立法

---

① 参见杨海坤《中国（上海）自由贸易试验区负面清单的解读及其推广》，《江淮论坛》2014 年第 3 期。

② 参见石佑启、杨治坤《部门行政职权相对集中之求证与分析》，《暨南学报》（哲学社会科学版）2010 年第 3 期。

③ 参见中南财经政法大学、长江海事局课题组《海事行政执法风险防控研究报告》（内部刊印）。

④ 如根据《音像制品管理条例》，新闻出版部门、音像制品行政管理部门、文化行政部门、工商行政管理部门、公安部门等都具有行政处罚权。

和实践中，我国的行政职权相对集中制度的适用对象仅限于行政处罚和行政许可，适用领域也主要集中于城市综合管理领域。① 这无疑具有片面性。事实上，在城市综合管理领域和行政处罚、行政许可之外，行政职权相对集中制度还有着广阔的适用空间。如在农业管理领域，农业的产前、产中、产后的管理则涉及 14 个部门，职权交叉和重叠在所难免。② 再如，根据《城乡规划法》和《土地管理法》，对一定区域内的土地利用，城乡规划主管部门和国土资源管理部门均享有一定的行政规划权（前者为城市建设规划权，后者为土地利用规划权），由于指导思想和统计口径上的差异，导致实践中土地利用规划和城市规划之间的冲突时有发生，由此带来的后果则是重复建设以及土地资源的严重浪费。对于这类领域和职权，今后都可以在行政职权相对集中的制度设计中加以拓展和完善。但是，诸如限制人身自由的处罚和强制等依法专属于某个部门的行政职权应当遵守法律保留原则而排除在外。

（三）行政相对人层面

行政相对人参加行政程序的目的是实现一定的行政法权利或履行一定的行政法义务。那么，如果通过合理的制度设计，使相对人无须进入正式法律程序而仅凭行政主体或相对人的单方法律行为即可实现权利和履行义务，则既能达到相对人的程序目的，又可减少进入行政程序的相对人数量，从而降低乃至避免程序过程中因不必要的相对人活动而产生的碳排放。本书暂且将这种制度称为"自动形成程序制度"，它借鉴了民法的形成权理论，即"依一方之意思表示而生法律效果之权利"。③ 其核心特征是权利的"实现无须介入相对人（权利对方）的行为"④，从而"使权利或法律关系得以迅速确定，复杂的法律关系得以单纯明了"⑤。在行政程序中，自动形成程序制度可设计分为两种。一是授益行政的自动形成程

① 参见石佑启、黄学俊《中国部门行政职权相对集中初论》，《江苏行政学院学报》2008年第 1 期。
② 参见石佑启、黄学俊《论部门行政职权相对集中之体系构建》，《中南民族大学学报》（人文社会科学版）2010 年第 3 期。
③ 韩忠谟：《法学绪论》，中国政法大学出版社 2002 年版，第 181 页。
④ 汪渊智：《形成权理论初探》，《中国法学》2003 年第 3 期。原文为："实现无须介入相对人的行为"。括弧内容系笔者为区别于行政法上的行政相对人概念所加。
⑤ 陈华彬、陈军勇：《形成权论》，《广西社会科学》2006 年第 4 期。

序，它主要是通过相对人的单方法律行为来实现。目前我国行政许可领域已开始局部运用自动形成程序，如在机电产品进口和纺织品出口的海关行政许可中，凡属于相关清单和目录中明确列举的商品，相对人只要提出申请就可自动获得进出口的许可。① 在这一程序中，相对人只需单方提出申请便可获得许可，从而免去了相对人进入正式许可程序后的烦琐步骤。根据现实条件，此类自动形成程序今后还可以在行政给付、行政奖励等领域中加以复制和推广。二是损益行政的自动形成程序，它主要依靠行政主体的单方法律行为来完成。由于损益行政涉及对相对人权利的限制，根据正当程序原则一般须有相对人的参与，故损益行政中的自动形成程序应在相对人在行政程序中不履行或者履行义务的成本过高时方能适用。现行立法中损益行政的自动完成程序主要存在于行政强制领域中的代履行和行政征收域中的税收代扣代缴等少数领域。但这并不意味着其在适用范围上已没有拓展的空间。基于节能减排的要求，当相对人在行政程序中履行义务的成本过高时，经本人申请或征得相对人同意，原则上都可以适用自动形成程序。

四　时间要素上的低碳程序要求

时间要素包括行政程序的顺序和时效两个维度。行政程序的低碳化主要依靠时序制度与时效制度的改进。其中，影响程序运行的关键装置主要是行政程序的期限和违反期限的法律后果。

（一）行为时限方面

时限对于行政程序的低碳有重要影响。"时间就是金钱"，从碳足迹的角度看，时间也是碳排放。因为碳足迹是行为主体一定时间段内的所有活动引起的二氧化碳排放总量，故行政程序持续的时间越长，碳足迹就越长。就此而言，在时效维度构建低碳行政程序的要求即是通过程序时限和法律后果的合理设置，尽量缩短行政程序的运行期间。我国目前的程序时效制度尚不完全适应低碳行政的要求，亟须加以完善。这主要表现在，许多行政程序法律规范未明确规定行政主体办结程序的时限，使其可以任意拖延程序进度，造成相对人在人力、物力、时间、精力上无止境的耗费，

---

① 参见《机电产品进口自动许可实施办法》、《纺织品出品自动许可暂行办法》规定。

从而延长了整个行政程序的碳足迹。如我国《医疗事故处理办法》第9条规定由当地卫生行政部门组织调查、处理医疗事故或事件，但对于组织调查、处理医疗事故事件以及追究责任人的时限，并未明确规定。在《食用菌菌种管理办法》、《草种管理办法》等行政法律规范中对相当一部分行政程序也都没有规定法定时限。此外，实践中还存在行政主体故意拖延至最后期限等滥用程序时限的现象。例如，有学者在对政府信息公开的调研过程中发现，有行政机关基于最大化延长答复期间的目的，在法定期限即将届满之时才通知相对人需要延期处理或者要求补充相关申请材料。[①] 这无论从行政主体处理程序申请，还是从相对人重新提出申请的角度，都是有悖于低碳目标的。针对上述问题，除明确规定各种行政程序的法定最低时限外，还要进一步大力倡导行政主体在时效规定期限内，在条件允许的情况下尽可能地及时处置或提前办结程序，不得人为地拖延到最后期限，避免在行政程序中因人为因素产生不必要的碳足迹。同时，针对部分严重违法排放污染物或温室气体的相对人，还可以建立一定的执法程序加快制度，即通过特别规定缩短低碳环保行政执法决定的复议和诉讼期间，实现快速立案、快速审理、快速执行，以避免执法时效的拖延而对生态环境造成不可逆转的危害。

（二）法律后果方面

法律后果是行政时效制度的核心机制，具体包括法律责任和法律效果两种形式。从程序低碳的角度来加以检讨，现行行政时效制度在法律后果的设计上还存在两方面的缺失：首先，许多法律规范没有明确规定行政主体违反程序时限的法律责任，使行政主体可以任意违反程序时限。这将导致法定时限形同虚设，不利于督促行政主体及时办结程序以减少程序过程的碳足迹。例如，《政府信息公开条例》第24条规定依申请公开的答复期限最长不得超过30日，但该法"监督和保障"的相关条文仅规定了"不依法履行政府信息公开义务的"的法律责任，对"不及时履行政府信息公开义务"法律责任则没有涉及。这在低碳行政程序的制度设计中是亟待完善的。其次，有些法律规范虽规定了行政主体违反程序时限的法律

责任，却没有匹配相应的缩短或终结程序期间的法律效果。此种单一的法律后果设置尽管对行政主体遵守时限发挥了震慑和督促功能，却无法依赖自身能量推动程序的进行或完结。换言之，它只能从消极层面防范行政程序的拖沓而抑制高碳，但无助于从更为积极的层面来主动促成行政程序的低碳。这里且以《行政强制法》的相关时效制度为例进行分析。《行政强制法》第 25 条规定查封的期限最长不得超过 60 日，并通过第 62 条规定了在查封法定期限内不作出处理决定或者未依法及时解除查封的法律责任（给予行政处分）。当行政主体违反程序时限时，法律责任的追究并不能直接消灭行政程序法律关系（解除查封），而是要借助相对人申请救济和上级机关责令改正等外部程序渠道方能实现。而这一过程无疑又滋生出大量新的碳足迹。诚如有诉讼法学者所言，"程序法最根本的执法保障在于程序法本身所具有的自我保障能力"[①]，在低碳行政程序的运行中同样存在类似的逻辑——"徒责任不足以自行，而徒法律效果可自行"。循此思考，低碳行政程序的制度设计应充分利用行政时效制度自身的法律效果，即通过法律效果的合理设置来直接缩短或终结程序期间，不使其增加新的碳足迹。在这一点上，行政许可程序中的一些时效规则提供了有益的制度资源。如我国《行政许可法》第 32 条规定，"逾期不告知申请人需要补正内容的，自收到申请材料之日起即为受理"。《游行示威法》第 9 条规定，主管机关接到集会、游行申请书后，逾期不通知是否许可并说明的，视为许可。它们的共同特点在于，对于超过程序时限的行为，通过默视为批准的推定法律效果（推定为受理或批准）来直接变更或消灭行政程序法律关系，从而斩断后续程序中的碳足迹链条。

五　空间要素上的低碳程序要求

空间要素主要涉及和调整的是程序过程中"行为主体及其行为的确定性以及相关性"[②]，是直接规范指引各方程序主体法律行为的程序规则。特定的行政主体和行政相对人一旦以程序主体身份进入程序过程，其在单

---

① 王俊民：《证人拒绝出庭做证法律责任与法律后果应并重》，《东方法学》2012 年第 3 期。

② 孙笑侠：《法律程序剖析》，《法律科学》1993 年第 6 期。

位时间内的碳排放即决定于各种空间要素的编排设计。可以说,空间要素是构建低碳行政程序的终端环节,其对整个行政程序的低碳化程度有着最为直接和明显的影响,是"看得见、摸得着"的低碳行政程序制度。具体而言,空间要素上的低碳要求可以从管辖规则、手续环节和工作方式等三个层面进行考虑。

(一) 确立就近灵活的管辖规则

管辖是程序过程中行政主体和行政相对人之间空间关系的直接体现,它在很大程度上决定了程序主体在程序过程中的交通出行距离。交通出行是居民及社会碳排放的主要来源,据测算,2010 年上海市居民生活碳排放组成中交通出行领域的排放为 635.8 万吨,占全市居民生活直接碳排放总量的 35.5%,为第二大碳排放源。[1] 可见,管辖规则在低碳行政程序制度中具有举足轻重的地位。但是,目前许多管辖规则的设计尚不完全符合低碳要求,需要加以完善。

在级别管辖上,一些现行法律规范对如何确定级别管辖规定较为模糊,仅原则上规定由县级以上行政主体管辖,如《反不正当竞争法》第 3 条规定由县级以上政府工商行政部门监督检查不正当竞争行为,《产品质量法》第 8 条规定县级以上政府产品质量监督部门监督管理本行政区域的产品质量。曾有学者指出,依据这类规则,只要属于职权范围内,中央、省、市、县四级行政主体原则上均拥有对某一行政程序的管辖权。[2] 这在实践中可能导致上级行政主体受到部门利益等因素的驱使任意对行政事务提级管辖,从而形成不低碳的后果:一方面上级行政机关及其工作人员要跨越行政区域到相对人所在地参加行政程序;另一方面,相对人也可能因跨越行政区域到上级行政主体所在地参加行政程序。从空间关系和交通距离上考量,这无疑属于行政程序碳足迹的双重浪费。实际上,市、县一级的行政主体在空间距离上通常较为邻近行政事务的发生地,由其首次处理行政事务较为节省降低行政主体、行政相对人双方参与行政程序的成本负担及碳足迹。为此,应明确界定一般行政事务由县、市两级行政主体

---

① 参见张钢锋等《基于 Urban – RAM 模型的上海居民生活碳排放研究》,《环境科学学报》2014 年第 2 期。

② 参见章剑生《行政管辖制度探索》,《法学》2002 年第 7 期。

首次管辖，省级以上行政主体仅在社会影响大、案情较为复杂、跨越行政区域或涉及重大公共利益等特定情况下方可提级管辖。

地域管辖的主要问题在于仅从方便行政主体实施管理的角度来设计，未充分考虑行政相对人参加行政程序的空间距离。这突出表现为许多管辖规则要求相对人到所在地之外的区域办理事务，造成他们为参加行政程序而来回奔波，不仅耗费了其大量人力、物力、财力和时间，更在交通出行过程中形成巨量的碳足迹。这在行政许可、行政确认、行政处罚等领域均十分普遍。例如，《企业法人登记管理条例》第 18 条规定企业法人申请变更登记只能向原登记主管机关申请办理，就是导致"江苏商户变更执照登记往返 11 次"[①] 的程序病灶；《行政处罚法》规定行政处罚由违法行为发生地的行政机关管辖，也曾使一些相对人在跨地域罚单中"来回的车马费比罚款还要高出好多倍"[②]。针对这类弊端，应基于方便相对人出行的立场来确立管辖规则，尽量减少因交通出行的长途跋涉而造成的碳足迹。如实行就近管辖，允许相对人不受管辖区域的限制，自主选择在就近方便的区域办理事务。[③] 2012 年公安部试点的"交通违法异地处理缴罚款"和"机动车证检年审属地管理"[④] 就是这方面的有益尝试，值得在全国范围推广。

此外，为了减少管辖不便造成的碳足迹，行政主体还应积极运用移送管辖，主动将已经受理但无管辖权的行政程序移送到有权机关办理。其对于程序低碳的积极作用在于：其一，在行政系统内部一般都有专门的公文传递和行政协调机制，通过这类渠道移送行政程序往往比较快捷，较之退回相对人重新向有权部门申请管辖的交通出行成本显然要低得多。其二，移送管辖可以将多个相对人的程序请求集中起来一次性移送，从整体上降低了不特定相对人为程序而奔走的碳足迹。

---

① 参见《焦点访谈》2013 年 10 月 11 日："证难办、脸难看"，央视网：http://news.cntv.cn/2013/10/11/VIDE1381493160336435.shtml，2014 年 3 月 20 日访问。

② 曹树林、银燕、高翔：《"跨省罚单"不再折腾人》，《人民日报》2013 年 7 月 22 日。

③ 当然，此类管辖规则的创新首先有赖于相关管理信息（如户籍、车籍）的全国或区际联网技术。

④ 参见蒋皓《公安部推出 14 项便民措施》，《法制日报》2012 年 9 月 9 日。

（二）撤并烦琐冗余的手续环节

环节或手续是组成行政程序链条的基本单位。从一定意义上讲，每个环节或手续都相当于一个小的行政程序单位，主体、时间、空间等要素一应俱全。某些情况下，办理同一行政程序中的环节或手续还可能牵扯进新的程序主体，进一步扩大程序的碳足迹。倘若用河流的干流流量来比喻整个行政程序的碳排放量，那么，手续、环节就好比其支流，支流愈多干流流量愈大；同时，有些支流还可能会产生二级支流，从而"节外生枝"地增加干流流量。因此，根据合理的标准对行政程序的手续、环节进行简化是降低程序碳足迹的"节流"之举。具体而言，可从"撤"和"并"两方面来进行。所谓"撤"，即撤除形式性或可有可无的环节；所谓"并"，即将功能重复或相近的程序环节予以合并。可以探索建立以下的行政程序制度。

1. 简化程序环节。我国法治实践中存在大量冗繁的手续环节，根据上述标准对其进行简化是构建低碳行政程序的必然要求。以《武汉市公共租赁住房租赁管理暂行规定》为例，该规定实施不到一个月便因申请程序过于繁复而受到社会和媒体的诟病。① 从低碳和便民的角度分析，其中多处手续和环节都可以撤并，而且在技术操作层面难度并不大。例如，规定要求申请者先到社区办理租赁备案来证明其目前是租房居住方能正式提交申请，就是一种不但可有可无，而且可能无谓产生新的行政程序碳排放的冗余环节，应当及时删除。一则，申请人提供租房合同即可从法律上证明这一点，再令申请人往返社区备案实属画蛇添足。二则，备案相当于在房管局和申请人的基础上加入第三方程序主体——房东（备案须由房东提供身份证、房产证复印件），由此导致的资源成本及碳排放纯属浪费。再如，该规定要求申请人必须提供由市房管局开具的住房证明，事实上，市与区的房管部门共用一套信息系统，在资格审核环节，各区房管局只需在电脑上调出资料即可判断申请人有无房产。也就是说，"提供市房管局开具的住房证明"这一手续完全可以合并至房管局的审核环节中，没有单独存在的必要。

---

① 参见佚名《申请公租房居民跑断腿手续复杂资料烦琐引思考》，《长江日报》2013 年 6 月 5 日。

2. 环节选择制度。由于裁判式行政程序的影响，部分低碳环保的行政执法程序存在环节烦琐而影响行政执法决定执行的及时性，从而损及低碳行政管理目标的达成。一方面，按照一般程序，如果当事人对执法机关作出的处理决定不服的，从申请行政复议到不服复议决定提起行政诉讼，理论周期可达 13 个月（未计算非工作日和诉讼期间的延长）①；另一方面，在整个诉讼期间，行政执法决定事实上处于停止执行状态，为相对人拖延履行义务提供了挡箭牌。但为了保障相对人的合法权利，又不能随意省略其中的程序环节（复议和诉讼）。对此，可以基于现有的制度规定，建立一定的环节选择制度。例如，在部分低碳环保执法决定救济程序中建立一定的选择性复议终局制度供相对人选择，选择行政复议的就不得再提起行政诉讼；选择行政诉讼的则不得再申请行政复议。这一方面减少整个执行过程中涉及的救济程序环节，提高了低碳环保行政执法决定执行的及时性；另一方面，也为行政相对人提供了适当的正当程序保护，从而兼顾了个人权利自由与低碳管理目标的平衡。

（三）采用方便节省的工作方式

如果说行政程序的碳足迹来自程序主体在单位时间内的碳排放活动，那么程序主体行为方式的低碳与否则直接系于程序工作方式的方便节省程度。因此，设计节能减排的工作方式是低碳行政程序制度设计的重要方面。如同节能减排的方法多种多样，程序工作方式的低碳化改革也有很大的完善余地和创新空间。就目前而言，至少有以下几种优化的工作方式值得运用。

1. 全面推行一次性告知制度。一次性告知是指是行政主体通过书面或口头的形式将办理事项所涉及的步骤时限、条件要求、证明材料等全部信息一次性告知相对人。其对于低碳行政程序的意义在于，通过一次性告知办理行政事务涉及的程序信息，避免相对人因多次提交或补充材料而来回奔波产生的交通碳足迹。从立法规定来看，目前一次性告知方式只在行政许可程序中运用，在行政处罚、行政给付、行政公开等广阔的领域中尚

---

① 其中，行政复议的时效和期间分别为 2 个月和 30 天；对复议决定不服提起行政诉讼的，一审的时效和期间分别为 15 天和 6 个月；二审的时效和期间分别为 15 天和 3 个月。参见《行政复议法》第 26 条、《行政诉讼法》第 81 条、第 88 条规定。

未成为法定要求，这可能会使相对人多跑许多"冤枉路"，造成额外能源消耗和高碳排放。在实践中，许多领域尤其是给付行政领域中，相对人办理行政事务时"材料没带够，又要重新回去办，来回跑了几趟之后才搞清楚"的现象频繁见诸报端①，一个重要原因就是行政主体告知程序信息不全面。为此，今后凡是涉及相对人权利义务的办事程序都应全面推行一次性告知并上升为普遍性的法定要求，以形成低碳化的工作方式。

2. 完善联合办理制度。联合办理在我国目前主要见于行政许可领域，法律依据是《行政许可法》第 26 条的规定。联合办理对行政程序具有积极的空间整合作用，它一方面减少了相对人往返于不同部门间的交通碳足迹，另一方面减少了相对人向不同部门重复提交材料以及部门之间交换传递材料的资源碳足迹，从而极大降低了程序过程中的温室气体排放。例如，山东济南对企业设立的后置审批实行联合办理后，审批所需提交的表格材料由 5 份变为 1 份，审批时间由原来的 14 天缩减为 6 天，申请人办理程序的往返次数由原来的 8 次减少到 2 次。② 这里减少的材料纸张、交通里程和时间都可以折算成二氧化碳当量。在低碳行政程序的构建中，联合办理应当总结成为一般性的工作方式，在行政收费、行政登记、行政调（检）查等广泛的行政领域加以普遍应用。例如，在行政确认领域，浙江省义乌市等地已开始实行商品房联合登记，将登记程序涉及的财税、住建、国土等三个部门集中到一个窗口同步受理和办结，使办理时间从原来的 11 个工作日减少到 6 个工作日、办理程序的年均往返次数减少 6000 次左右。③ 行政调查领域的联合办理在一些国家甚至已上升为法定的程序要求，如韩国《行政调查基本法》第 14 条即明确规定同一行政机关的不同内设机构在"同一或者类似的业务领域对同一被调查对象进行行政调查的"，或者不同行政机关"对同一被调查对象实施行政调查的"，应当实

①　参见林燕贞、李芳《申办低保条件不符没人告知 残疾人白跑两个月》，厦门网：http://news.xmnn.cn/xmxw/200808/t20080814_673975.htm；《贫困大学生申请助学贷款跑断腿》，《重庆时报》2013 年 8 月 5 日。

②　参见晃明春《济南行政审批优化流程大提速 企业少跑"冤枉路"》，《大众日报》2013 年 4 月 10 日。

③　参见义乌市建设局《义乌市实现商品房登记联合办理》，中华人民共和国住房和城乡建设部网站：http://www.mohurd.gov.cn/dfxx/201210/t20121012_211611.html，2014 年 9 月 25 日访问。

施共同调查。① 这既减少了重复执法的行政成本浪费，也降低了相对人频繁应对检查的时间、精力负担。

在中央的大力重视和政策推动下②，许可联合审批已在全国范围内初步建立运行，成为联合办理的典型制度形态。但从实践情况来检讨，许可联合审批制度的运行尚存一些障碍，这些问题在某种程度上也反映了整个联合办理制度正在面临或可能面临的困境，应当加以认真反思和对待。其中比较突出的问题有：一是由于《行政许可法》仅授权"本级人民政府"联合其下属职能部门办理行政许可，加之"可以确定一个部门统一办理"的规定缺乏刚性的法律约束力，导致实践中一些中央垂直或省垂直的市级行政审批部门拒不配合当地政府进驻当地政务服务中心的规定，不实行"一个窗口对外"；二是有的市、县虽然成立了联合办理机构，但彼此之间没有确立明确的上下级领导关系，甚至连业务指导关系都没有，造成一些跨层级、跨区域许可的联合办理上无法落实或效率极低。③ 以上问题的解决，首先有赖于立法的完善，消除对"联合办理的对象部门局限于地方政府职能部门、组织机关只能是本级政府"的法律限制，并将"可以"联合办理的柔性规定改为"应当"实行联合办理的刚性要求。其次，各级联合办理机构对于同一事项或领域许可应确立统一的标准和流程，并建立上下级联合办理机构的业务领导关系和不同办理部门间的信息互联互通机制。

从功能上观察，联合办理制度与部门行政职权相对集中制度是相辅相成、衔接互补的。部门行政职权相对集中制度是根据一定标准将原属于不同部门的权力合并配置到一个部门行使，进而从根本上消除不必要碳足迹的源头。然而，由于业务性质和管理领域的因素，许多行政职权在规范上

① 金玄默：《韩国行政调查基本法》，《行政法学研究》2009 年第 2 期。

② 如 2004 年国务院办公厅《关于贯彻实施行政许可法工作安排的通知》（国办发〔2003〕99 号）要求"地方人民政府要积极探索建立相对集中行政许可权制度和行政许可的统一办理、联合办理、集中办理制度"；2011 年中共中央办公厅、国务院办公厅《关于深化政务公开加强政务服务的意见》（中办发〔2011〕22 号）进一步强调要"规范服务中心运行，逐步实行'一个窗口受理、一站式审批、一条龙服务、一个窗口收费'的运行模式。对同一个行政审批事项涉及两个以上部门的，逐步实行联合办理或并联审批"。

③ 参见任敬陶《行政审批工作中存在的问题及对策》，法治政府网：http://law.china.cn/features/2013－10/15/content_6373419.htm，2014 年 9 月 23 日访问。

是无法集中或不适宜集中的;还有些行政职权尽管因业务相关、范围交叉而理论上有集中的可能性、必要性,但由于体制障碍、现实条件不成熟等原因事实上难以做到集中。对于这类分散性的行政职权,借助联合办理加以"末端控制",可以使其在空间形式实现某种"集中"状态,缩短各方程序主体(包括行政主体与行政相对人之间以及不同行政主体之间)进行交涉活动的交通距离、减少资源消耗,进而发挥与行政职权相对集中异曲同工的减排功能。如果用更形象的比喻来表达二者的关系,部门行政职权相对集中就好比从内在源头上减少程序碳足迹的"化学降温",而联合办理则是从外部空间关系上减少程序碳足迹的"物理降温",后者可以对前者形成功能上的配合、补充。

3. 灵活运用简易程序制度。行政简易程序是指"对行政事态进行快速、简捷、超常规处置的行政行为规则"[1],旨在符合法定条件和不损害程序公正的前提下最大限度降低程序成本、缩短行政过程的简化工作方式。这与低碳行政程序的构建要求是一致的。遗憾的是,目前简易程序的适用仍局限于行政处罚领域,在整个行政程序体系中所占比例极低。这源于片面强调控权的传统思维。根据低碳节省、高效便民的要求,在维护程序公正的基础上,还应当在各类行政管理领域特别是授益行政领域拓展简易程序的适用范围。原则上,凡是案件事实清晰、法律争议较小的事项,在不违反法律禁止性程序规定的前提下,都应当可以适用简易程序而不必作过多限制。

例如,在行政许可程序中,《行政许可法》关于申请和受理的程序规定非常详细,却未设置任何简易程序,这应当说是一种缺陷。实践中行政许可涉及的领域很广,对有些许可事项是完全可以适用简易程序的。如对于事项简单、审查标准明确或在以往监督检查中表现良好的延续许可申请,就可以考虑按照简易程序来实现快速办理,以减少许可机关和申请人在程序过程中的碳足迹。事实上,此类对延续许可的简易程序已经在我国一些行政管理领域局部试水,如《中国证券监督管理委员会行政许可实施程序规定》第 26 条即规定对于审查标准明确、事项简单、申请材料采用格式文本的行政许可适用简易程序,受理部门当场进行形式审查后决定

①　张淑芬:《论行政简易程序》,《华东政法大学学报》2010 年第 2 期。

是否受理或者提出补正材料要求。

在给付行政中，简易程序亦大有用武之地。因为实行简易程序能使行政相对人更快捷地获得给付；反之，刻板、僵化地适用一般程序则可能造成相对人因不能及时获得物质帮助而出现生存困难、矛盾激化等危险后果。同时，行政主体并不会因在有利行政行为中适用简易程序而承担法律责任，相对人也不会对此提出疑义。[①] 如在最低生活保障的审核和廉租租房审核中，对于《社会救助暂行办法》规定的接受特困供养的"三无人员"（无劳动能力，无生活来源，无法定赡养、抚养、扶养义务人），即可采取简易程序将之直接纳入低保和廉租房保障范围。因为这类相对人的经济状况信息在其他社会救助中已经过审核，情况较为明确，如果其申请新类型的社会救助时，则无须重新经过一般程序进行重复审核。

此外，即便在行政处罚领域，目前的简易程序也因适用条件过于严格而难以充分发挥实效。按照我国《行政处罚法》的规定，简易程序仅适用于事实清楚、数额较小的违法行为。[②] 但随着社会经济的发展，立法对简易程序处罚额度的规定已明显滞后于实践。如有实务工作者根据执法记录指出，某地区消防行政处罚中对个体工商户 500 元以下的罚款或警告在处罚决定中占 70%—90%，但由于无法达到行政处罚简易程序适用的严格标准而不得不适用一般程序。而按照一般程序，一个处 200 元罚款的轻微违法行为在程序过程中就涉及领导审批 3 次、执法人员送达法律文书 3 份、相对人离开住所往返 3 次、执法案卷达二十几页之多。[③] 这使得简易程序的实际功效大打折扣，并造成执法资源和碳足迹的无谓耗费。对此，建议放宽行政处罚简易程序的适用条件，除了要求满足"违法事实确凿并有法定依据"的条件外，还应当允许对主动消除或者减轻违法行为危害后果的轻微违法行为也能够适用罚款或警告时适用简易程序。同时，根据社会经济的发展状况和各部门的执法实践适度上调适用简易程序罚款的幅度限定，或在《行政处罚法》中不作具体限定而是分散授权各

---

① 参见张淑芬《论行政简易程序》，《华东政法大学学报》2010 年第 2 期。

② 参见《行政处罚法》第 33 条、第 46—48 条规定。

③ 参见米麒燕、赵一丰《论消防行政简易程序的重构》，《武警学院学报》2012 年第 7 期。

部门的行政处罚法律规范结合实际情况灵活制定标准，以扩大其对轻微违法行为的覆盖面积。

4. 建立和完善电子行政程序制度。电子行政程序乃电子政务的一种，是运用数码设备和通信技术实现对行政程序的组织结构和工作流程进行优化重组，实现行政程序的在线信息查询（如违法信息、罚缴信息等）、在线申请和办理、在线进度反馈和结果告知等功能。电子行政程序是促进程序低碳化的一种技术手段，它超越了物质和时空的限制，可以将程序过程中的碳足迹降至最低水平。正因此故，有人指出"电子政务就是低碳"①。具体而言，一旦完成前期的基础设施投入，电子行政程序的运作就几乎不再消耗新的实体资源而只需要进行虚拟的数据交换，这意味着程序过程中的主体交涉活动有望实现"零碳"。再则，电子行政程序使程序主体可以在任何时间、地点自由接入程序系统，这一方面省去了各主体在场参加行政程序的交通碳足迹；另一方面，相比人工行政程序的"五天八小时"工作制，电子行政程序"全天候"工作制的办理效率显然要高得多，这相当于间接降低了单位时间、单位程序内的碳排放强度。此外，电子行政程序还为其他低碳程序装置的运用提供了一个绝佳的技术平台。借助电子行政程序，上述的灵活管辖、一次性告知和联合办理等制度可以更好地发挥功能。例如，透过电子行政程序，只要部门间获得异地授权和信息共享，无论多远都可以在线进行灵活就近的程序管辖；对一次性告知而言，利用电子行政程序提供的网上告知和办事指南甚至比当面告知的效果更好，不仅清晰直观，而且可以随时、反复供相对人查看；应用电子行政程序实施联合办理也是未来行政的一个发展趋势，借助电子行政程序实现信息共享可以极大降低部门协调的信息成本。

电子行政程序制度可以重点运用于下列行政程序领域：（1）行政许可与行政审批的电子行政程序。电子许可和审批程序不只是运用计算机技术将传统行政许可和行政审批程序移植到电子网络平台上，更重要的是通过一定的软件设计对行政许可和行政审批组织结构和程序流程进行优化重组，打破部门分割和实行跨部门业务协同等制度、机制设计以实现资源共享，降低各个部门之间传递许可和审批信息的时间和物质成本，同时减轻

---

① 郑熠：《低碳与电子政务》，《信息化建设》2010年第6期。

相对人参与行政程序的交通成本和信息获取成本，进而从整体上提高了整个行政程序的效率，降低各方程序主体在行政程序的资源、能源消耗及其相应的碳排放。（2）行政决定执行的电子行政程序。相对人履行行政决定或行政主体强制执行行政决定，都需要耗费大量的成本。如果将一些行政法义务通过电子行政程序的方式进行履行和执行，则可以起到节约行政主体和行政相对人双方成本的作用。例如，对于行政罚款，可以通过网上缴费的形式履行。（3）公众参与的电子行政程序。电子行政程序以网络平台的形式改进了公众参与的方式，降低了公众参与的成本。与传统的行政程序方式相比，电子行政程序为公民参与提供了一种全新的手段，借助互联网，通过电子邮件、电子公告板、网上论坛等，民众足不出户就可以参与行政程序。（4）行政检查的电子行政程序。运用电子行政程序，可以实现行政检查的网上材料报送与核查，从而大大节省行政检查过程中的纸张耗费、交通碳排放和人力物力。例如，国家商务部外资司联合工商、财政、税务、统计、外汇管理等多个部门建立了外商投资企业网上联合年检系统，企业只需登录联合年检网站即可在线办理大部分的年检手续。[①]

在国家信息化战略和政府上网工程的推动下，我国电子行政程序建设取得了长足进展。但就实现低碳目标而言，尚存在以下问题有待解决：（1）重复建设。由于缺乏充分论证和统一标准，各地、各级、各行政机关往往一哄而上地各自研发、各自建设，重复建设或建成后因软件不能兼容工作而废弃的现象较为突出，导致了严重的资源浪费，也背离了低碳环保的初衷。对此，需要在统筹规划的基础上实行标准化、集约化的电子行政程序建设。（2）利用率低。据中国社会科学院信息化研究中心连续几年的测评，发现在政府网站上办理程序事务的人数还较低，平均只有25.4%的人访问过政府网站，利用数量远小于建设数量。[②] 这种资源闲置在一定程度上抵消了电子行政程序产出的低碳绩效。缓解这一问题，需要更多站在相对人的立场来改善电子行政程序的内容和操作，并加大宣传力

---

① "全国外商投资企业年度运营情况网上联合申报系统"：http://www.lhnj.gov.cn，2014年9月26日访问。

② 汪向东：《我国电子政务的进展、现状及发展趋势》，《电子政务》2009年第7期。

度，以吸引人们选择电子行政程序办理事务。（3）重内部程序轻外部程序。目前很多电子行政程序涉及的事项并非与相对人相关的项目，而是政府内部的信息发布和事项办理，面向公众的在线办事与服务项目明显滞后。① 这当然是有局限性的。（4）功能不健全。电子行政程序能否真正实现节能减排的目标在很大程度上取决于其功能的完备程度。而任一功能的空白都意味着相应步骤需要当场办理，进而产生额外碳足迹。就目前来看，许多电子行政程序存在功能缺失，无法完全担负起网上办事的任务。以武汉、广州等10个省会或直辖市的政府网站为例，其中的电子行政程序不具备在线申请和办理功能的有 6 家；不具备在线进度反馈和结果告知功能的有 7 家；另有 4 家网站的部分程序功能实际瘫痪。② （5）与现行立法存在矛盾。电子行政程序的一个重要特征是无纸化，以此达到节约资源的低碳目的。但这在规范层面却与许多现行立法存在抵牾。如《行政处罚法》要求做出行政处罚必须下达书面的处罚通知书；《行政许可法》规定对许可的受理和决定也都要求出具书面凭证；《海关法》也要求必须采用纸质的报关单据。2005 年实施的《电子签名法》虽然确认了数据电文和电子签名的法律地位，但并未涉及行政活动的电子签名规范，不能解决当前电子行政程序利用的合法性问题。因此，电子行政程序立法还应考虑与相关行政程序法律规范的衔接协调问题。

5. 改进行政程序的取证制度。取证是行政程序的重要制度和工作方式。现行行政执法程序对于取证调查采取的是绝对的职权主义，调查取证的责任基本上完全由行政主体负担，要求其"必须全面、客观、公正地调查，收集有关证据"。③ 但低碳和环保行政执法程序在实践中取证常常遇到困难，这一方面来自行政相对人隐匿证据或不配合调查。如有的污染企业常常采取偷排、掩埋甚至地下排污的方式隐藏或转移证据；为节约成

---

① 参见陈虹伟、王峰《"政府上网"十年》，《法制日报》2009 年 6 月 18 日。

② 具体包括："武汉市民之家"（www. whhome. gov. cn）、"广东省网上办事大厅广州分厅"（www. gzonline. gov. cn）、"长沙市政府门户网站"（www. changsha. gov. cn）、"郑州市人民政府门户网站"（www. changsha. gov. cn）、"成都市人民政府政务服务中心"（www. cdzw. gov. cn）、"南昌市行政服务中心"（www. xzfw. nc. gov. cn）、"首都之窗"（www. beijing. gov. cn）、"中国上海"（www. shanghai. gov. cn）、"天津政务网"（www. tj. gov. cn）、"重庆市人民政府网站"（www. cq. gov. cn）。

③ 参见《行政处罚法》第36条规定。

本，许多企业的污染处理设备平时关闭，只待执法部门检查时才临时开启；更有甚者利用环境执法部门无行政强制措施权，拒不接受询问或拒绝在询问、检查笔录上签名或者盖章。另一方面，取证还面临执法力量匮乏的现实瓶颈。我国目前正处于转型社会特有的环境问题井喷期，环境监察和执法任务日趋繁重。与此同时，从工作人员到取证装备，各类执法资源却颇为稀缺。据目前所能获得的数据，全国 3000 多个环境执法机构，平均每个环境执法机构仅有 2.7 台取证工具，1.4 辆车，却要承担监管数万个建筑工地、70 多万家"三产"企业、调查处理每年 6 万多件污染事故工作。[1] "废水靠看、废气靠闻、噪声靠听"的状况仍广泛存在。[2] 然而，受财政预算和人员编制的硬性约束，此种现状短期内难以得到根本改观。

　　针对低碳环保执法取证难的问题，可以探索建立行政相对人自行监测报告的程序工作方式，将原本完全归属于行政机关的调查取证义务向相对人进行一定程度的分担和转移。自行监测报告制度是指要求污染和排放企业按照法律法规的要求安装自动监控设备及其配套设施，自动监控系统经行政主体检查合格并正常运行的，其数据作为行政主体发放排污许可证、进行环境统计和现场环境执法等执法行为证据，并按照规定向社会公开。反之，如果相对人不按照要求安装自动监测设备或不提交监测报告，即推定为存在污染物排放或碳排放超标的违法行为，进而承担不利的法律后果，如受到行政处罚等。就目前来看，在我国建立重点污染企业自行监测报告制度已经具备了较成熟的技术条件和制度土壤。在环境监测领域，我国环保部 2005 年颁布的《污染源自动监控管理办法》要求重点污染企业安装自动监控仪器，并对自动监控系统的建设、运行和维护作出了系列规定；环保部 2013 年印发的《国家重点监控企业自行监测及信息公开办法（试行）》细化规定了重点监控企业自行监测的监测内容和范围，并就其监测信息的公开和监督检查作出了明确要求。在碳交易管理领域，控排单位自行监测、委托第三方机构核查并接受行政机关的复查已经固化并形成为正式的 MRV 法律制度。例如，《关于北京市在严格控制碳排放总量前

[1]　参见刘毅《环境执法 为何困难重重?》，《人民日报》2005 年 1 月 13 日。
[2]　宗建树：《靠什么守住环境安全底线?》，《中国环境报》2012 年 2 月 2 日（第 3 版）。

提下开展碳排放权交易试点工作的决定》对此就已经作出了明确规定①。这实际上是要求控排企业自行委托第三方核查机构对其碳排放情况进行监测,从而就将碳交易行政处罚的部分证明责任（未超出合法碳排放额度进行碳排放）部分转移给了行政相对人,从而在一定程度上缓解了取证难的问题。基于目前制度规定所积累的宝贵经验,今后可以在条件具备的情况下,通过立法统一规定低碳环保执法领域的相对人自行监测和报告制度,要求列入重点污染监控企业和碳排放控排单位的行政相对人安装自动监控设备,对行政主体报告并接受复核,从而在程序制度的设计上有效缓解低碳环保执法取证难的问题。

6. 先予执行的程序制度。一般来说,环境保护部门和应对气候变化管理部门并无行政强制权,只能申请法院强制执行。② 虽然我国《行政复议法》和《行政诉讼法》原则上规定复议和诉讼期间申诉不停止执行原具体行政行为,但同时也授予法院例外裁定停止执行的权力。根据2000年开始施行的《〈中华人民共和国行政诉讼法〉若干问题的解释》第94条规定,诉讼过程中行政机关申请人民法院强制执行被诉具体行政行为的,法院不予执行。由于行政诉讼实践中法院通常优先适用司法解释的细化规定,申诉不停止执行原则在行政强制领域实际上被架空。在这两个程序因素的交互作用下,相对人常常可以用足程序,尽力拖延低碳环保执法决定的执行,导致实践中屡屡出现收缴排污罚款历经19个月③,甚至10年都关不了污染企业④等执法尴尬。而在此期间,相对人可以照常超标排放污染物和温室气体,执法者却束手无策。针对执行难的问题,可以考虑针对涉及停产停业、关闭的低碳环保行政执法决定引入诉讼法的先予执行制度。根据2000年开始施行的《〈中华人民共和国行政诉讼法〉若干问题的解释》第94条规定,法院可以基于低碳环保的公共利益考量对行政

① 参见《关于北京市在严格控制碳排放总量前提下开展碳排放权交易试点工作的决定》第3条规定。

② 尽管2014年新《环境保护法》赋予了环保部门查封、扣押的行政强制措施,但仍没有给予其行政强制执行权,许多执法决定最后还是要申请法院强制执行。

③ 赵楠:《沱牌农产品公司排污案:罚金超原处罚额数十倍》,《中国环境报》2012年3月27日。

④ 梁思奇:《为何十年关不了一家污染企业》,《沈阳晚报》2006年11月4日。

执法决定先予执行。目前，这一制度已在我国西安、南通等地方的法院开始局部试水，当地法院对环保政执法机关就严重污染、持续污染行为作出涉及停产、停业、关闭、停止排污等行政处罚和行政命令给予执行。①

第三节 低碳行政程序的构建

行政程序立法是构建低碳行政程序的根本途径。目前，制定国家层面的统一行政程序法典的条件日趋成熟。在未来行政程序法典的制定中，应当充分融入低碳的要求，确立低碳便民的基本原则，规定低碳行政程序的基本制度，以此统摄各类单行行政程序法。

一 确立简便、低碳的程序原则

行政程序法的基本原则是"贯穿在行政程序法律规范始终的、统帅和支配行政程序法律规范的精神内核"②。它对行政程序价值取向和基本制度的构建具有重要的指导作用。就目前学界的主流观点来看，一般认为行政程序法基本原则的内容包括行政程序公正原则、行政公开原则、参与原则等。其中，公正原则和行政公开原则的主要目的是保障行政程序最低限度的法律理性，参与原则旨在增强行政程序的民主正当性，因而都未能体现行政程序的低碳价值取向。为此，行政程序法的制定还应当确立简便、低碳的基本原则，要求行政程序的设定和运作应当尽量选择资源、能源消耗较低的方式，以适应低碳时代的程序诉求。

二 低碳行政程序的基本制度

行政程序的基本制度是各类行政程序普遍遵循的法律规则。基于低碳便民的考虑，以下几项制度应当作为低碳行政程序的基本制度加以规定。

---

① 参见陈向东、顾建兵《南通对五类环境污染行为可先予执行》，《江苏法制报》2013年7月9日；宁军《西安中院发布十项措施治污减霾有了司法保障 污染环境严重法院可裁定先停产》，《华商报》2013年12月11日。

② 胡建淼、章剑生：《论行政程序立法与行政程序法的基本原则》，《浙江社会科学》1997年第6期。

（一）便捷管辖制度

管辖制度的规定应当尽量缩短行政主体和行政相对人参与行政程序的交通距离，从而减少途中的资源消耗和碳排放。在级别管辖方面，立法应规定一般行政事务由县、市两级行政主体首次管辖，省级以上行政主体仅在社会影响大、案情较为复杂、跨越行政区域或涉及重大公共利益等特定情况下方可提级管辖。在地域管辖方面，应改变现行以相对人户籍所在地管辖和行为发生地管辖的制度，实行灵活就近的地域管辖，允许相对人不受管辖区域的限制，自主选择在就近方便的区域办理事务。此外，为了减少管辖不便造成的碳足迹，行政主体还应积极运用移送管辖，主动将已经受理但无管辖权的行政事务集中移送到有权机关办理。

（二）一次性告知制度

目前一次性告知制度主要局限于行政许可领域，在行政处罚、行政给付、行政公开等广阔的领域中尚未成为法定要求。这在行政程序立法中应当加以拓展，规定凡是涉及相对人权利义务的办事程序都要实行一次性告知，使之上升为所有行政程序的普遍性要求，以减少相对人反复往返获取信息而付出的不必要成本和碳排放。

（三）联合办理制度

联合办理制度目前主要体现在行政许可领域，这当然具有片面性。在统一的行政程序立法中，应当规定联合办理制度作为一般性的程序工作方式，在行政收费、行政登记、行政调（检）查等行政领域加以广泛应用，并使之成为一项刚性要求。该项制度一方面减少了相对人往返于不同部门间的交通碳足迹，另一方面减少了相对人向不同部门重复提交材料以及部门之间交换传递材料的资源碳足迹，从而极大降低了程序过程中的温室气体排放。

（四）时效制度

现行各类单行行政程序法已经对时效制度作出了许多规定，但还不够完善，导致实践中行政机关拖延程序进度的情况时有发生。对此，行政程序立法除了明确规定各种行政程序的法定最低时限外，还要进一步大力倡导行政主体在时效规定期限内，在条件允许的情况下尽可能地及时处置或提前办结，不得人为地拖延到最后期限，并规定行政主体逾越程序时限的法律责任。

（五）默示程序制度

行政机关在法定期间内的沉默应视为产生一定法律效果的意思表示，我国《澳门行政程序法典》第101、102条即分别规定了默示批准和默示驳回制度。默示批准是指在法律规定的期间内，行政机关未对相对人的申请或要求给予许可或核准即视为许可或者核准。默示驳回是指有权限的行政机关在法定期间内未就相对人要求作出决定的，即视为相对人要求被驳回。默示程序制度使相对人无须进入正式法律程序而仅凭行政主体或相对人的单方法律行为即可实现权利和履行义务，从而减少了程序过程中因不必要的相对人活动而产生的碳排放。

（六）简易程序制度

目前简易程序的适用仍局限于行政处罚领域，根据低碳节省、高效便民的要求，在维护程序公正的基础上，还应当在各类行政管理领域特别是受益行政领域拓展简易程序的适用范围。对此，统一行政程序立法可以规定，凡是案件事实清晰、法律争议较小的事项，在不违反法律禁止性规定的前提下，都可以适用简易程序而不必作过多限制。

（七）电子程序制度

电子行政程序是促进程序低碳化的一种技术手段，它超越了物质和时空的限制，可以将程序过程中的碳足迹降至最低水平。就目前而言，立法可以鼓励和提倡行政主体在行政许可与审批、行政决定执行、行政检查、行政立法中采用电子行政程序。并对相关单行行政程序法中要求行政行为必须出具书面决定书的程序要求进行修改，以适应电子行政程序的无纸化特征。

此外，除了上述基本制度，在环境保护等低碳行政管理领域，通过立法还可以规定特殊的行政程序制度。例如，针对目前环保执法取证难的问题，行政程序立法可以采取变通规定，授权有关执法机关采取自动检测的方式取证。再如，立法可以规定，对于严重污染、持续污染行为做出停产、停业、关闭、停止排污等行政处罚和行政强制执行命令，法院可以先予执行。

第 五 章

完善低碳规制的行政立法

　　立法是由依法享有立法权限的国家机关按照法定程序制定修改或者废除法律、法规、规章等行为规范的活动。在低碳社会建设上，立法毫无疑问是规范和指引社会成员遵守低碳要求的首要环节。目前我国涉及低碳内容的立法涵盖了法律、行政法规、地方性法规、规章等各个层面，从确立行为规范的意义讲，甚至还可延伸到行政机关制定的大量规范性政策文件，这些文件有的是解释、细化法律、法规和规章的规定，有的则是在尚未制定法律、法规和规章时，先行出台规范性文件以及时发挥调整作用的规定。它们共同构成了整个低碳建设的法律规范体系。

　　在法律层面，我国已制定了有关环保领域、能源资源领域、循环经济和清洁生产领域的《环境保护法》（2014 年修订）、《大气污染防治法》、《环境影响评价法》、《节约能源法》（2007 年修订）、《可再生能源法》（2009 年修订），《固体废物污染环境防治法》、《循环经济促进法》、《清洁生产促进法》等 10 多部法律，构成了低碳法律体系的基础。

　　相比较而言，涉及低碳建设内容的行政法规、规章和政府规范性文件则数量巨大。在中央层面，国务院及其部门已颁布了《民用建筑节能条例》（2008）、《公共机构节能条例》（2008）、《低碳产品认证管理暂行办法》（2013）、《节能低碳技术推广管理暂行办法》（2014）、《碳排放权交易管理暂行办法》（2015），《应对气候变化领域对外合作管理暂行办法》（2010）、《温室气体自愿减排交易管理暂行办法》（2012）、《中国清洁发展机制基金管理办法》（2010）、《中国清洁发展机制项目运行管理办法》（2011）等大量行政法规和部门规章。据统计，仅涉及能源方面就有 30

多部行政法规，200 多部部门规章。① 在地方层面，所有省份都有针对节约能源、清洁生产等相关领域的行政立法。在我国低碳发展推行"目标责任制"的背景下，各地方政府为了完成节能减排的约束性目标，均结合本地情况制定了大量的政府规章和规范性文件来实施规制。从北京大学法律信息网的"法律检索系统"以"低碳"、"节能减排"为关键词进行检索，可以发现截至 2015 年 6 月，全国人大及其常委会制定的涉及低碳问题的法律共有 18 件；国务院制定的相关行政法规有 50 件；相关的部门规章有 370 件；相关的地方性法规 23 件；而地方政府规章及其地方政府规范性文件则达到了 4501 件。② 由此可见，在目前的低碳立法中，行政法规、规章以及政府规范性文件在数量上占据了绝大部分，成为一支"主力军"。究其原因主要是："低碳"是人类近期才真正认识并急迫面临的新课题，在世界范围内都还是处于起步阶段的立法事项，缺乏成熟的经验，尚有待深入探索，且新问题、新情况不断涌现，这需要行政立法这种较为简便、灵活的立法方式来及时应对和调整。从法律制定和行政立法各自的特点来看，法律制定的周期较长、程序严格，要求的立法事项已具有十分成熟的条件，这就呈现出一定的滞后性而难以及时应对。而行政立法以其灵活便捷、具有试验性、应变性强等特点，在现阶段能够先行积极发挥调整作用并为相关法律的制定探索经验。

对于行政机关针对低碳事务所开展的这类立法，我们简称为"低碳行政立法"，指特定行政机关在法定权限内制定有关节能减排、环境保护等低碳建设行政法规和规章的活动。低碳行政立法是政府履行推进低碳社会建设的新型职能、规制节能减排活动的重要手段，也是整体低碳立法的重要组成部分。目前我国行政机关进行的低碳行政立法已取得了较大成就，填补了许多低碳社会建设的立法空白，探索总结了低碳立法的一些成功经验，推进指引了我国的低碳社会建设，但也还存在一些问题。这主要有：对低碳消费这一重要领域还缺乏全面规制，存在一些立法空缺；现有低碳行政立法中有大量的"软法"规范，在实施效果的保障性方面有不

---

① 陈臻：《我国能源立法"千呼万唤难出来"》，《能源评论》2013 年第 3 期。

② 北京大学法律信息网：http://www.pkulaw.cn/cluster_call_form.aspx? menu_item = law&Db = chl，2015 年 6 月 27 日访问。

足；低碳行政立法中内容相互重复、不协调一致等导致立法资源浪费、立法冲突的现象比较常见等，这些都还值得研究和加以改进。以下分述。

第一节　加强对低碳消费的行政立法①

在目前我国低碳建设领域的立法中，有关低碳消费方面的立法是相对滞后的，即使是制定起来较为便捷、灵活的行政立法也很薄弱。事实上，正如有学者所提出的那样："消费问题是环境危机问题的核心。"② 联合国环境发展大会通过的《21 世纪议程》就指出："全球环境持续恶化的主要成因是不可持续的消费和生产形态。"2014 年 6 月 13 日习近平主席主持召开的中央财经领导小组第六次会议明确了我国能源消费革命的基本内容，其目的就在于通过对消费环节的调控实现低碳发展。③ 然而，当前我国低碳消费还主要是靠政策推动，缺少法律规范的调整和指引。④ 为了更好地规范和推进低碳消费，目前应加强行政立法对低碳消费的规制和调整。

一　低碳消费的含义

低碳消费是由消费和低碳构成的合成词。通常而言，消费是指"人们通过对各种劳动产品的使用和消耗，满足自己需要的行为和过程"⑤。低碳则是指碳排放较低。因此，一般意义上的低碳消费是指消费者在消费劳动产品的过程中，尽可能地减少因消费产生的碳排放。本章所要讨论的低碳消费仅针对生活消费，而不包括生产消费，是指个人或组织"为了

---

① 本节部分内容曾以《政府引导居民低碳消费的正当性》和《论强制性行政行为对居民低碳消费的运用》为题分别发于《湖北警官学院学报》2013 年第 11 期和《湖北行政学院学报》2014 年第 3 期。

② ［美］施里达斯·拉夫尔：《我们的家园：地球》，夏堃堡等译，中国环境科学出版社1993 年版，第 13 页。

③ 除此之外，2014 年国务院印发的《能源发展战略行动计划（2014—2020）》也提出要在我国推进"能源消费革命"。

④ 参见杨解君《面向低碳的法律调整和协同：基于应然的分析与现实的检讨》，《法学评论》2014 年第 2 期。

⑤ 林白鹏：《消费经济辞典》，经济科学出版社 1991 年版，第 1 页。

满足自身合理的消费需要，在购买、使用、处理货物的过程中，在其承受能力范围内选择碳排放量最低的消费方式"。[1]

根据消费主体不同，低碳消费可分为公共机构的低碳消费和私人（包括个人和除公共机构外的各种社会组织）的低碳消费。[2] 两者在消费的资源、消费方式及客体等方面存在区别。公共机构低碳消费的资金全部或部分来源于财政性资金，私人低碳消费的费用全部来源于其自身；公共机构低碳消费限于履行公共职能所必需的办公品，私人低碳消费基于社会生活内容的丰富性和个体喜好，可以是各类生活和工作用品；这些都决定了对两者的规制方式应有所不同。

根据消费领域不同，低碳消费还可分为衣用（含公务服装）、食用（含公务招待）、住用（含公共建筑和办公场所）、行用（含公务出行）以及其他公务用品或私人生活、工作用品的低碳消费。

二 低碳消费行政立法的现状及问题

我国对低碳消费的专门立法较少，但《公共机构节能条例》等对公共机构的低碳消费已有一系列的规定，而对于私人的低碳消费则缺乏系统的立法规制。[3] 当然，基于低碳消费与节约能源、减少温室气体排放以及环境保护之间的密切关系，有关法律、法规对私人低碳消费也有一些零散规定。以下就公共机构低碳消费和私人低碳消费的现行行政法规制分别加以简要分析。

（一）公共机构低碳消费的规范

1. 公共机构低碳消费的行政立法现状

就整体而言，我国规制公共机构低碳消费的行政立法已比较丰富，这主要包括《公共机构节能条例》、《党政机关厉行节约反对浪费条例》、《机关事务管理条例》、《政府采购法实施条例》、《民用建筑节能条例》

---

① 徐伟：《政府引导居民低碳消费的正当性》，《湖北警官学院学报》2013 年第 11 期。

② 这里的公共机构包括全部或者部分使用财政性资金的国家机关、事业单位和团体组织。参见《公共机构节能条例》第 2 条规定。

③ 有学者在梳理我国低碳法律体系架构的基础上，指出我国现有低碳法律规范大多是面向生产而鲜有涉及消费，对消费行为加以调控的立法几乎为零。参见杨解君、程雨燕《中国低碳法律体系的架构及其完善研究》，《江苏社会科学》2014 年第 2 期。

等行政法规，以及《公共机构节能"十二五"规划》、《关于全面推进公务用车制度改革的指导意见》、《中央和国家机关公务用车制度改革方案》等规范性文件。其中，《公共机构节能条例》对公共机构低碳消费进行了较为全面系统的规定，涵盖了节能规划、节能管理、节能措施、监督和保障等；《党政机关厉行节约反对浪费条例》对作为公共机构重要组成部分的党政机关的低碳消费进行了更为具体的规定，包括经费管理、国内差旅和因公临时出国（境）、公务接待、公务用车、会议活动、办公用房、资源节约、宣传教育、监督检查、责任追究等；《机关事务管理条例》对各级人民政府及其部门的低碳消费作了专门规定，包括经费管理、资产管理、服务管理、法律责任等；《政府采购法实施条例》专门针对公共机构低碳采购进行了规定，主要包括政府采购当事人、政府采购方式、政府采购程序、政府采购合同、质疑与投诉、监督检查、法律责任等；《民用建筑节能条例》对国家机关办公建筑节能进行了规定，包括新建建筑节能、既有建筑节能、建筑用能系统运行节能、法律责任等；《公共机构节能"十二五"规划》对全国公共机构节能工作作了总体部署，包括"十二五"公共机构节能工作的指导思想、原则和目标，公共机构节能的重点领域和工程，以及保障措施①；《关于全面推进公务用车制度改革的指导意见》和《中央和国家机关公务用车制度改革方案》对党政机关公务用车作了专门规定。

通过简要梳理可知，现有行政立法对公共机构低碳消费主要从基本要求、目标及实现途径、考核与监督检查、法律责任等几个方面进行了较系统的规定。

（1）公共机构低碳消费的基本要求、目标及实现途径

根据《公共机构节能条例》第 3 条规定，公共机构低碳消费的基本要求是"降低能源消耗，减少、制止能源浪费，有效、合理地利用能源"② 以及保护环境。同时，《党政机关厉行节约反对浪费条例》第 3 条还从反面规定了党政机关浪费的活动范围，即"党政机关及其工作人员违反规定进行不必要的公务活动，或者在履行公务中超出规定范围、标准

---

① 参见《公共机构节能"十二五"规划》，《宁波节能》2012 年第 4 期。
② 参见《公共机构节能条例》第 3 条规定。

和要求，不当使用公共资金、资产和资源"。① 在具体目标上，《公共机构节能"十二五"规划》提出"十二五"期间公共机构节能工作的主要目标是"以 2010 年能源资源消耗为基数，2015 年人均能耗下降 15％，单位建筑面积能耗下降 12％"。这些都属于行政立法对公共机构低碳消费的一般性规定。

对于上述基本要求及目标的实现途径，《公共机构节能条例》《机关事务管理条例》《党政机关厉行节约反对浪费条例》《政府采购法实施条例》等则作出了一系列具体性、特殊性的规定，这主要包括节能规划、低碳采购、公物的低碳利用等。

在公共机构的节能规划方面，《公共机构节能"十二五"规划》对全国公共机构节能工作作了整体的规划，《公共机构节能条例》第二章则规定了节能规划的制定主体、基本内容、节能目标和指标的分解落实、年度节能目标和实施方案等内容。

在公共机构的低碳采购方面，有关立法对公共机构低碳采购的对象、采购方式、采购顺序、采购周期等都作了规定。在采购对象上，《公共机构节能条例》第 18 条规定公共机构应当优先采购节能产品或设备、有利于环境与资源保护的产品、经济适用的货物，禁止采购国家明令淘汰的用能产品或设备。② 在采购方式上，《政府采购法实施条例》第 10 条规定国家推动利用信息网络进行电子化政府采购活动；《党政机关厉行节约反对浪费条例》第 12 条规定党政机关要积极推进电子化政府采购。在采购顺序上，《公共机构节能条例》第 18 条规定严格执行《节约能源法》第 51 条规定的"优先采购"节能环保产品，并提出了"强制采购"的要求；《党政机关厉行节约反对浪费条例》第 43 条也强调要严格执行节能产品政府强制采购和优先采购制度。在采购周期上，《机关事务管理条例》第 15 条提出了缩短采购周期、提高采购效率、降低采购成本的要求。

在公共机构对公物的低碳利用方面，立法主要就公物对象和利用方式两方面作了规定。在公物对象上，要求公共机构必须使用节能产品。如《民用建筑节能条例》第 19 条规定，公共机构"建筑的公共走廊、楼梯

---

① 参见《党政机关厉行节约反对浪费条例》第 3 条规定。
② 参见《公共机构节能条例》第 18 条规定。

等部位，应当安装、使用节能灯具和电气控制装置"；《国务院办公厅关于治理商品过度包装工作的通知》要求各级行政机关带头自觉抵制过度包装商品。《公共机构节能条例》第34条对公务用车专门规定："公共机构的公务用车应当按照标准配备，优先选用低能耗、低污染、使用清洁能源的车辆，并严格执行车辆报废制度。"在公物利用方式上，要求公共机构应采取节能方式利用公物。如《公共机构节能条例》第3条要求公共机构用能管理采取技术上可行、经济上合理的措施；《公共机构节能条例》第29条要求公共机构减少空调、计算机、复印机等用电设备的待机能耗，及时关闭用电设备①，第34条要求公共机构应当按照规定用途使用公务用车，积极推进公务用车服务社会化，鼓励工作人员利用公共交通工具、非机动交通工具出行②；《机关事务管理条例》第25、28、29条分别对公务用车的编制、标准、配置、公务接待的标准、会议的数量、规模、会期、方式等作了严格规定；《公共机构节能条例》第26条鼓励公共机构"采用合同能源管理方式，委托节能服务机构进行节能诊断、设计、融资、改造和运行管理"③，第14—17条规定公共机构应当实行能源消费计量、能源消费统计、能源消耗定额以及能源消耗支出标准等节能管理制度。此外，《机关事务管理条例》第18条还专门规定了对资产最低使用年限的要求等。

（2）对公共机构低碳消费的考核、监督和检查

在公共机构低碳消费的考核、监督和检查方面，《公共机构节能"十二五"规划》要求"建立节能目标责任制，逐级分解落实节能目标，把节能目标完成情况作为对相关单位考核评价的重要内容，落实奖惩措施，开展表彰奖励"。《公共机构节能条例》第6条明确规定："公共机构负责人对本单位节能工作全面负责。公共机构的节能工作实行目标责任制和考核评价制度，节能目标完成情况应当作为对公共机构负责人考核评价的内容。"第35条则规定了公共机构节能实施的监督检查的具体内容，包括年度节能目标和实施方案的制定落实情况、能源消费计量监测情况；能源

---

① 参见《公共机构节能条例》第29条规定。
② 参见《公共机构节能条例》第34条规定。
③ 参见《公共机构节能条例》第26条规定。

消耗定额执行情况；节能管理规章制度建立情况；能源管理岗位设置以及能源管理岗位责任制落实情况以及能源审计、公务用车配备使用情况等。《党政机关厉行节约反对浪费条例》第49—56条也较全面地规定了党政机关厉行节约反对浪费监督检查机制，明确了监督检查的主体、职责、内容、方法、程序等。[①] 主要制度包括：第一，将厉行节约反对浪费工作情况纳入各级党委和政府年度报告内容；第二，将领导干部厉行节约反对浪费工作情况列为领导班子民主生活会和领导干部述职述廉的重要内容并接受评议[②]；第三，每年至少对厉行节约反对浪费工作组织开展一次专项督促检查；第四，纪检监察机关应当加强对厉行节约反对浪费工作的监督检查，中央和省、自治区、直辖市党委巡视组应当加强对有关党组织领导班子及其成员厉行节约反对浪费工作情况的巡视监督[③]；第五，党政机关应当建立健全厉行节约反对浪费信息公开制度；第六，推动和支持人民代表大会及其常务委员会、人大代表、人民政协对党政机关厉行节约反对浪费工作的监督；第七，加强各级各类媒体、群众对党政机关及其工作人员铺张浪费行为的舆论监督作用。

（3）公共机构低碳消费的违法责任追究

在公共机构低碳消费的违法责任追究方面，《公共机构节能条例》第37—42条明确列举了公共机构违反节能规定的各类情形。《党政机关厉行节约反对浪费条例》第57、59条和第60条也较全面地确立了党政机关厉行节约反对浪费的责任追究制度，具体规定了造成浪费行为的党纪、政纪责任。此外，《民用建筑节能条例》对国家机关办公建筑违反新建建筑节能、既有建筑节能、建筑用能系统运行节能等方面的违法行为也作了追究法律责任的规定。

2. 公共机构低碳消费的立法不足

从现状来看，我国行政立法对公共机构低碳消费已有了较系统的规定，但仍存在一些局部上的不足，需要进一步完善，这主要体现在政府低碳采购、公物低碳利用的信息公开等方面。

---

① 参见《党政机关厉行节约反对浪费条例》第49条规定。

② 参见《党政机关厉行节约反对浪费条例》第50条规定。

③ 参见《党政机关厉行节约反对浪费条例》第52条规定。

（1）公共机构低碳采购规定的不足

在公共机构低碳采购方面，我国《政府采购法》第 3 条规定了政府采购的四项原则，即公开透明、公平竞争、公正和诚实信用。但却没有确立低碳采购或绿色采购原则①，仅只在第 9 条规定上简单提及政府采购应当有助于"保护环境"，其他全文均未凸显实施低碳采购的要求，《政府采购法实施条例》也存在同样的问题。这显然不足以有效调整政府的低碳采购活动。从立法的衔接来讲，这与《节约能源法》、《清洁生产促进法》以及《公共机构节能条例》、《机关事务管理条例》和《党政机关厉行节约反对浪费条例》等法律法规注重要求政府强化低碳采购的规定明显不协调。同时，《政府采购法》及《政府采购法实施条例》在法律责任的规定上，也没有规定公共机构未遵守低碳采购的要求而应承担的法律责任，因而使得政府采购应有助于"保护环境"仅成为一种倡导性要求而非强制性的规范。② 显然这是需要改进的。

（2）公务消费基本范围、类型和标准尚缺乏全面、统一的规定

约束公共机构的低碳消费，首先需要明确公务消费的基本范围、类型和标准，并使之法治化，以作为公共机构及其工作人员公务消费的准则，同时，它也是实施检查、评估和追究相关违法责任的重要依据。在此方面，尽管现有的《公共机构节能条例》、《机关事务管理条例》、《党政机关厉行节约反对浪费条例》等有一些规定，但仍比较分散，也欠全面。对此，应当通过行政立法统一规定公共机构公务消费的范围，分类型、级别全面编制公务消费项目及标准的清单或目录，并予以公开。

（3）公共机构公务消费信息公开的规定尚不充分

现行立法规定对于公共机构公务消费在信息公开透明方面还不够充分。如《公共机构节能条例》第 8 条规定"公众有权监督公共机构浪费能源的行为"，但第 13、15 条只规定公共机构应将年度节能目标和实施方

---

① 政府绿色采购是指在政府采购中着意选购那些无污染、有利于健康及循环经济发展的产品和服务，促进经济可持续发展。参见姜爱华《政府绿色采购制度的国际比较与借鉴》，《财贸经济》2007 年第 4 期。低碳采购原则与绿色采购原则表述不同，但基本内涵是一致的，都是指向采购环保节能产品。

② 参见剧宇宏《对政府绿色采购法律制度的探讨——基于绿色经济发展视角》，《经济问题》2010 年第 7 期。

案报本级人民政府管理机关事务工作的机构备案，并且于每年 3 月 31 日前报送上一年度能源消费状况报告①，但却缺乏将这类信息向社会公开的规定，由此导致社会公众的知情权难以实现，也就不能有效实施对公共机构浪费能源资源的社会监督。此外，我国对公共机构"三公"经费公开的规定也欠明确。中央部门自 2011 年即《政府信息公开条例》施行三年之后开始全面公开"三公"经费，而地方政府全面公开"三公"经费却很不理想。② 从立法层面分析，《政府信息公开条例》第 9—13 条规定的信息公开范围中，公共机构公务消费的情况是否属于可公开的政府信息尚不明确。从中央部门已公开"三公"经费的实践来看，公共机构的这类公务消费情况并不属于国家秘密的范畴，理应划归公共机构信息公开的范围。因而，《政府信息公开条例》和《公共机构节能条例》等在公共机构公务消费信息公开的规定上，都需要进一步修改和完善。

（二）私人低碳消费的规范

对于私人低碳消费，目前尚无专门规定，有关法律、法规在此方面只有一些零散规定。

1. 主要内容

（1）一般性义务的规定。现行立法对于私人低碳消费，有大量一般性的义务规定。如《大气污染防治法》第 5 条规定："任何单位和个人都有保护大气环境的义务。"《环境保护法》第 6 条更明确地规定："公民应当增强环境保护意识，采取低碳、节俭的生活方式，自觉履行环境保护义务。"类似的规定还有《节约能源法》第 24 条、《固体废物污染环境防治法》第 9 条、《循环经济促进法》第 10 条、《水法》第 8 条等。

（2）零散的行为要求。对于私人低碳消费，目前有一些积极作为和禁止性不作为的要求。在积极作为方面，如《循环经济促进法》第 26 条和《清洁生产促进法》第 23 条都规定了"餐饮、娱乐、宾馆等服务性企业，应当采用节能、节水和其他有利于环境保护的技术和设备，减少使用

① 2009 年国务院机关事务管理局为此专门制定了《公共机构能源资源消耗统计制度》。

② 有学者将我国当前政府"三公"经费公开存在的主要问题概括为有令不行，延期公布；内容笼统简略，缺乏解释说明；口径偏窄，涵盖机构范围不一；概念含混不清，界限模糊；态度傲慢，回应较少；缺乏审查核实。参见李占乐《中国政府"三公"经费公开的现状、问题与对策》，《云南社会科学》2012 年第 2 期。

或者不使用浪费资源、污染环境的消费品"；《电力法》第 34 条规定了"供电企业和用户应当遵守国家有关规定，采取有效措施，做好安全用电、节约用电和计划用电工作"。在禁止性不作为方面，如《节约能源法》第 28 条规定任何单位不得对能源消费实行包费制；《国务院办公厅关于治理商品过度包装工作的通知》规定流通企业不采购、不销售过度包装商品等。

（3）规制方式。目前散见于不同法律、法规和规章中针对私人低碳消费的规制方式主要是行政指导、行政奖励、行政确认、行政合同、行政征收等。

①行政指导。行政指导是对私人低碳消费运用最普遍的一种行政手段，主要是通过宣传教育、提供信息、示范引导、利益诱导等方式引导相对人进行低碳消费。如在消费品购买环节，政府通过节能产品的示范与推广、节能宣传培训、信息服务等方式，鼓励公众购买和使用节能产品、有利于环境与资源保护的产品。① 在消费品使用环节，通过节能宣传教育、示范来普及节能知识。② 为充分发挥行政指导的作用，通常会辅之以财政补贴或税收优惠政策等，即通过利益诱导来实现推行低碳消费的行政目标。这既体现在国家运用财税、价格等政策引导用能单位和个人节能的一般性规定中，如《节约能源法》第 66 条和《循环经济促进法》第 46 条；还体现在针对特定对象的专门性规定中，如《车船税法》规定的对小排气量、新能源车船、公共交通车船的税收减免政策，《可再生能源法》第 17、18 条规定的对太阳能利用系统、可再生能源开发利用的鼓励支持政策等。

②行政奖励。行政奖励旨在通过表彰先进、激励后进，充分调动广大公众低碳消费的积极性。根据有关规定，行政奖励的对象既包括对节能管理工作中有显著成绩的单位和个人③，也包括检举严重浪费能源行为的单位和个人④。

---

① 参见《节约能源法》第 60 条、《清洁生产促进法》第 16 条和《国务院办公厅关于治理商品过度包装工作的通知》规定。
② 参见《公共机构节能条例》第 5 条和《民用建筑节能条例》第 3 条规定。
③ 参见《民用建筑节能条例》第 10 条规定。
④ 参见《节约能源法》第 67 条规定。

③行政确认。在低碳消费的规制上，行政确认主要是对节能产品作出权威性的认证，其作用在于：一是经过认证的节能产品能够列入政府优先或强制采购目录；二是节能产品能享受国家优惠政策，提高产品竞争力。如政府对家用电器实行能源效率标识管理①，对节能产品实行节能产品认证、颁布节能产品认证证书和节能标志②。这对于促进低碳消费具有基础性作用。

④行政合同。行政合同以其具有的平等性、自愿性、协商性等优点，也被广泛用于对低碳消费的约束。在公共机构低碳消费方面，公共机构可以和节能服务机构签订合同能源管理协议，提高公共机构能源消费的效率。③在私人低碳消费方面，政府既有权监管私人与节能服务机构签订合同能源管理协议的实施情况④，也有权与企业签订节约资源、削减污染物排放量的协议⑤。

⑤行政征收。行政征收包括收税和收费两类，对于促进低碳消费我国已个别性地开征了燃油税，近两年全国实行的阶梯电价、阶梯水价、阶梯气价则在一定程度上发挥了以收费方式来约束低碳消费的功能。⑥

总体上讲，对于约束私人低碳消费虽有一些手段和措施，但仍比较零散而不系统，规制力度也明显不够。

2. 私人低碳消费立法上存在的问题

（1）消费理念存在认识误区

按照传统的消费观念，"消费者拥有消极消费和积极消费的自由，即消费者有最低限度免于干涉的权利和自主自觉消费的能力"⑦。申言之，私人如何消费应通过自身能力和市场来解决，无须政府介入，更不能实施强制。受此观念影响，政府只应通过宣传教育等方式来倡导私人低碳消

---

① 参见《节约能源法》第18条规定。
② 参见《中国节能产品认证管理办法》第3条规定。
③ 参见《公共机构节能条例》第26条规定。
④ 参见《关于加快推行合同能源管理促进节能服务产业发展的意见》规定。
⑤ 参见《清洁生产促进法》第28条规定。
⑥ 参见《关于居民生活用电试行阶梯电价的指导意见》、《关于做好城市供水价格管理工作有关问题的通知》和《关于建立健全居民生活用气阶梯价格制度的指导意见》。
⑦ 张筱蕙：《政治学视角的"消费自由"——兼论生态消费的自由意蕴》，《生态经济》2012年第4期。

费。然而，这一观念是存在认识误区的，因为它忽视了当今时代私人消费高碳化所具有的外部性与公共性。即在当今紧迫的环境和能源资源压力下，私人的高碳消费会对气候环境产生负面影响，其不利后果由不特定公众所承受，即便私人为高碳消费支付了相应对价，也不能弥补其消费行为对气候环境造成的不良后果。对此，市场手段是无法完全有效解决的，必须借助于必要、有效的行政规制手段。从实践效果来看，目前仅仅以市场调节和政府作用有限的教育、指导等方式，并没能产生全面约束公民低碳消费的较好效果。为此，必须澄清私人消费完全自由的理念误区，从外部性与公共性来认识私人消费对环境和能源资源的影响，认识约束私人必须低碳消费的必要性和正当性，破除私人消费绝对自由和任意的观念禁锢。进而通过相关立法以多种有效措施强有力地推进消费革命，约束全体社会成员广泛开展低碳消费。

（2）偏重软规制、缺乏硬规制

基于前述消费理念，经梳理可以发现我国立法对私人低碳消费的要求，大量都是运用宣传倡导、示范指导、合同协议、利益诱导等软性规制的方法，除极少量的税费有强制性之外，行政处罚、行政强制等硬性方式在规制私人低碳消费上是基本缺位的。同时，对私人低碳消费义务的设定与法律后果的设定也经常脱节。现有立法往往只规定私人低碳消费一般、抽象的义务（如保护环境、节约能源等），而没有具体规定违反义务相应的法律后果，或者虽规定有具体义务，但无具体的法律责任作为履行保障。如《固体废物污染环境防治法》第40条规定，城市居民有义务在指定地点放置生活垃圾，但没有具体规定违反该义务的法律后果。"法律规范逻辑结构应由行为模式和法律后果两要素构成"[1]，这种义务性行为模式与法律后果的脱节，使得低碳消费义务仅仅成为一种倡导性义务而非强制性义务，因而行政处罚、行政强制等强制规制方式就未能得到充分运用。

---

① 有关法律规范逻辑结构的代表性观点有三种，"假定 + 处理 + 制裁"三要素说，"假定 + 处理"两要素说，"行为模式（权利、义务的规定）+ 法律后果的归结"两要素说。参见刘杨《法律规范的逻辑结构新论》，《法制与社会发展》2007年第1期。

（3）立法系统化的缺失

如前所述，我国已有一批规制公共机构低碳消费的专门行政立法，主要包括《公共机构节能条例》、《党政机关厉行节约反对浪费条例》、《机关事务管理条例》、《政府采购法实施条例》、《民用建筑节能条例》等行政法规等。但与之相比，我国规制私人低碳消费方面的行政立法则严重欠缺，除2007年科技部发布了一个《全民节能减排手册》行政规范性文件外，尚无专门针对私人低碳消费的法规，一些相关规范只是零散分布于《大气污染防治法》、《节约能源法》、《环境保护法》、《固体废物污染环境防治法》、《循环经济促进法》、《清洁生产促进法》、《水法》、《电力法》等法律、法规中，而且都只是较为抽象、原则性的规定，形成对公低碳消费与对私低碳消费的"规制跛脚"状态。这种缺失直接、专门并系统规制私人低碳消费的立法现象将导致如下后果：一是制度供给赤字，使得法律依据严重不足，难以有效推进私人低碳消费行动，也不能引起政府和社会的高度重视；二是政府约束私人低碳消费的职权、职责与责任不明确，私人低碳消费的权利、义务与责任不清晰；三是使对于私人低碳消费的法律规范碎片化、零散化，没有形成一个有机整体，因而直接影响规制的效果。

三　加强低碳消费行政立法的必要性

我国低碳消费立法上述存在的重公共机构低碳消费轻私人低碳消费、强制规制方式缺失、规制方式碎片化、制度供给不足等问题，对完善和改进现行立法特别是加强低碳消费方面的行政立法提出了要求。其必要性在于以下几个方面。

（一）消费能产生巨额碳排量，必须加强低碳化的法律约束

家庭消费是碳排放的重要来源之一，有统计数据表明，美国超过80%的能源利用和碳排放来自居民消费及与之相关的经济活动。在我国，1992—2007年来自家庭生活的碳排放量占碳排放总量的42.17%—49.21%。① 消费对生产具有重要的反作用，表现为消费是生产的动力，生产的目的在于消费，消费对生产的调整和升级起着导向作用。由此，我

① 参见王勤花、张志强、曲建升《家庭生活碳排放研究进展分析》，《地球科学进展》2013年第12期。

们既要关注低碳生产问题，也要重视低碳消费问题。正如习近平总书记所强调的，积极推动我国能源生产和消费革命，即生产和消费如鸟之两翼、车之两轮，不可偏废。在推进低碳消费的进程中，我们要加强对消费领域特别是私人低碳消费的立法，这既由低碳消费对低碳生产的反作用所决定，也由低碳消费尤其是私人低碳消费所产生的碳排放量所决定。

（二）私人低碳消费作为道德义务具有局限性，需要以法律义务来强化

单纯就自主机遇而言，私人享有自由消费的权利，即有权自主选择购买、使用、处理商品，这是《消费者权益保护法》第9条规定所体现的原则①。因此，即使要求私人应当低碳消费，也只能是道德上的义务。按照美国学者富勒的观点，这是一种"愿望的道德"，而不是一种"义务的道德"。②受此影响，各国往往采取行政指导、行政奖励等柔性行政手段或一定税费、财政优惠政策等经济杠杆手段来引导。但是，我们认为，低碳消费仅只作为私人的道德义务是有局限性的。首先，消费的外部性③使消费自由与生态环境保护之间具有天然的紧张关系，存在着"消费—生态"悖论④，其前提是个人消费是无限的而人们共同享有的生态容量却是有限的。私人在消费上必须承担受相应限制的社会责任。其次，私人碳消费不仅具有外部性，而且具有公共性。所谓公共性是指即使私人支付了相应的对价，他仍不能完全消除因自身碳消费而对其他人产生的损害。以汽油消费为例，假如一个人每天驾驶尾气排放超标的私家车上下班，即便他为汽油消费支付了一定的税费，但仍不能弥补超额碳排放对大气环境产生

---

① 参见《消费者权益保护法》第9条规定："消费者享有自主选择商品或者服务的权利。"

② "愿望的道德是善的生活的道德、卓越的道德以及充分实现人之力量的道德"，它"是以人类能达致的最高境界作为出发点"。而"义务的道德则是从最低点出发，它确立了使有序社会成为可能或者使有序社会得以达致其目标的那些基本规则"。[美] 富勒：《法律的道德性》，郑戈译，商务印书馆2005年版，第7—8页。

③ 消费外部性是指个人或家庭的消费行为影响他人或社会，但在整个社会经济系统中，个人或家庭并未因此而给予相应补偿或取得相应报酬。参见黎建新《消费的外部性分析》，《消费经济》2001年第5期。

④ "消费—生态"悖论的意蕴是："消费是人类生存和发展的基本方式，如若没有道德对其制约，欲望性的无穷消费必然导致物质主义的生发和消费主义的张扬，进而导致伦理道德的沦丧和生态环境的破坏；而生态是人类生存和发展的基本前提，要保护生态环境，也需要道德的审慎力量，否则就只能妨碍消费、忍受贫穷和牺牲发展。"参见曾建平、黄以胜《"消费—生态"悖论的伦理意蕴》，《中州学刊》2013年第7期。

的负面影响，因为这只是一种事后补偿机制，而且这种补偿机制在许多情况下也是无力的，特别是对于他人已经呼吸了汽车排放的有毒有害尾气是难以补偿的。换言之，私人碳消费的公共性表现为个人消费自由权与他人合法权益如健康权之间的冲突，因而应纳入到法律的高强度调整之中，这是因为"公共性是公共行政的根本性质，它决定着政府的目标和行政行为的取向"。[①] 最后，道德只是一种"软约束"，单靠良心谴责与舆论压力等道德约束方式并不足以促使私人低碳消费，实践中大量例证已说明了它的欠缺，如在杜绝公款大吃大喝、禁止用水用电浪费等方面单靠道德自律的效果是不甚理想的，因而用法律的"硬约束"来规范私人低碳消费非常必要。

四　低碳消费行政立法的改进

（一）完善对公共机构低碳消费的立法

我国行政立法对公共机构低碳消费已经建构了比较全面的规制系统，但还需要改进完善，这主要包括：

1. 完善公共机构低碳采购的规定

公共机构采购物品的种类、程序和方式均会影响到公共机构对资源能源的消耗以及碳排放量，因此应将采购行为本身也纳入立法内容，要求采购行为的过程和结果均达到低碳化，即采购的周期短、成本低和采购的公物经济、节能以及采取电子化采购方式等。对此，有必要修改完善《政府采购法》：一是应确立低碳采购原则；二是建立电子化公开招标优先制度；三是明确强制低碳采购的义务及其法律责任；四是保障公众参与权。

首先，《政府采购法》应吸纳《节约能源法》、《公共机构节能条例》、《清洁生产促进法》、《机关事务管理条例》、《党政机关厉行节约反对浪费条例》等法律法规中的低碳采购理念，借鉴世界各国政府绿色采购的普遍做法[②]，确立低碳采购的原则。所谓低碳采购原则，是指各级国

---

① 张康之：《论"公共性"及其在公共行政中的实现》，《东南学术》2005 年第 1 期。

② 如美国《政府采购法》第 23 章对绿色采购的规定、欧盟的《政府绿色采购指南》、韩国的《鼓励采购环境友好产品法》、日本的《绿色采购法》等。参见秦鹏《政府绿色采购：逻辑起点、微观效应与法律制度》，《社会科学》2007 年第 7 期。

家机关、事业单位和团体组织在采购过程中使用财政性资金购买货物或工程时，应选择低碳采购方式，购买低碳行政用公物。这里的低碳行政用公物除了包括现行法律规定的低碳货物外，如节能环保的原材料、燃料、设备、产品等，还应包括低碳工程，如绿色建筑或构筑物等。低碳采购原则体现在采购主体、采购方式、采购程序、采购对象等各方面。具体而言：一是在采购主体方面，低碳采购原则不仅适用于《政府采购法》规定的各级国家机关、事业单位和团体组织，而且还适用于其他提供公共服务的主体，如社会组织、私人等，后者参照适用《政府采购法》即可。二是在采购方式方面，政府采购行政用公物的方式不应僵化地要求集中公开招标方式优先，而应根据具体情况，灵活机动地选择碳排放产生较少的采购方式。三是在采购程序方面，要缩短政府采购的周期和减少政府采购的手续，通过强化事后的信息公开、说明理由和监督机制来减少因形式主义带来的超额碳排放。也就是说，采购程序设计理念应坚持效率优先，事后的监督程序优于事中的烦琐程序，因为在事后监督制度健全的情况下，采购人徇私枉法的可能性将大大降低，而烦琐的程序和过长的周期将牺牲程序低碳、节省的价值。四是在采购对象方面，政府采购的行政用公物不仅包括货物，而且还应包括工程，这在一定程度上可以遏制某些地方政府兴建豪华楼堂馆所的冲动。

其次，建立电子化公开招标优先制度。根据《政府采购法实施条例》第 10 条、《全国政府采购管理交易系统建设总体规划》和《党政机关厉行节约反对浪费条例》关于电子化政府采购的要求，财政部门要加快建设全国统一的电子化政府采购管理交易平台。进言之，《政府采购法》既要坚持现有公开招标优先的采购方式，又要及时推进电子化政府采购方式。并将电子化公开招标方式作为今后政府采购的优先选择。《政府采购法》应通过排除性立法确立电子化公开招标优先规则，即明确规定无须进行电子化政府采购的范围，如采用电子化政府采购所需时间不能满足用户紧急需要、实施电子化政府采购所需成本（包括经济、时间、人力、物力等成本）大于用户采取直接购买所需成本的情况。除法律明确规定的例外情形外，其他则都属于电子化政府采购的范围。

再次，明确强制低碳采购义务及其法律责任。《政府采购法》应明确规定采购人强制采购低碳行政用公物的法律义务及其法律责任，将现行授权性规范改为强制性规范，即采购人若不履行采购低碳行政用公物的强制性义务，将承担相应的法律责任。具体而言，《政府采购法》第 71 条应增加采购人、采购代理机构因违反低碳采购强制性义务应当追究法律责任的两种情形：应当采用电子化公开招标方式而擅自采用其他方式采购的行为和故意采购不符合低碳标准的货物或工程的行为。

最后，要保障公众的参与权。第一，健全低碳采购信息公开制度。公共机构应向社会公开采购人采购行政用公物的相关信息，从而保障公众的知情权。具体而言，公开的主体主要是采购行政用公物的公共机构；公开范围既包括公共机构采购行政用公物的结果，如《政府采购信息公告管理办法》第 8 条规定的八项采购信息，还包括政府采购行政用公物的理由等；采购人应当主动公开采购行政用公物的相关信息，并通过政府公报、政府网站、新闻发布会以及报刊、广播、电视等便于公众知晓的方式向社会公开；公民、法人或者其他组织依法可向采购人申请公开上述政府采购信息；且对采购人不依法履行政府信息公开义务的行为，相对人有权申请行政复议或提起行政诉讼等。第二，健全低碳采购理由说明制度。这主要包括：一是，说明公共机构选择某种采购方式的理由，采购人采购某类货物、工程的理由，采购人选择中标人的理由，政府采购价格高于市场价格的理由等。二是，说明理由应以政府主动说明为原则，以依申请说明为辅。三是，说明理由的对象既包括与政府采购当事人或与之有利害关系的第三人，也包括与之没有任何利害关系的普通公众。四是，公共机构说明理由应及时，原则上应以书面形式作出。第三，规定并保障公众对政府低碳采购的建议权、控告检举权和提起公益诉讼的权利。公众应有权对政府采购提出合理化建议，有权为政府采购货物、工程提供参考信息来源，公共机构应对提供建设性意见的公众予以适当奖励；公众有权对政府采购过程中的违法失职行为，向有关国家机关提出控告、检举；对政府采购过程中出现的违法行政行为，有权以自己名义或公众名义向人民法院提起公益诉讼。

2. 完善公共机构对公物实施低碳利用的规定

这里的"物"泛指一切被公共机构使用的物品资源。随着经济的发展，我国公共机构可以使用的物品种类大为扩展，由此也可能带来各种挥霍浪费，这与公共机构承担的低碳消费义务是相违背的。因此，将公共机构对"物"的低碳利用行为纳入立法调整也是非常必要的。《党政机关厉行节约反对浪费条例》、《公共机构节能条例》、《机关事务管理条例》等均对公共机构公物利用作出了一些规定,基本原则是"厉行节约、反对浪费",控制标准是"不超过法定总量/定额"。如《党政机关厉行节约反对浪费条例》第4条提出要"总量控制",《公共机构节能条例》第16条规定了公共机构的"能源消耗定额"制度。此外,《节约能源法》第47条,《循环经济促进法》第25条,《公共机构节能条例》第29条,《机关事务管理条例》第25、28、29条以及《党政机关厉行节约反对浪费条例》和中央"八项规定"等都有大量节约能源和反对浪费的规定。但是,在各类公物利用方面,节约或浪费的具体标准是什么却不够全面明确,这还需要完善《党政机关厉行节约反对浪费条例》、《公共机构节能条例》、《机关事务管理条例》等配套规定,编制对各类公物低碳利用具有量化标准和方法的清单目录。如各级各类公共机构办公场所建造及使用标准、公务用车和公务出行标准、公务服装标准、公务接待标准、水电气等能源使用标准、办公用品的购置和耗费标准等。这些标准的确立,也能使《党政机关厉行节约反对浪费条例》中所规定的"浪费"以及《机关事务管理条例》第14条所杜绝的"奢侈品"、"超标准的服务"和"豪华办公用房"等模糊概念有了判断掌握的基准。并通过奖惩机制来保障统一遵守执行。

(二) 加强对私人低碳消费的专门立法

如前所述,我国对私人低碳消费的行政立法存在规制理念误区、规制法源缺失、规制标准模糊、规制软规制、缺硬规制以及规制方式碎片化等诸多缺陷。鉴于我国欠缺私人低碳消费的专门立法,有必要运用行政立法便捷、及时的优势,借鉴《公共机构节能条例》、《党政机关厉行节约反对浪费条例》等行政法规对公共机构的要求,由国务院及时制定一部《公民低碳消费促进条例》,整合、集中现有分散在众多法律、法规中的相关规定,对私人消费加以厉行节约反对浪费的全面、系统规制,或者先行由相关部委、地方政府制定促进公民低碳消费的规章,时机成熟后再统一制定行政法规。这一低碳消费的行政立法在基本框架上应包括立法目的、立法原则、立法调整对象、立法调整事项及调整方式等内容。

1. 立法目的

确定低碳消费行政立法的目标是发挥立法规范和引领作用的前提。约束私人低碳消费的行政立法在目的上应当包括以下几个方面：

（1）保障生存发展型消费。生存发展型消费是公民维系日常生活所必需的基础性消费，这种基础性消费在能源资源消耗和碳排放标准上可以确定为某种平均值，即在总量控制的范围内，维持个人平均生活水平所必需的人均年能源消耗和碳排放标准。这是公民维系日常生活必要的基础性消费，必须加以保障，因此，在这一标准之内的私人消费，都应属于低碳消费。当然，私人消费即使在这一标准之内，仍还有节能减排的潜力可挖，如在标准控制的范围之内，尽可能地采取最节约能源、最有利于保护环境的低碳生活方式。但对此，立法就只能采取倡导性的方式，而不能采取强制性的方式。即法律的介入程度是有限的，只能要求行政主体运用行政教育、行政指导等柔性方式加以引导，公民对此只负有道德义务或者说法律的提倡性义务①，而不是一种强制性义务。以阶梯水价、电价等为例，第一阶梯的价格设定较低，因为它针对的是公民维系日常生活所必需的、基础性水电量消费，属于个人或组织生存发展型消费。

（2）限制奢侈型消费和禁止浪费型消费。与生存发展型消费不同，奢侈型消费是超出基础性消费标准、过分追求享受的消费；浪费型消费则是不必要挥霍、耗费或废弃能源资源的消费。约束私人低碳消费的行政立法其重点是要限制奢侈型消费和禁止浪费型消费。

生存发展型消费限于维持个人平均生活水平所必需的人均年能源消耗和碳排放标准，超出年人均年能源消耗平均值的私人消费就属于奢侈型消费，它在日常生活中主要反映在某些高碳生活的指标上：如每月超基本额度（阶梯价格中的基础价格所容许的使用额度）耗用了水、电、气等能源，私人购买大排放量的车辆，高档住宅，高碳排放的奢侈品（可由国家核定标准并公布目录，生产厂家或销售商家应加以标识）等。由于奢侈型消费和浪费型消费已超出维系日常生活必需的基础性消费的限度，并导致有限能源资源过度或不必要的耗费，因而受限制为之或禁止为之，不

---

①　提倡性义务只是一种原则性指引，它体现了立法者的价值判断，但不必然影响到行为人的行为，也没有国家强制力或法律后果作后盾。参见杨仕兵《论提倡性法律规范》，《齐鲁学刊》2011 年第 5 期。

仅仅只作为一种道德义务，而且要成为一种强制性的法律义务。为此，立法要加强规制，除了以柔性方式来教育引导之外，还必须充分运用对消费者征收涉及购买碳排放权的相关税费、行政强制等手段来加以限制。对于消费中严重的浪费行为，如对就餐者大量浪费粮食的行为，甚至可以实施警告、罚款等行政处罚。

（3）构建以节约能源资源、保护环境为荣，全面推行低碳消费的社会生活模式。我国的能源消费革命是通过对消费环节的调控实现低碳发展，这是一项重塑社会消费生活的巨大工程，它不能只限于道德要求和倡导性指引，而需要以法治化的方式实施制度性的安排。为此，有针对性地制定一部《公民低碳消费促进条例》对全体社会成员的行为进行规范，通过法定权利义务关系及其法律责任的行为规范设计，将能使低碳消费的社会生活模式法律制度化，从而有效推进以节约能源资源、保护环境为荣的全社会低碳消费行动。

2. 立法原则

（1）从我国实际出发原则。从我国实际出发原则要求针对私人低碳消费的行政立法必须立足于我国现有的国情。这包含以下几层含义。第一，充分认识在我国推进低碳消费作为人们法定义务的必要性和紧迫性。这包括国际和国内两方面的因素。在国际方面，我国是世界上最大的发展中国家和最大的碳排放国家，也是《联合国气候变化框架公约》和《京都议定书》缔约方，目前我国不承担强制性国际碳减排义务的第一个承诺期已过，且《中美气候变化联合声明》给我国的碳减排设定了时间表，我国的碳减排义务履行已经"迫在眉睫"，这在世界范围内是我国作为一个国家对国际社会所承诺的国际法义务，而这一义务的具体履行则需要我国全体国民通过国内法加以转化分担才能够切实完成。在国内方面，我国已确定"到2020年我国单位国内生产总值二氧化碳排放比2005年下降40%—45%"[1]，《"十二五"节能减排综合性工作方案》等相关政策则明确提出了具体的节能减排任务和措施。这些目标、任务和措施的实现，需要制定相关的法律制度来加以切实保障。第二，我国是一个人口众多的发展中国家，加强约束私人低碳消费的立法，必须兼顾经济社会发展和能源

---

[1] 参见李韶辉《全国累计关停小火电6006万千瓦》，《中国改革报》2010年1月7日。

资源节约、生态环境保护两者的关系，这就既需要通过刺激消费拉动内需以促进经济发展，又必须抑制浪费能源资源、加重生态环境压力的不合理消费。因此，立法应当从大力刺激低碳消费的角度引导低碳生产，推动经济发展。同时，通过对人们低碳消费的约束，也抑制浪费能源资源、破坏生态环境的行为。第三，对私人低碳消费的立法必须规定符合中国实际的低碳消费方式。一是大力弘扬和复兴"勤俭节约"、"勤俭持家"等我国人民群众优秀的传统美德，并充分加以运用使之发挥精神信念的内心引导作用；二是有针对性地重点革除目前我国在消费领域中存在的一些陋习，如消费攀比心理、因好面子而不惜挥霍浪费等；三是在"节约能源资源、保护生态环境"的原则下，适度照顾不同区域、不同阶层人群的消费条件、消费习惯和消费喜好，形成丰富多样的低碳消费格局；四是立法对我国公民低碳消费的规制应循序渐进。低碳消费在很大程度上是对人们生活方式和习惯的重大变革，在目前人们还不能完全适应的情况下，立法还不能脱离现实条件采取一蹴而就的方式，作出"一刀切"的规定，而应是分类别、逐步强化的过程。

（2）差异化原则。由于低碳消费有不同的领域和对象，规制的目标和方式就应当是多样性的，因而需要实行差异化的原则。我国的《能源发展计划》就明确提出了"差别化原则"，强调要区别区域和行业的用能特点。《公共机构节能条例》第 16 条也规定不同行业、不同系统公共机构的能源消耗定额及其支出标准不同。英国学者安东尼曾指出："环境保护就要求具体对待，因为污染引发的损失成本将随着不同地区间甚至同一地区内不同地域之特点的不同而明显不同。原因在于不同地区之间，水域和空气的吸污能力、理想环境质量、污染源的数量都存在差异。"[①] 差异化原则不仅适用于对公共机构的节能减排管理，同样也应适用于私人低碳消费的领域。差异化原则是指立法要针对不同的领域和对象，规定有区别的低碳消费标准，运用不同的规制方式。如对发展水平和条件不同的区域的消费、直接的能源消费和间接的能源消费等采取不同的低碳规制标准；对生存发展型消费主要运用倡导、奖励等柔性规制方式来推行低碳化，而

---

① ［英］安东尼·奥格斯：《规制：法律形式与经济学理论》，骆梅英译，中国人民大学出版社 2008 年版，第 170 页。

对奢侈浪费型消费则必须采取强制、处罚等刚性规制方式来实施限制或禁止；对私人衣、食、住、行、用等不同种类的消费规定不同的低碳化要求等等。

（3）合作治理原则。推进全社会的低碳消费是一项系统工程，既需要政府主导，也需要全民参与行动，这就需要国家与社会的公私合作治理。合作治理又被称为合作规制、合作行政，它是对政府单方"传统命令与控制型规制的补充与替代"。① 合作治理理论改变了政府中心主义的管理方式②，提出了调动社会力量与政府形成良性互动的协同、合作、互补的共同治理模式。对于全社会低碳消费的规制，立法应建构合作治理的模式，明确规定各级政府和相关职能部门的职权职责；规定社会组织的协同职能，发挥各企业事业单位、消费者协会等行业组织、农村和社区基层组织以及商店、餐馆等各种社会力量的监管作用；规定广大公民的广泛参与，运用各种市民公约、乡规民约、行业规章、团体章程等社会规范实施与法律规范相配合的规制方式。

3. 立法调整的事项范围

《公民低碳消费促进条例》所应调整对象是私人主体的低碳消费行为。这里的私人主体是指除公共机构之外的公民和组织，其低碳消费行为，根据我国科技部 2007 年发布的《全民节能减排手册》所做的分类，可包括衣、食、住、行、用五个方面。对这五个领域的低碳消费立法应分别提出最基本的低碳要求，如衣着方面指引人们减少购买不必要的衣服、购买低碳材质的衣物、用节能方式洗衣等；饮食方面要求人们不得浪费、开展"光盘行动"；居住方面要求人们进行低碳装修；出行方面倡导人们购买小排量汽车或新能源汽车、尽量选择公共交通或非机动车的低碳出行方式；用的方面要求人们合理并节省使用水、电、气、燃油、煤炭或其他生活用品等。

4. 对私人低碳消费的主要规制方法

对私人低碳消费所应采取的规制方法可以分为三类，包括：行政指

① 高秦伟：《私人主体与食品安全标准制定——基于合作规制的法理》，《中外法学》2012年第4期。

② 参见张康之《论参与治理、社会自治与合作治理》，《行政论坛》2008年第6期。

导、行政奖励、行政合同等柔性方法；征收税费、行政强制等刚性方法；行政处罚等法律责任追究。

（1）行政指导、行政奖励、行政合同等柔性方法主要通过宣传教育、示范引导、利益诱导、协商合议等方式倡导公民积极开展低碳消费，适合于针对生存发展型消费的群体。

（2）征收税费、行政强制等刚性方法主要通过课以财产性义务、行为性义务等方式迫使公民必须进行一定限度的低碳消费，适合于针对奢侈浪费型消费的群体。低碳消费的行政征收包括收费和收税两种，国家可对超额碳排放的对象征收一定的碳税或碳费，对此，国外已有先例。如欧盟的部分成员国芬兰、瑞典、丹麦、英国等已经对矿物燃料的消费根据碳排放量征收具有碳税性质的税收；日本购买机动车则必须先买碳排放权①。在我国也已有相关立法，如《大气污染防治法》、《排污费征收使用管理条例》、《排污费征收标准管理办法》等法律法规规定了排放大气污染物收费制度。据此，《公民低碳消费促进条例》应规定对私人超额碳排放的行为征收一定的碳税或碳费。其中，对于某些高碳排放的奢侈消费品，可以在销售环节征收除商品正常价格之外的一定碳排放费用（即购买碳排放权），或者直接征收一定的碳税。对于政府公权力可以直接管控的能源供给，如自来水、供电、供气等，当公民消费超过不能容许限度并经告诫不予改正的，可以实施在一定周期内严格限制用水、用电、用气的强制性措施，即强制性地限时供给仅维持基本生活所必需的水、电、气量的强制措施；对于超标排放的汽车等交通工具则可以实施强制报废等。

（3）行政处罚等法律责任追究主要针对私人消费中破坏生态环境和造成严重浪费的行为。如对驾驶超标排放汽车的行为、就餐者严重浪费粮食行为等，立法应当规定可以实施警告、将违法行为记入碳足迹档案并向社会公示、一定数额的罚款等行政处罚。在处罚的实施上，可以鼓励广大公民举报线索，由相关执法部门进行。对于警告、将违法行为记入碳足迹档案并向社会公示等较轻的处罚，还可以授权一定的社会组织如居民委员会、村民委员会、宾馆、餐馆来实施。

---

① 参见谢德良《日本人买车先买碳排放权》，《环境与生活》2013年第9期。

第二节   制定低碳软法应充分配置保障
有效实施的资源①

一   软法在低碳社会建设中的运用

软法是近年来法学研究的一个新兴话题，也是立法实践中一种新的法律制度供给。罗豪才教授曾指出软法是"指那些效力结构未必完整、无须依靠国家强制保障实施，但能够产生社会实效的法律规范"②。硬法具有权利义务和责任清晰、以国家强制力保障有效实施等优势，其对于强制性推进低碳社会建设的重要作用自不待言。但我国目前在此方面的硬法还比较有限，而在降耗减排、循环经济、低碳认证等各种低碳建设领域中，软法的制定和运用却非常活跃和多见。近几年，中央和地方在推动低碳社会建设方面有大量以"促进"、"推广"、"奖励"等软法调整方法和名称的法律、法规、规章和规范性文件出台。在法律层面如《循环经济促进法》《清洁生产促进法》等。依据《循环经济促进法》和《清洁生产促进法》，全国几乎所有的省市都制定了本地方的相应《条例》及《实施办法》。如《安徽省发展低碳经济促进条例》、《山西省循环经济促进条例》、《云南省清洁生产促进条例》、《天津市清洁生产促进条例》、《山东省清洁生产促进条例》、《南京市促进清洁生产实施办法》等。国务院有关部门制定的《温室气体自愿减排交易管理暂行办法》、《节能低碳技术推广管理暂行办法》、《环境影响评价公众参与暂行办法》等以及一些地方政府制定的《山东省节能奖励办法》、《广东省节能奖励试行办法》、《北京市节能减排奖励暂行办法》等都具有软法性质。在这些软法中，行政立法占有相当的比重。从现状来看，在促进低碳发展上，制定软法来加以调整已经是运用广泛、已形成一种趋势的立法类型。这主要是因为在低碳社会建设的现阶段，受限于现有社会条件和人们的认识水平，国家对低碳的规制还不宜全面运用刚性的强制手段来约束，需要先以提倡、引导、鼓励等

---

①   本节部分内容曾以《论公法领域中"软法"实施的资源保障》为题发表于《法商研究》2013 年第 3 期。

②   参见罗豪才、宋功德《认真对待软法——公域软法的一般理论及其中国实践》，《中国法学》2006 年第 2 期。

柔性方式为主来逐步推进。总体而言，我国乃至全世界范围都还处于低碳社会建设的起步阶段，广大社会成员对低碳经济、低碳生活的认识水平和认可程度普遍不高。有学者 2012 年对 3489 个样本进行统计分析发现，具有接受低碳生活和应对气候变化行动意愿的平均比例不足 33%[①]；美国广播公司曾对美国普通公众就节能减排而增加电税和汽油税政策的一项调查也发现，其支持率分别只有 20% 和 32%。[②] 在此种情况下，倘直接制定硬法来强制推行，将可能发生较大的社会阻力，引发社会矛盾。这正如吉登斯所一再重申的："在遇到应对气候变化这样的问题时，拿大棒赶着民众去服从是行不通的。"[③] 在这方面澳大利亚碳税立法由立到废已有前车之鉴。2011 年 5 月澳大利亚政府公布碳税方案后，民调结果显示逾 60%的国民反对碳税，支持率仅为 30%。[④] 在民众支持率低迷的情况下，澳国政府强行开征碳税的决定引发了强烈的社会反弹，来自全国各地的 5000多辆卡车分批进入首都堪培拉，同时鸣笛，表达"不要碳税，要重新选举"的诉求。[⑤] 面对巨大的社会争议，澳大利亚联邦参议院最终于 2014年 7 月通过了废止碳税的系列法案。[⑥] 相对于硬法，软法偏重于引导而非强制，基于循序渐进和使社会逐步接受的安排，目前通过制定软法来诱导和激励社会成员就显得十分必要。

作为一种立法现象，在低碳社会建设的许多领域，软法得到了广泛的运用。但这类软法的大量制定并未等同于软法已得到了有效的实施。目前仍无法对它们制定后的实施效果进行评估，也未受到关注。这提示我们在大量制定软法时，应重视保障软法有效实施的条件问题，相关行政立法在此方面显然还存在一些需要研究和改进的地方。

---

① 参见谢宏佐、陈涛《中国公众应对气候变化行动意愿影响因素分析》，《中国软科学》2012 年第 3 期。

② 参见常跟应等《美国公众对全球变暖的认知和对气候政策的支持》，《气候变化研究进展》2012 年第 4 期。

③ ［英］安东尼·吉登斯：《气候变化的政治》，曹荣湘译，社会科学文献出版社 2009 年版，第 160 页。

④ 佚名：《澳碳税缘何成众矢之的》，《国际金融报》2011 年 5 月 5 日（第四版）。

⑤ 参见李景卫《澳大利亚卡车集结反碳税》，《人民日报》2011 年 8 月 23 日。

⑥ 佚名：《澳大利亚在争议中废除碳税》，新华网：http://news.xinhuanet.com/energy/2014－07/21/c_1111712703.htm，2015 年 1 月 3 日访问。

二　保障软法有效实施问题的提出

由国家制定的软法与硬法有许多相同点，这表现为：它们均由立法机关依法定程序制定，均体现国家意志，均是社会成员的行为规范，均要求普遍遵守。在这个意义上可以说"软法亦法"。但也有不同之处：在规范要求上软法富有灵活性，软法的实施不运用国家的强制力，其制定与实施具有更高程度的民主协商性等。[①]　而其最显著区别，应当是它们的实施是否依赖国家的强制力。硬法的实施依赖于国家强制力，而软法的实施主要依靠社会成员的自我约束以及执法机关的"非强制性"执法。但是，怎样才能使社会成员能对软法的遵守形成自律？执法机关的"非强制性"执法何以能保障有效？换言之，软法在不依赖于国家强制力的情况下形成独有的法律实施机制，应如何保障其得到有效实施。这就涉及软法实施所依赖的资源问题。在一国法治治理中，法的实施通常需要两种保障资源，即压制性资源和引导性资源。压制性资源属于外在的暴力力量，表现为系统化的强制和惩戒规范、警察等执法队伍、法庭和监狱等司法机构。引导性资源则是法所内含的理想目标、价值追求、道德伦理、公序良俗、利益分配、人性化管理等内在感召力量。实施硬法可以兼用两类资源，其中压制性资源可以作为基本的底线保障，以强制社会成员必须遵守法律的规定。而软法的实施，则只能充分调动引导性资源，以获取社会成员的愿意遵从。引导性资源有着广泛的来源和形式，总体上讲，是国家以精神、物质、工作方法等各种非暴力资源整合形成的对社会的凝聚能力。引导性资源是一种内在的引力，它构成保障法实施的根本性基础，以引导性资源实现法的实施，是法实施的最高最优境界，因为它是基于社会成员主动追求、积极响应而非违背意愿所达成的和谐实施。对目前制定的低碳软法的内容加以观察，我们可以发现引导性资源所得到的运用，这主要是以物质利益类的引导性资源（包括智力成果和服务等）作为实施保障。这类低碳立法很少以惩罚性法律责任来保障实施（有的惩罚性规定只针对政府自身而不针对社会公众）。其保障实施的主要方法是对达成法定目标者给予

---

① 参见罗豪才、宋功德《认真对待软法——公域软法的一般理论及其中国实践》，《中国法学》2006 年第 2 期。

一定的物质利益奖励或资金政策优惠等，以提高其守法的积极性，增强其采取低碳行动的动力。如环保部制定的《主要污染物总量减排考核办法》规定，"对考核结果为通过的，国务院环境保护主管部门会同发展改革部门、财政部门优先加大对该地区污染治理和环保能力建设的财政支持力度"①。《山东省节能奖励办法》规定，对每个节能突出贡献单位、企业奖励100万元，对重大节能成果每项奖励100万元，对优秀节能成果每项奖励5万元。②《北京市节能减排奖励暂行办法》、《广东省节能奖励试行办法》等都有类似规定。国务院有关部门曾颁布《节能低碳技术推广管理暂行办法》，该规章旨在加快节能低碳技术进步和推广普及，引导用能单位积极采用先进适用的节能低碳新技术、新装备、新工艺，从而促进能源资源的节约利用，有效缓解资源环境压力，减少二氧化碳等温室气体排放。③该《办法》主要通过无偿的技术推广服务、资金支持以及开展培训等方式作为实施的引导性资源，而非依赖强制、处罚的方法。而《中国清洁发展机制基金有偿使用管理办法》、《中国应对气候变化科技专项行动》等，则主要通过基金合理使用、增加对科技的投入、加大对气候变化科学研究与技术开发的资金支持、加强科技基础设施与条件平台建设等物质资源来引导社会积极开展低碳行动。

但是，在软法的制定中如果依赖单一的物质利益类引导性资源作为实施的保障还是不够的，一方面，物质利益类引导性资源需要巨大的财力支持，其在持续性和广泛性上难以保证；另一方面，单一的物质利益诱导也易于使社会成员形成唯利是图的观念，践行低碳活动从本质上讲，是造福社会、造福人类、造福未来的公益事业，这就不能仅以个体短期获得物质利益作为驱动。除了必要的物质利益供给之外，还需要挖掘更为多元的引导性资源来作为实施的保障。

三　引导性资源的充分开发

行政立法在制定低碳软法时，应当充分重视相关引导性资源的准备，

---

① 参见《主要污染物总量减排考核办法》第9条规定。

② 参见《山东省节能奖励办法》第14条规定。

③ 参见国家发展和改革委员会发布《节能低碳技术推广管理暂行办法》，《再生资源与循环经济》2014年第2期。

以保障软法出台后的有效实施，这可以从立法内容、立法方法、政府公信力、执法方式和守法宣传等多个方面来开发和运用。

（一）立法内容作为引导性资源的运用

对于软法而言，良好的内容是其能得以有效实施的重要前提。如果在立法中，软法的制定就注重对引导性资源进行文本配置和制度供给，全面地提供精神资源、物质权益资源和行为模式资源等，将获得广大公民源自自身利益需求和内心服从的自觉遵守，从而就能有力保障软法的顺利实施。

1. 在精神资源层面，软法在内容上应凸显社会成员共同追求的理想目标、价值取向和道德伦理，能满足其成员的共同利益诉求或能公平处理好他们之间的利益关系等。它是一个社会核心价值体系和核心价值观对社会成员的高度凝聚力的集中体现。承载社会共同体基本的、稳定的、共同的理想追求和价值取向的核心价值观念，是人们的共同"精神家园"。有学者曾指出：核心价值观作为社会成员的所有价值观念中的内核，"它的成型和系统化，必将成为社会成员共同遵循和维护的行为规则，潜入社会成员的思想和心灵深处，进而作为社会成员的价值传统和文化精神长期稳定下来，发挥代代相传的价值传递效用"。[①] 不难理解，在一个国家中，通过传承和沉淀出来的核心价值观，将对社会成员起到强大规范作用，构成法律中的精神引导力量，有助于法律得以普遍遵守。习近平总书记最近提出的"走向生态文明新时代，建设美丽中国"[②]，就是引导全国各族人民实现中华民族伟大复兴中国梦的共同理想。2015 年 4 月出台的《中共中央、国务院关于加快推进生态文明建设的意见》明确提出"使生态文明成为社会主流价值观"，这一价值追求已成为全党全国各族人民的共同愿景，构成了建设低碳社会、推进低碳发展的政治思想和道德伦理基础。在当代中国，面对节能减排约束趋紧、环境污染严重、生态系统退化、发展与人口资源环境之间的矛盾日益突出的紧迫形势，建设生态文明，实现可持续发展，建设美丽家园，造福子孙后代，是全体人民的长远利益、根

---

① 刘铮、刘新庚：《社会主义核心价值观实现路径探索》，《求索》2011 年第 9 期。

② 周生贤：《走向生态文明新时代——学习习近平同志关于生态文明建设的重要论述》，《求是》2013 年第 17 期。

本利益、共同利益所在。在低碳软法制定过程中，应当自觉运用这一精神性资源来赢得民心，顺应民意，凝聚民力，使得低碳观念在社会成员中落地生根，成为社会成员自觉遵守和自发维护的行为准则。

2. 在物质权益资源层面，软法的内容要满足社会成员正当的物质权益需求，在立场上是为民谋利，在结果上有分享权益的实惠。这要求软法制定时必须有充分的利益资源准备，充分统筹物质利益资源，使之在社会中得到公平配置，赋利于民，实现社会成员的一定利益期待。换言之，对公民利益的尊重、保障和合理诱导是增加公民对法律规范的认同感并促使其遵守的一个重要条件。有学者基于实证数据的回归分析指出，公民环保意识和个人利益实现的差异性大小与意识转化行动之可能性呈反相关关系。即，环保意识与利益实现差异越大，意识转化为行动的可能性越低。① 这也就是说，在促使人们由低碳意识转变为低碳行为中，满足必要的个人利益需求就能大大增加可能性。由此，低碳软法的制定在内容中应当有充分的物质权益的资源准备，包括提供资金支持、政策优惠、实施奖励、给予补贴等，通过赋利于民来促使社会成员积极采取低碳行动。

3. 在行为模式资源层面，软法所设置的行为规范应充分吸收、尽量接近社会成员业已形成的行为模式，如在经济活动往来、文化礼仪交流、社会生活交往中形成的公序良俗。② 这些行为模式是社会成员在漫长的历史演化和生产生活中，经过"物竞天择"和调整适应而逐渐形成的被实践反复证实有效、可行的理性范式，其对社会成员具有高度的可复制性和可传递性，会被共同体成员自发地继受和传承，对共同体成员具有高度的可接受性。英国哲学家柏克认为，传统是"人类智慧的结晶"和"社会秩序的基础"，在这里，柏克所称的"传统"在范畴上至少包含了人们社会生活中长期形成的公序良俗。③ 特定国家、特定民族或特定社会共同体中长期形成的公序良俗，本身就是成员高度认可接受的实然规则，对软法

---

① 参见刘晓钟《节能补贴政策下我国家庭家电更换决策及实证研究》，硕士学位论文，西南交通大学，2014 年，第 39—40 页。

② 需要说明的是，这里指涉的公序良俗仅指不具有实体强制力的社会规范，不包括那些有宗族力量、宗教力量强制保证实施的习惯法。因为后者已经具有"硬法"的特征。

③ 参见［英］柏克《法国革命论》，何兆武、许振洲、彭刚译，商务印书馆 2010 年版，第 10 页。

产生"社会实效"具有重要的规范支撑作用，或者说就是软法"事实的约束力"。如果软法在内容中提供符合某一共同体成员日常行为模式和公序良俗的规则，也就有了获得社会广泛遵守的资源保障。这提示我们，软法对低碳行为模式的设定要考虑在生活中能够方便易行，如果立法设定的行为模式完全与人们已长期形成的行为习惯相冲突，导致社会公众执行起来极不方便，徒增麻烦，这样的立法也就难以得到有效的遵守。再如，行为模式的设定应符合人们节约俭省的良俗，如果立法设定的行为模式使人们要付出过高的成本，带来较重的负担，社会成员也不会积极遵守。科技部曾编制《全民节能减排手册》来帮助公民低碳使用空调，指导大家：在夏天"适当调高空调温度，并不影响舒适度，还可以节能减排"，"如果每台空调在国家提倡的26℃基础上调高1℃，每年可节电22度，相应减排二氧化碳21千克"。① 这就是提出一种既不严重影响公民日常生活也符合节约俭省良俗的行为模式，十分易于被广大公民所接受和遵从。这类行为模式的设定，应当在低碳软法制定中得到广泛的运用。

（二）立法方法作为引导性资源的运用

立法方法对软法的实施也具有举足轻重的功用。方法是否科学直接决定软法的立法质量，立法质量又进一步影响它是否会得到普遍遵守。因此，如欲保障软法的顺利实施，立法方法的科学化亦是一种不能忽略的引导性资源。具体到低碳领域软法立法，至少应包括两方面的意蕴：

一是软法制定时要评估拟调控事项是否适宜、时机是否成熟。从软法的特点和功能讲，要求社会成员遵守的软法规范，一般都是对倡导性、可选择性、可交换性、可协商性权利义务关系的设定，因而只有国家对社会成员权益给付、协商合作、行为引导等事务的处理，才适于制定软法。

二是软法的制定应当注重开放和协商。软法以倡导而非强制的方法促使社会成员自觉遵守，就需要深入了解社会成员的真实意愿，以使其合理表达至软法规范之中。那么，软法制定的过程就应该是全面开放的、充分协商的。开放的立法过程，使社会公众有广泛和深入的参与，可以为各方表达利益提供平台。这有利于汲取多方面的见解，了解不同的利益诉求；

① 王协鑫：《浅谈小学计算机教室的低碳建设与使用》，《中国信息技术教育》2010年第10期。

也有利于充分说明理由和宣传劝导；立法内容经充分协商达成合意结果，更有利于协调矛盾，平衡各种利益关系，争取社会成员的最广泛的理解、认同和支持。软法制定上的高度民主能使之具有广泛的民意基础，最终为软法的有效实施创造有利条件。在低碳社会建设中，社会对节能减排的接受认可程度还普遍不高，不同社会主体的多元利益诉求彼此交织、复杂分化，私人利益与公共利益之间、私人利益相互之间对立法内容的主张不可避免存在分歧与矛盾。因此，低碳领域软法的制定更加要强调开放和民主，使不同的利益主体在立法过程中进行理性商谈和平等博弈，通过充分的说明理由和宣传劝导，妥善平衡各方的利益关系，积极培育参与者的低碳意识，从而为软法的实施提供广泛的民意基础和社会支持。英国的低碳立法就成功运用了这一立法方法，并取得了良好效果。在英国《气候变化法案》①的提出阶段，英国环境、食品和农村事务部（DEFRA）曾召开了一次"公民峰会"来公开征求意见，希望通过评议过程来达到对低碳生活的了解和共识。来自英国不同地区的公民代表团参加了这一系列活动。在活动开始前，只有刚过一半的参与者认为共同应对气候变化的责任"属于我们所有人"，随后，经过充分的参与、沟通和协商，在立法评议的最后阶段，持这种观点的比例则提高到了83%②；同意"有必要立刻采取行动"的百分比从开始时的65%也上升到了结束时的82%；表述"我对气候变暖已相当了解"的参与者在比例上更增加了一倍多。这表明，立法的民主化过程有利于各方增进了解、最大限度地达成共识，而此种共识将支撑该法的有效实施和普遍遵守。

（三）政府公信力作为引导性资源的运用

有效实施行政立法所制定的软法需要最大限度引导公民积极协作配合。公众的积极程度，取决于社会成员对政府的信任程度。那么，可将政府公信力作为一项重要的引导性资源予以运用。

信任是"社会中最重要的综合力量之一"③，在经济学上，信任是社

---

① 《气候变化法案》的主要内容是为英国建设低碳社会确立目标和指南，其中大部分内容属于软法规范。

② 参见［英］安东尼·吉登斯《气候变化的政治》，曹荣湘译，社会科学文献出版社2009年版，第118—119页。

③ G. Simmel, *The Philosophy of Money*, London: Routledge, 1978, pp. 178 – 179.

会资本的核心①；在法学上，诚信原则被认为是法的帝王条款。信任作为人类社会交往和社会生活规则的精华，展示了社会成员之间信任程度越高、和谐和合作程度越高的社会运行规律。对于政府与社会成员而言，政府公信力能决定社会成员对其行为的拥护程度和配合程度，这对软法的普遍遵守是十分重要的外在条件。美国有行政法学者在探讨行政程序的价值时曾指出："若人们普遍感觉政府的某一机关武断地或有失公正地作出决定，那么这种感觉可以破坏公众对该部门的信任，以及遵守其行政决定的自愿性。"② 政府因诚信问题而导致的公信力滑坡，将降低社会对软法的维护程度。软法将有可能面临既不被遵守，又无法得到强制执行的双重危机。因此，提升政府公信力是保障软法实施的重要途径，就低碳软法的制定和实施而言，政府在提升公信力上应做到：一是软法所规定的各种节能减排激励性措施必须具有可信赖性，即它们应当是稳定的、安定的和可持续的，以确保社会成员对它们的信任期待。二是政府应守信践诺，必须依法全面、及时兑现软法规定中对社会成员节能减排行为的各种权益保障或奖励。三是政府对社会成员平等、公正地适用软法规定，不得有偏私或不公平的对待。四是政府依法严格约束自身的行为，带头节能减排，为社会作出示范，以赢得社会成员的信服和拥护，从而引导全社会遵守低碳软法的规定。

（四）执法方式创新作为引导性资源的运用

作为法规范，软法虽"软"亦需执法。但它与硬法执法存在重大区别：它是在不施以强制力的情况下获得当事人的认同和服从，这就要有不同于硬法的恰当执法方式，必须突破传统的命令与服从、强制执行与被执行、处罚与被处罚的方式，创新更为多样化的方式来引导对方愿意接受，因而创新执法方式也是保障软法实施的一种重要引导性资源。对此，我国的《行政强制法》规定的柔性执法方式具有示范意义。《行政强制法》本属硬法的范畴，所规定的各种间接强制措施、直接强制措施以及行政强制执行手段，无一不是国家强制力的运用。但是，《行政强制法》中也规定

---

① 参见张维迎《信息、信任与法律》，生活·读书·新知三联书店 2006 年版，第 3 页。

② Ernest Gellhorn Ronald M，Levin，*Administrative Law and Process in A Nutshell*，West Publishing Co.，1990，p. 6.

了柔性的执法方法。以"催告履行"①和"协议执行"②为例，前者系行政强制机关对当事人不施加强制力情况下的告知与催促，后者是由行政强制机关与当事人通过协商达成约定，目的也是在不实施强制力的情况下让当事人自己履行义务。二者都是行政强制的执法创新，都是旨在通过对方乐意接受的方式达成法律的执行。这种注重人性化、调动当事人遵从接受的执法方法应当充分运用于软法执法。

依循上述路径，创新低碳软法执法，需至少做到以下三点：第一，执法方式要具有平等互动性。即，执法者以平等的身份对待当事人，充分进行交流沟通，这一方面强调了当事人的人格尊严，人格上的平等和尊重，是人与人之间相互关爱的最高境界，基于人格尊严的软法执法，容易消除隔阂和抗拒感，增强亲近感；另一方面有利于执法充分说明理由，达成劝导说服，也便于听取和采纳当事人的合理意见，使当事人愿意遵从。第二，执法方式要增强协作的内容，减少命令的方式。一方面，软法中的命令式执法，只有在得到当事人服从时，才会产生法律效果。如若当事人不服从，该执法方式因无效而失却意义。因此，应当尽量降低其在软法实施中的比重。另一方面，软法执行应更多地运用协商、合同、协议等方式，争取当事人对执法的认同。在低碳领域，国家发展和改革委员会公布的《节能中长期专项规划》明确提出"要推行包括节能自愿协议在内的以市场机制为基础的节能新机制"，并制定了节能协议的国家标准《节能自愿协议技术通则》（GB/T 26757—2011）。这种以行政合同来落实当事人低碳义务的做法，对于行政机关来说就是一种协作性的执法方法，可以在软法的执法方法中广泛运用。第三，执法方式应灵活多样。软法一般不具有严格的羁束性，因而执法方式就可以有一定的自由空间和灵活度，执法机关应创造多样化的执法方式，因人、因事灵活运用，避免"一刀切"，以能达成实质正义为基本目标。例如，考虑当事人所遇到的困难，在可能的条件下，可提供多种选项让其有选择的空间；当某种单一处理方式会致使

---

① "催告履行""是指行政机关启动强制执行程序后，对依据行政决定负有未履行义务的行政相对人发出通知，催促行政相对人在一定的期限内履行义务，并且就不履行义务的后果作出警告"。参见袁曙宏主编《行政强制法教程》，中国法制出版社2011年版，第104页。

② "执行协议"是行政强制执行机关在一定条件下与当事人协商达成协议，并由当事人自己按协议履行义务的方式。

当事人损失时，可并行采取其他弥补性方式进行一定的利益补偿等。

（五）守法宣传教育作为引导性资源的运用

软法的有效实施与社会成员的守法意识及自律水平密切相关。软法仰赖社会成员自觉遵守，这对他们提出了更高要求。循此，政府应加强对其成员守法宣传教育，这自然也构成了软法实施的引导性资源。《中共中央关于全面推进依法治国若干重大问题的决定》提出：要"推动全社会树立法治意识。坚持把全民普法和守法作为依法治国的长期基础性工作，深入开展法治宣传教育，引导全民自觉守法、遇事找法、解决问题靠法"。守法宣传教育可以帮助公民形成信仰法律的观念和依法办事的习惯，这对软法得以遵守具有基础性引导作用。目前我国所制定的低碳领域的软法，大多都是在短期内为应对气候变化而及时出台的规定，但相应的守法宣传教育还不充分。为此，保障低碳领域中软法的有效实施，还需要在全社会广泛开展低碳建设的法治宣传教育。这必须切实做到：第一，以多种形式使广大社会成员知晓：低碳软法所提出的低碳要求关切到大家的共同利益、根本利益和长远利益，全社会积极开展节能减排具有紧迫性。如可以通过警示性宣传，展示和告诫气候变化所带来的严重后果，促使公民认识节能减排从我做起的必要性；通过体验性教育，让人们身临其境地体验能源短缺、环境恶化的风险，增强人们对节能减排紧迫性的认知程度和行动意愿；通过示范性引导，弘扬和表彰模范遵守低碳立法、在节能减排、生态文明建设方面作出突出贡献的先进人物和事迹，以此引导广大公民的行动。第二，软法由于一般不实施国家强制力，其有效实施要求社会成员有较好的守法意识和自律水平，两者之间存在着很强的正相关关系，因此，某一低碳软法在制定时，应充分衡量其实施场景中所面对的成员的守法意识和自律水平。只有当大多数成员的守法意识和自律水平与软法所规范内容相匹配时，时机才成熟，才能够保障低碳立法得以顺利实施。第三，要对广大公民进行必要的法律知识宣传，使他们了解，无论法规范的表现形态是硬法还是软法，都是人民意志的体现，都是国家制定的应当遵守的行为规则。遵纪守法应当成为现代社会公民的基本素质和起码的道德伦理，每个人都要"以遵纪守法为荣、以违法乱纪为耻"，而不应该是基于被国家强制或惧怕处罚才消极遵守。

总之，在低碳建设领域，要使软法得到社会成员的广泛遵守，必须是

全社会有共同精神认同、利益认同、方式认同以及与社会成员守法意识相
适应的软法，这需要在制定时就充分开掘和运用软法实施的各种引导性
资源。

第三节　低碳领域的行政立法应充分运用联合立法的模式

一　我国行政立法的基本模式

"立法模式是指立法主体创制法律的惯常进路，以及在整个立法过程
中的以先前惯例为参照进行立法活动时所遵循的原则性标准。"[1] 根据行
政立法主体及运行方式，一般分为单独制定模式和联合制定模式。单独制
定模式是一个行政立法机关就其职权范围内的事项单独制定行政法规、部
门规章和地方规章的方式；联合制定模式是指两个以上的行政立法机关就
涉及两个以上行政立法机关职权范围的事项联合进行立法。根据《立法
法》第 81 条[2]的规定，目前我国的联合行政立法，仅指对涉及两个以上
国务院部门职权范围的事项，由国务院有关部门联合制定规章的立法
活动。

在低碳领域的行政立法中，这两种模式都得到了运用，但单独制定的
模式是普遍运用的模式，联合立法比较少见，也只限于中央部门规章而不
涉及地方政府规章的制定。[3] 考察目前低碳领域由中央部门和地方政府各
自单独制定规章的现实情况，可以发现尚存在一些问题。

（一）立法内容大量重复

这一现象存在于中央部门规章（包括相应级别的规范性文件）之中，
更多的则是反映在各地方政府的规章中。如原铁道部发布的有关《铁路
实施〈节约能源法〉细则》和交通部发布的有关《交通行业实施〈节约
能源法〉细则》在内容上有大量表述相同或相似之处，对重点用能单位

---

① 王春业：《区域行政立法模式研究——以区域经济一体化为背景》，法律出版社 2009 年
版，第 3 页。
② 参见《中华人民共和国立法法》第 81 条规定。
③ 如专门冠以"低碳"字样的《低碳产品认证管理暂行办法》，清洁生产领域的《中国清
洁发展机制基金管理办法》、《中国清洁发展机制项目运行管理办法》等都是由部门联合制定的
行政立法文件。

的确定标准完全一样，都规定为"年综合能耗总量 5000 吨标准煤以上的用能单位"，体现不出对不同行业所应当具有的不同针对性。再如，工业与信息化部发布的《关于进一步加强中小企业节能减排工作的指导意见》与国家发展和改革委员会更早作出的《关于做好中小企业节能减排工作的通知》有许多内容上的重复，如充分认识中小企业节能减排的重要性和紧迫性、指导思想和工作目标、促进服务业和科技型中小企业发展、优化产业结构和健全节能减排服务体系，以及探索污染集中治理模式等，在一定程度上，前者是将后者的有关要求从宏观到微观地再次表述了一遍。

在地方政府的规章制定中，相互照搬等现象更为普遍。如自国家颁布《清洁生产促进法》和国务院制定《公共机构节能条例》后，各地方几乎都制定了本省、市的清洁生产"实施意见"、"实施细则"以及公共机构节能的规定，但其基本框架、内容甚至文字都大体相同，许多都是对上位法或兄弟省市同类规定的照套。立法内容的大量重复显然是立法成本的极大浪费，其本身也不符合低碳的要求。

（二）立法内容有冲突或不能衔接一致

单独制定模式是由某一部门或地方政府各自制定规章，各行政立法机关往往从自身角度或利益考虑，难以顾及与其他各种同级相关立法之间的衔接关系。如有学者曾分析指出，在《煤炭法》为统领的煤炭立法领域，《煤炭生产许可证管理办法》、《煤矿安全监察条例》、《关于预防煤矿生产安全事故的特别规定》等行政立法的主旨是煤炭生产安全、煤炭管理经营、矿区保护及监督管理等方面，对于煤炭资源的可持续发展、绿色低碳发展等则基本没有涉及①，这与其他能源领域的立法主旨是不相衔接的。地方政府针对同一事项的同一位阶行政立法则发生标准、内容不一致的情况。例如，同属环渤海经济区的天津市和北京市，在各自政府规章制定中对地热资源这一新型能源的规定却是不一致的。《天津市地热资源管理规定》第 2 条规定地热资源"是指埋藏在本市地面以下地壳内岩石和流体中能被经济合理地开发出来的热能，包括蒸气型、热水型、地压型、干热岩型和岩浆岩型五种类型。其中热水型地热系指流温在 40℃ （含 40℃）

---

① 参见杨解君《当代中国能源立法面临的问题与瓶颈及其破解》，《南京社会科学》2013年第 12 期。

以上的地下热水"。而《北京市地热资源管理办法》第 2 条则规定 "是指埋藏在地面以下岩石和流体中的热能,包括热水型、蒸气型、地压型、岩浆岩型和干热岩型五种类型。其中热水型地热是指湿度在 25℃ 以上（25℃）的基岩水和天然出露的温泉"。这两个标准应当说是不同的。两个紧密相邻,且地理、气候等自然条件相同的城市对热水型地热所规定标准不一致,其后果将直接产生相互之间的利益矛盾:如对于蕴藏在两市交界地带的热水型地热,或者流动于两市区域之间的热水型地热,因标准各有高低在开发利用的数量和力度上就会不同,其中开发标准设定更高的一方就会有自然资源使用上的利益损失。同时,这种标准不一的规定,对两地有关地热开发企业也会形成不平等的对待。

上述问题的产生,与低碳要求所具有的全面性、开放性、共时性等特点和行政立法上单独制定模式的相对单一性、封闭性之间的矛盾有一定关系。低碳建设的总体目标是降低大气中二氧化碳排放量,而大气作为自然生态系统客观上是不受行业、区域限制的,治理大气、降低二氧化碳排放量全局性、系统性的活动,各行业、各区域同步联动开展,这一相关立法上,必须突破各自行政部门或行政区域的界限。同时,低碳建设涉及的问题非常广泛、复杂,几乎涵盖了社会生活的各个方面,而且又有密切的相互关联性。不同行政立法主体因专业或地域管理的分工不同而具有不同的权限范围,形成了立法上各自分立的格局,而这与低碳社会建设事项的系统性和关联性并不完全适应。如果就低碳问题各立炉灶都作立法规定,必不可少地会出现大量原则性条款、基本框架等都重复、雷同,甚至是相互照搬的 "套话";而在一些具体问题的规定上则相互冲突或不能照应、衔接。

基于低碳要求在客观上的全局性和开放性,相关行政立法有必要探索拓宽和广泛运用立法主体加强联合立法的模式来解决上述问题。

二　低碳领域联合行政立法的必要性

在低碳领域联合进行行政立法,是指针对涉及共同性或跨部门、跨区域的低碳事项时,具有相应立法权限的主体进行联合立法并共同加以适用的行政立法模式。在中央,由两个以上的部门联合制定规章是有《立法法》依据的,也有大量立法实践,它并未改变我国现有的行政立法权限,目前要探索的是如何能在低碳领域更为广泛有效地运用。在地方,由两个以上的同级的具有规章制定权的政府联合制定跨区域的规章尚无法律依据，但已有大量区域法制协作的理论研究①，也有一些相关立法试验性探索②。这种新的联合行政立法模式在低碳领域尤为需要推行运用。

加强部门之间的联合立法有利于将目的相同、内容相近的低碳规制事项进行整合，以共同制定的一部规章作出整体规定，这能最大限度地节省由各部门分别制定同类或同样规章所耗费的总体立法成本。各部门在同一部规章的具体组织实施上，只需要就涉及本部门工作内容发文作细节性、专业性问题的安排，省去各自制定规章时按固有立法文本格式必须表述的立法目的、原则等总则性、通用性内容，因而会减少大量的重复规定。同时，联合立法是通过各有关部门充分沟通互动，考虑了行业特点、融合了专业知识、协调了各方利益后的产物，能大大减少各自制定规章时发生的相互冲突或不衔接协调的现象，既优化了立法内容，也可尽量避免日后实施执行中产生的矛盾或漏洞。

加强相关地方政府之间规章制定的联合立法，在大大节省总体立法成本和避免立法内容相互冲突上与部门之间联合立法具有相同的必要性，对此无须赘言，但其意义还远不限于此，因为它还特别有利于对流动于不同

---

① 相关的专著与论文包括：王春业：《区域行政立法模式研究——以区域经济一体化为背景》，法律出版社 2009 年版；叶必丰：《区域经济一体化的法律治理》，《中国社会科学》2012 年第 8 期；陈书全、吴静：《区域经济一体化背景下跨区域行政立法模式研究》，《中国海洋大学学报》（社会科学版）2011 年第 1 期；饶常林、常健：《我国区域行政立法协作：现实问题与制度完善》，《行政法学研究》2009 年第 3 期；王春业：《论经济区域内行政立法一体化及其路径选择》，《中南民族大学学报》（人文社会科学版）2009 年第 6 期；王轩：《区域行政立法研究》，中国政法大学 2010 年博士学位论文等。

② 例如，为了实现东北三省之间行政立法资源共享、降低行政立法成本、提高行政立法质量，黑龙江、辽宁、吉林三省于 2006 年签署了中国首个区域性行政立法协作框架协议——《东北三省政府立法协作框架协议》，三省政府立法协作主要采取了三种方式：紧密型协作、半紧密型协作和分散型协作。对于政府关注、群众关心的难点、热点、重点立法项目，采取紧密型协作方式，三省成立联合工作组；对于共性的立法项目，采取半紧密型联合方式，由一省牵头组织起草，其他两省予以配合；对于三省共识的其他项目，由各省根据本省实际，条件成熟急需制定的，独立进行立法，立法结果三省共享。几年来，围绕促进东北振兴的主题，在科技进步、装备制造业和非公经济发展、农民工权益保障等方面促成了 22 个立法项目，打破了地区封锁，维护市场统一，促进资源优化，加快区域协调可持续发展。再如，江苏省、浙江省与上海市于 2007 年签署了《苏浙沪法制协作座谈会会议纪要》，明确了通过立法统一，协调区域经济社会共同发展的指针。

区域的大气在污染防治上广泛开展行政区域之间的合作共治。数个地理位置紧密相邻的行政区域的地方政府，或者数个达成某项区域一体化建设共同目标的地方政府，在相关低碳规制事项上联合制定规章并共同适用，比各行政区域分割进行行政立法将更有治理优势。大气资源所具有的流动性使之不可能固定在某一领域，空气污染的发生地与危害的结果地经常会不属同一个行政区域，许多水资源的情况也同样如此。这就迫切要求各相关行政区域进行合作治理。在低碳规制上，一方面要统一标准、统一行动，另一方面还要优势互补、均衡利益。若由各行政地区域自行制定仅限于本区域的行政规章，彼此间缺乏沟通和协作，势必发生各种矛盾，更不利于全面展开低碳建设。低碳建设的整体性、共时性呼唤着区域之间的合作共治，近期在国家层面出台的"京津冀"环保方案、长江三角洲经济区的太湖流域的水污染治理等，都体现了这一要求，由此也对地方政府之间联合开展行政立法，制定内容协调一致、能在相关区域内统一、公平实施的政府规章提供了必要性与可行性。

三　加强联合行政立法的基本思路

在低碳领域开展联合行政立法包含中央和地方两个层面。

（一）中央层面的联合行政立法

在中央层面，我国已有部门联合制定规章的法律依据和实践，但运用并不普遍。在低碳行政立法领域，由于低碳事项的全局性、综合性强，涉及各领域，共同性、关联性问题多，部门的联动程度高，除需提请国务院制定行政法规之外，今后应加强并更多地开展部门之间对行政规章的联合制定，尽量减少单一部门各自所做的重复性、同类性规定。

我国《立法法》第 81 条[①]是中央各部门联合制定规章的法律依据，根据该条规定，对涉及两个以上部门权限范围的事项，既可提请国务院制定行政法规，也可联合制定规章。行政法规是位阶更高的法规范，针对全局性、综合性的事项，立法过程相对更长。提请制定行政法规有两个标准：一是职权交叉标准，即立法事项涉及两个及以上部门的职权范围，因

---

① 《立法法》第 81 条规定："涉及两个以上国务院部门职权范围的事项，应当提请国务院制定行政法规或者由国务院有关部门联合制定规章。"

而具有综合性;二是条件成熟标准,这一标准源自《规章制定程序条例》第 8 条[①]。从某种意义上说,后者更为重要。那么,这也确立了部门制定联合规章的适用标准,即职权交叉标准和应急性标准,前者仍是立法事项涉及两个及以上部门的职权范围,后者则是在制定行政法规的条件未成熟时,为及时应对新问题、新情况,先行制定行政规章进行调整和规制。据此,凡符合上述两个标准的立法事项,都应当由相关部门之间联合制定规章。在这里,职权交叉标准应当从严把握,它不仅是指立法事项直接属于不同部门之间的职权交叉管理范围,而且还包括一个部门对该事项的决定在后果上可能影响另一部门职权的正常行使,或者对该事项的决定会与另一部门的职权行使相衔接等情况。

鉴于联合行政立法模式涉及两个以上行政机关的共同立法,为了保证质量,有必要建立部门之间联合立法的长效合作机制。这种合作机制首先要求在组织体系上成立专门的部门联合立法协调机构,由各部门的法制机构派人共同组成,形成一个固定的合作平台,使其制度化、稳定化,而不应采取目前因有某个联合立法任务而临时抽调相关部门人员参与的工作方法。部门联合立法协调机构要定期召开有关联合立法工作的全体会议,通报各部门立法规划和计划,尤其是涉及需要联合立法的项目,充分交流立法经验,研究相关立法问题,确立联合立法任务等。在涉及具体联合立法的事项时,则根据需要召开相关部门代表的专门工作会议,开展具体的联合立法工作。此外,还需要建立部门之间立法信息资源的共享机制、协商机制、征求意见与咨询机制等。

(二) 地方层面的联合行政立法

在地方层面,开展低碳联合行政立法尚是一项值得探索的工作,因为我国法律尚未对这类地方层面开展的低碳联合行政立法作出明确规定。但鉴于低碳事项的全局性与综合性,往往超出了某一行政区域的管辖范围,需要地方政府加强合作,通过低碳区域联合行政立法的模式实现对低碳事项的全面有效规制。

1. 地方政府之间跨区域开展低碳领域联合行政立法的合法性基础。

[①] 《规章制定程序条例》第 8 条规定:"涉及国务院两个以上部门职权范围的事项,制定行政法规条件尚不成熟,需要制定规章的,国务院有关部门应当联合制定规章。"

地方政府跨区域的联合立法要打破现有的行政立法区域划分，这不同于传统的地方政府单独制定规章的行政立法模式，但从法理和立法权限上讲，是具有合法性基础的。

从权限上讲，开展联合行政立法的地方政府，各自本身都拥有规章的制定权，这是我国《宪法》、《组织法》和《立法法》等法律明确授予的行政立法权限。他们进行联合行政立法，不发生立法主体、立法权限、立法事项等体制上的改变，只是立法权的运用方式发生了一定的变化，即将各自的立法权联合起来行使。同时，这种立法权运用方式的变化也是现实的需求，而且这类需求具有相关法律的支撑，如修订后的《环保法》第15条就规定，要建立跨行政区域的环境污染和生态破坏"联合防治协调机制"①，这虽不是明确的地方政府之间进行联合立法的规定，但跨行政区域的"联合防治协调机制"自然也提出了可以通过跨行政区域联合行政立法的方式来加强和落实"统一规划、标准、监测，实施统一的防治措施"。

2. 在低碳领域联合行政立法的关联性条件。地方政府间联合进行行政立法需要具备一定的条件。从现实性、可操作性及效能性的角度来讲，跨区域的地方政府开展低碳方面的联合行政立法通常是相互之间具有紧密的关联性。这种关联性主要表现为：一是相关地方政府对某一领域具有相连接的管辖权。这在水资源保护、空气污染治理等领域表现得最为明显。从自然属性上看，水资源等具有流动性，往往跨越不同的行政区域，因而在对其治理与保护上，水资源流经地的地方都具有管辖权，这就形成了相关地方政府对该领域的共同性的管辖权。如太湖流经江苏、浙江与上海，在对其共同保护上，三地政府都具有对流经本辖区的太湖水域的监管职责，为此，江苏省专门颁布了《江苏省太湖水污染防治条例》，浙江省则在《浙江省水污染防治条例》中规定了对太湖水域进行监管与保护的制度，但上海市尚未出台专门的规定。对此，三地政府完全可以借助联合制定地方政府规章的形式来共同治理，充分发挥治理上的合力。二是相关地方政府对某一事项具有密切的利益关系。如我国目前存在的长江三角洲经

___

① 《环保法》第15条规定："国家建立跨行政区域的重点区域、流域环境污染和生态破坏联合防治协调机制，统一规划、标准、监测，实施统一的防治措施。"

济区、泛珠江三角洲经济区、环渤海经济区等,在经济区域内的各地方呈现出产业合理布局、能源资源有效利用、生态环境保护协调配合等经济发展一体化的趋势,由此形成了共同的利益关系。对此,各地方如果各自单独立法,就易于造成规定上的不相一致或"碎片化"问题,不能协同发展。这就需要通过联合立法的模式来妥善处理。三是相关地方政府在地理区位上紧密相邻。这是指不同行政区划的地方政府在地理条件上有依邻关系,根据共同的环境治理、能源资源保护和有效利用以及管理、执法配合等需要,也可以积极开展相关事务的联合行政立法。

凡是有上述情形的地方政府之间,都有条件积极广泛开展低碳联合行政立法。而其他不具备相应条件的地方政府,则可以根据本地实际情况和特点因地制宜地进行各自单独的行政立法,走符合自己特色的低碳发展之路。

3. 低碳联合行政立法的层级与形式。根据现有的区域法制协作的实践,目前区域性行政立法主要限于省级政府层面,采取的合作形式是通过联席会议共同制定行政协议而非正式的行政规章,这还可以进一步推进和发展。对于有规章制定权的设区的市级地方政府,就低碳社会建设中的跨界水域协同保护、跨界空气污染协同治理等事项,基于共同利益和共同职责,也应积极开展联合行政立法。在立法形式上,目前地方政府之间通过联席会议制定行政协议的形式,可以说还只是低碳联合行政立法的一种前期探索。地方政府之间的行政协议还不是标准的行政立法,其法律效力偏弱,所约束的只是协议缔结主体——区域内的行政机关,并不直接设定相对人的权利义务。[①] 此外,行政协议多为原则性的规定,在对具体事项的规范性和适用性上远不能达到法律规范所具有的调整效果。因此,有必要将地方政府之间的行政协议逐步发展到联合制定规章这一法规范的形式,形成更强的稳定性、规范性、执行性和强制力。

4. 低碳区域联合行政立法的程序。区域间的低碳联合行政立法可以依托现在比较成熟的相关地方政府行政首长定期会晤机制或者联席会议制度,对那些需要共同立法解决的低碳事项予以交流、商议并达成一致意

---

① 参见叶必丰主编《行政协议——区域政府间合作机制研究》,法律出版社 2010 年版,第198 页。

见。地方政府间的联合行政立法基本依照目前的行政规章制定程序进行，但又需要增设一些联合制定的程序环节：

在立法规划编制阶段，各地方政府编制各自立法规划时，需要确定属于区域联合立法的项目，并就这类项目通过地方政府的联席会议制度达成联合立法的共识，形成共同的立法工作任务。

在立法起草阶段，需要协商确定由某一地方政府负责牵头进行立法起草工作，或者由各地方政府分别承担立法起草任务，最后再组织会议集中修订完善。也可以由各地方政府派员共同成立专门的班子进行立法起草工作。

在审查阶段，由各地方政府的法制机构先进行审查或审核，并对立法草案作出修改意见，然后相互交流、通报审查或审核结果，在协商一致的基础上形成行政规章立法送审稿。

最后，在审议通过阶段，联合制定的地方政府规章应先由各地方政府依立法职权分别通过，以确立其规章的法律地位和效力，然后报地方政府的联席会议达成共同一致认可的决议并共同签署，使之适用于各地方政府所辖的区域范围。地方政府联合制定的规章通过后，还需要备案。根据《立法法》第 98 条第 4 款规定，地方政府规章除向国务院备案外，还应当同时报本级人大常委会备案。

5. 低碳区域联合行政立法的效力等级。与地方单独制定的地方政府规章效力相比，参照《立法法》对国务院部门联合制定的部门规章的效力界定，地方政府联合制定的规章效力优于各地方政府单独制定的规章。这决定了各地方单独制定的规章如果与联合制定的规章有内容上的冲突，应以联合制定的规章为基准进行修改，或者只能适用联合制定的规章。但是，地方政府联合制定的规章在法律效力的位阶上低于本区域的地方性法规。

第 六 章

改善低碳规制的行政许可

第一节　行政许可在低碳社会建设中的作用

一　行政许可对实施低碳规制的特有功能

低碳社会建设事关我国经济社会的可持续发展，与国人的福祉密不可分，因此每一社会主体都有责任积极参与低碳社会建设。其中政府要发挥统筹、引领和强有力的规制作用，行政许可作为行政机关一种重要的行政规制方式，其在控制碳排放、促进绿色发展上有着独特的优势与功能。行政许可具有筛选准入的事前控制功能与事中的动态调整功能，因而既可以许可来支持推行节能减排活动，又可以不许可来禁止能源资源耗费和高碳排放行为，是政府充分发挥低碳规制作用的一种重要手段。行政许可在低碳社会建设中的特有功能和优势体现在以下方面：

（一）筛选和过滤功能

根据我国《行政许可法》第 2 条规定，行政许可是指行政机关依法审查行政相对人的申请并准予其从事特定活动的行为。因此，行政许可在本质上是一个市场准入的问题，其价值就在于通过法定审查实现对不同市场主体的筛选和对不适格市场主体的过滤功能。在低碳社会建设的语境下，行政许可的首要作用是在准入环节上实现对将要开展非低碳化行为的市场主体的排除，实现"拦截"效应。

根据我国《循环经济促进法》第 19 条规定，如果将要从事工艺、设备、产品及包装物设计的市场主体不符合减少资源消耗和废物产生的要求或有关国家强制性标准，则其自然无法得到有关国家机关的许可，是不可能开展市场经营行为的。此外，《循环经济促进法》第 22、23 条也体现了行政许可在低碳社会建设中的筛选和过滤功能。

（二）动态调整功能

行政许可的首要作用是在准入环节上实现对将要开展非低碳化行为的市场主体的排除，但这仅是把具备开展低碳化行为条件的市场主体保留了下来，至于其获得许可后是否能够始终按照低碳化的要求从事生产和经营活动则存在一定的不确定性。这就需要行政机关对已经作出的行政许可进行动态的调整。《行政许可法》第10、49、61、62、64、65、66、67、69条均体现了行政许可的动态调整功能，表现为行政许可的变更、暂扣或吊销许可证等多种形式。

具体到低碳社会建设，行政许可的动态调整功能可以通过以下途径来发挥作用：（1）许可变更。根据《行政许可法》第49条的规定，对于被许可人提出的不符合法定条件和标准的许可变更申请，作出许可决定的行政机关是不能予以批准的。例如，根据我国《环境保护法》第10条的规定，建设项目中的防治污染设施应当与主体工程同时设计、同时施工、同时投产使用，这是为了控制建设项目中可能产生的污染。为此，企业的污染防治设施应与其生产能力、规模相匹配。如果一企业出于增加利润目的而扩大经营范围和规模（须申请变更许可），但其并未相应提高污染防治设施防治污染的能力，行政机关自然不能作出准予变更许可的决定。在这一过程中，行政机关通过作出是否准予变更许可的决定，实际上发挥了行政许可的动态调整功能，实现了对可能开展非低碳化行为的市场主体的第二次"拦截"。（2）吊销或暂扣许可证。吊销或暂扣许可证是我国《行政处罚法》规定的一种行政处罚形式，它也是行政许可动态调整功能的体现。例如，为了减少和控制污染，我国《循环经济促进法》第51、53、54条规定了吊销或暂扣许可证。通过吊销或暂扣许可证，行政机关可以取消或暂时中止已经开展非低碳化行为的市场主体的资格，从而实现对非低碳化行为的控制。

二　现有行政许可在低碳理念上的欠缺

行政许可是行政主体推进低碳社会建设的一种重要手段，且具有其他行政行为难以替代的独特功能和优势，因此应充分发挥行政许可在低碳社会建设中的作用。但目前我国的行政许可法律制度还缺少低碳理念，其立法宗旨、基本原则以及行政许可的设定、实施等环节都缺少低碳理念的指引。此外,现实中存在的行政许可设定过多过滥,许可手续重复冗杂,既给行政相对人带来了许多不必要的负担,也极大背离了低碳行政、低碳社会的要求,削弱了行政许可活动自身及其在引导、规范行政相对人从事低碳行为的功效。

行政许可制度要适应"低碳时代"的要求,提供低碳许可的制度规范,必须在行政许可法律制度中注入"低碳"理念,从立法宗旨、基本原则、审查标准等层面贯彻"低碳行政"理念。① 但就我国目前《行政许可法》来看,其并未树立低碳行政价值理念:一是《行政许可法》立法宗旨缺乏低碳价值导向。尽管根据《行政许可法》第1条规定,行政许可法律制度立法宗旨之一为"维护公共利益和社会秩序",但此后全国人大常委会并未行使解释职权、国务院也未出台相应实施细则对其进行解释,何为"公共利益"、"社会秩序",其是否包含促进环境保护和低碳发展的公益均不得而知。由此导致的后果是违背低碳行政原则和标准的大量行政许可在实践中出现。二是《行政许可法》的基本原则欠缺低碳理念。按照《行政许可法》第4、5、6条以及第8条的规定,行政许可制度遵循许可法定原则,公开、公平、公正原则,便民高效原则以及信赖利益保护原则,然而这些传统的行政法原则只能督促行政许可活动符合公平、正义等最低限度的法律理性,其明显无法回应全球性气候变化背景下的风险预防挑战,也无法满足当代政府促进低碳经济发展和低碳社会建设的新型职能要求。三是《行政许可法》审查法定条件缺乏低碳标准。我国《行政许可法》第38条原则性规定准予行政许可的条件为"申请符合法定条件、标准",对于"法定条件"是否包含环保、节能减排、防治污染、促进生态平衡,全国人大常委会及国务院并未进行立法解释或制定实施细则予以明确。由此,大量不符合低碳标准的申请被准予行政许可,行政许可作为事前规制方式在预防环境风险、促进低碳发展方面所具有的优势与功能未能有效发挥。

从行政许可的实践来看,同样反映了上述问题。这表现为:

首先,从行政许可的设定来看,一些无设定权的机关为追逐审批利益

① 方世荣、孙才华:《论行政法的"低碳"理念》,《求实》2010年第12期。

以 "部门规章、文件等形式违反《行政许可法》规定设定行政许可"①，造成行政许可过多过滥，一方面维持行政许可运作的公共行政系统自身就是一个巨大的能源消耗和碳排放系统，违法滥设许可增加了行政主体运行管理的资源浪费和高碳排放；另一方面过多过滥行政许可也给相对人增添了不必要的负担，为获得许可往返奔波、提交申请材料等都极大增加了行政许可成本和环境代价。

其次，从行政许可的实施来看，因《行政许可法》对行政许可内涵及其范围界定模糊，大量非行政许可审批游离于《行政许可法》之外，由此导致重复审批、人为肢解审批等违背程序法定、便民高效原则的现象层出不穷。现行行政许可程序手续繁杂、效率低、时间长等都极大地降低了行政许可程序效率，增加了程序参与主体负担和行政许可程序的碳排放量。

此外，我国现行行政审批制度改革也未突出低碳价值导向。面对我国行政审批设定过多过滥、审批程序繁杂、交叉重叠严重的现状，中央到地方党委及政府一直强调并推进行政审批制度改革，党的十八届三中全会和十八届四中全会均对此提出了明确要求。② 为了推进行政审批制度改革，近年来仅中央政府层面上国务院就先后多次取消、调整和下放大批行政许可事项。③ 然而，就目前全面推进的行政审批制度改革目标来看，其强调 "激发市场活力"④、"改善和加强宏观管理、提高政府管理科学化水平"⑤、"便民利民"⑥，鲜有促进 "低碳行政"、"节能减排" 目标。而早

①　《国务院关于第六批取消和调整行政审批项目的决定》（国发〔2012〕52 号）第 1 条有针对性地提出过明确要求 "以部门规章、文件等形式违反行政许可法规定设定的行政许可，要限期改正"，而且要求 "探索建立审批项目动态清理工作机制"。

②　具体参见《中共中央关于全面深化改革若干重大问题的决定》第四部分和《中共中央关于全面推进依法治国若干重大问题的决定》第三部分。

③　具体可参见国发〔2012〕52、国发〔2013〕19、国发〔2013〕27、国发〔2013〕39、国发〔2013〕44、国发〔2014〕5、国发〔2014〕27、国发〔2014〕50、国发〔2015〕6、国发〔2015〕11、国发〔2015〕27、国发〔2012〕29 等文件。

④　李克强：在全国推进简政放权放管结合职能转变工作电视电话会议上的讲话，《简政放权、放管结合、优化服务、深化行政体制改革、切实转变政府职能》。

⑤　《国务院办公厅关于实施〈国务院机构改革和职能转变方案〉任务分工的通知》（国办发〔2013〕22 号）。

⑥　《关于印发 2014 年深化行政审批制度改革工作要点的通知》（温政办〔2014〕32 号）。

在 2010 年，国务院在《关于进一步加大工作力度确保实现"十一五"节能减排目标的通知》中就明确提出"节能减排指标是具有法律约束力的指标"，"各地区、各部门要把节能减排放在更加突出的位置"等项要求。在推进低碳社会建设的过程中，政府首先应当树立低碳行政理念，确保自身行政活动的低碳化，作为一项行政活动的行政审批制度改革就亟须引入低碳理念。

第二节　低碳行政许可制度的构建

行政许可制度"低碳"价值理念的确立对于政府实施低碳引导和低碳规制具有重要意义。为应对能源枯竭的风险和全球气候变化的环境风险，贯彻行政许可低碳理念，行政许可需从内容和结果上实现低碳价值目标，这主要体现在三个方面：一是行政许可设定的低碳化，即严格依据许可法定原则、合理原则、低碳行政原则清理不符合《行政许可法》规范、不适应经济社会发展形势以及不符合低碳社会构建要求的行政许可；二是行政许可程序的低碳化，即根据低碳程序构建要求，实现行政许可审查环节低碳化、审查时限低碳化、审查方式低碳化；三是具体行政许可实施的低碳化，即积极鼓励促进低碳经济和低碳社会发展的行政许可申请，为其开辟快速审查通道。

一　行政许可设定的低碳化

（一）行政许可需要实现低碳化

从行政权力的构成要素来看，其包含以下五种：行政权力的来源要素、行政权力的主体要素、行政权力的运行要素、行政权力的对象要素以及行政权力的物质保障要素。① 由此，行政机关在特定领域行使行政许可职权需由以上五种权力要素为其提供保障，而每一项行政许可的设定和实施都会产生大量的行政成本和能源消耗。其一，尽管我国《行政许可法》

---

① 方世荣、戚建刚：《权力制约机制及其法制化研究》，中国财政经济出版社 2001 年版，第 16 页。

对可以设定行政许可的法律规范作出了明确限定①，但现实中除了行政立法以外的其他政府规范性文件（会议纪要、政策文件甚至领导的讲话、批示和指示）都可能成为设定行政许可的依据。这些数量众多的规范性文件从酝酿、起草到成文，耗费资源能源甚多。其二，行政主体自身就是一个巨大的能源消耗和碳排放实体，为保障行政许可职权行使需要为其设置相应的组织机构，配备一定数量的公务人员，过多的行政许可实施主体只能增加对资源和能源的消耗数量。其三，行政许可运行程序（方式、步骤、顺序、时限）的展开均需要一定的物质资源作为保障，冗长和非必要的程序安排会导致程序参与者（行政主体和行政相对人）资源能源消耗的增加，背离低碳社会建设的目的。其四，为保障行政许可职权有效行使，行政主体需要消耗一定的公务设备与物品，这也意味着对资源和能源的消耗。

因此，为贯彻行政许可低碳价值理念，应严格依法、合理设定行政许可，按照市场机制能够有效调节、行业组织能够自律管理、行政机关采用事后监督能够解决的事项不设许可原则，最大限度减少行政许可。同时，针对大量现存的非行政许可审批及越权设定的行政许可，需全面广泛清理，以从源头上控制碳排放，实现低碳自制。

（二）行政许可设定的低碳化

通过上文的理论揭示，行政许可作为一种行政活动建立在对资源和能源的消耗上，低碳行政和低碳社会都需要对行政许可过程中的能源资源消耗进行控制。行政许可设定的低碳化是实现这一目标的首要环节。行政许可设定上的低碳化主要体现在以下方面：

（1）取消非必要性行政许可。应该按照十八届三中全会精神的指引，继续大规模取消非必要性行政许可事项。对于市场机制能够有效调节、行业组织能够自律管理、行政机关采用事后监督能够解决的事项一般应不设许可；已经设立的许可应及时取消。

（2）合并和规范必要性行政许可。对于确有必要保留的行政许可，为了避免过多过滥，可合并的应本着精简的原则进行合并。此外，还要对行政许可进行全面规范，保障其设定的正常状态。

① 《行政许可法》把可以设定行政许可的法律规范依据限定在法律、行政法规、地方性法规，省、自治区、直辖市人民政府规章这一范围内，具体可见该法第14、15条。

二 行政许可程序的低碳化

行政程序要素实质是指行政职权行使的步骤、时限、方式及顺序[①]，即规定行政权需在一定期限内以一定方式完成。行政许可程序自身就是巨大的能源消耗过程，其启动和运行均需要一定的物质资源作为保障。程序通过规则而明确，其自身可以通过具体规则设计加以完善。[②] 由此，为实现行政许可程序的低碳化，应将低碳化作为行政许可程序正当性的衡量标准之一，设计更简便、节约的行政许可程序规则，对于确需保留的行政许可事项在确保程序正义的前提下通过精简行政许可程序以提高许可效率，减少资源能源消耗。

（一）行政许可审查环节低碳化

行政许可审查环节的低碳化主要包括两个方面：

1. 一般性行政许可程序。针对一般性行政许可程序，一方面应尽量删减形式性的环节，另一方面根据许可环节的特点和功能合并部分关联性强或重复性的步骤。删减许可过程中非必要性的繁文缛节，既可以切实方便企业和群众办事，又可以减少对资源能源的消耗。我国《行政许可法》第 26 条规定的许可申请过程中统一受理、统一办理就体现了这一要求。[③] 此外，我国部分地区行政审批制度改革在精简审批程序方面也有较为创新的举措，如温州推行的"证照联办机制"和上海实施的建设工程"并联审批"制度。[④] 对于涉及政府多个部门或单位的审批环节，可积极推行联合审批或定期会签制度[⑤]，而对关联性强的审批步骤则应采取一次收文、合并审查、一次审结方式，以节省行政许可管理成本，减少不必要的能源消耗。

2. 设置行政许可简易程序。借鉴我国行政处罚简易程序，在我国

---

① 姜明安：《行政法与行政诉讼法》，北京大学出版社、高等教育出版社 2002 年版，第 260 页。

② 参见季卫东《法律程序的意义——对中国法制建设的另一种思考》，《中国社会科学》1993 年第 1 期。

③ 参见《行政许可法》第 26 条规定。

④ 具体可见温政办〔2014〕32 号和沪府办发〔2010〕46 号两份文件。

⑤ 方世荣：《我国行政审批制度改革的法律问题》，《党政领导干部论坛》2002 年第 3 期。

《行政许可法》中也可考虑设置行政许可简易程序，以缩短行政许可过程，减少能源资源消耗。《行政许可法》文本中虽未出现"简易程序"这一短语，但在实质上已经承认了行政许可简易程序的可适用性，如该法第34条的规定。从内容上判断，该条款规定的正是行政许可中的简易程序。行政许可领域简易程序的适用范围还应进一步扩大和明确，可以考虑在《行政许可法》中明确列举可适用简易程序的行政许可事项，而且简易程序的具体步骤、时限还需明确规范。实践中，我国部分地区行政许可实施机关已针对特定行政许可事项开始适用简易程序，如2014年6月浙江省质监局批复同意在浙江绍兴开展部分省级发证工业产品生产许可证当场许可试点，对于列举的9类14种产品采取"先证后核"的简易程序，即不经过事先实地核查，在企业对照取证条件和产品质量要求作出承诺后，由发证单位当场发放行政许可证，之后再由质监局对企业进行现场核查、抽样检测，在保证工业产品质量安全的前提下大大简化了许可环节。[1] 鉴于我国行政许可事项种类繁多，特点各异，且许可程序并不统一，设置详细且符合每一行政许可事项特点的行政许可简易程序并不实际，因此建议在《行政许可法》中首先应原则性规定对于符合特定条件的行政许可事项适用简易程序，明确列举适用简易程序的行政许可事项和条件，对于简易程序的步骤、时限和方式进行一般概括性规定[2]，由行政许可设定规范依据再对具体许可事项的简易程序进一步详细规范，但其不得低于《行政许可法》中简易程序适用的一般标准。

（二）行政许可时限低碳化

行政程序的时限不仅关系到行政机关的行政管理成本，对行政相对人的利益也会产生重大影响。因此，行政许可程序时限的低碳化要求设定及时、迅速、高效的许可期限及严格的法律责任，以最大限度减少行政主体及行政相对人程序成本，确保行政许可过程符合低碳价值理念。

1. 行政许可的实施需尽量缩短各环节时限。尽管我国《行政许可法》

---

① 浙江试点工业许可证审批简易程序，国家质量监督检验检疫总局网站：http://www.aqsiq.gov.cn/zjxw/dfzjxw/dfftpxw/201406/t20140606_414610.htm，2015年6月23日访问。

② 张淑芳：《论行政简易程序》，《华东政法大学学报》2010年第2期。

第 32、42 条明确规定了行政许可申请、审查法定时限[①]，但实践中大量行政许可在时限上并未遵循相应要求，突破时限上限也屡见不鲜。如 2009 年 7 月 1 日正式施行的《上海市房地产登记条例》第 14 条的规定[②]。由此，一旦房地产登记机构认为需要实地查看，房地产登记时限可超过 20 天且无上限，其明显已突破《行政许可法》第 42 条审查期限 20 天限制。这种情况意味着行政机关和相对人成本的增加，包括对资源能源的消耗。

2. 明确违反时效规定的法律责任。尽管我国《行政许可法》明确规定了许可程序各环节时效，但因缺乏配套的违反时效规定的法律责任，使得许可时效形同虚设。因此，应明确许可时效法律责任制度，规定未在行政许可法定期限内及时作出处理的，由许可实施机关承担赔偿责任，并追究相关负责人及工作人员的法律责任。

（三）行政许可方式低碳化

行政许可除了可以在设定、程序、时限等环节上促进低碳社会建设之外，还可以通过行政许可运行方式的低碳化、绿色化来实现这一目的。在行政许可方式低碳化方面，可以重点推进电子政务工程。

现代社会是信息社会，行政机关在对行政活动方式的选择上应与信息社会相适应。传统的行政许可方式由于会产生庞大的纸张资源浪费及物理空间占用而不符合低碳社会的理念。[③] 而通过推行电子政务工程，行政许可申请人、实施机关可以通过计算机和通信网络等现代信息技术手段以数据电文完成许可申请、审查及处理过程，简便易行同时也减少了不必要的能源资源消耗。曾经网上热议的"为盖章跑断腿"[④] 正是体现了传统行政许可方式的弊端。这种为了本来较为简单的签字盖章而不断的奔波，不仅耗费了申请人大量人力、物力、财力，而且产

---

① 参见《行政许可法》第 32、42 条规定。

② 参见《上海市房地产登记条例》第 14 条规定。

③ 解静：《服务申请人 促进专利申请电子化——解读〈关于专利电子申请的规定〉》，《中国知识产权报》2010 年 9 月 3 日。

④ "为盖章跑断腿"呼唤审批权瘦身，新华网：http：//news. sina. com. cn/o/2012 - 06 - 08/093924558380. shtml，2015 年 6 月 23 日访问；简政放权后还有多少奇葩证明让人跑断腿，新华网：http：//news. xinhuanet. com/local/2015 - 05/18/c_ 127811314. htm，2015 年 6 月 23 日访问。

生了大量的碳排放和能源消耗，这些都明显背离了"低碳行政"价值理念及要求。

事实上，我国《行政许可法》已就"电子政务"作出了倡导性规范，如《行政许可法》第29、33条的规定。为了推进电子政务工程，需要行政许可实施机关树立长远的行政效率理念，加大电子政务基础设施建设与投入力度，以实现标准化、集约化电子行政程序建设，并提高其利用效率。

三　行政许可实施的低碳化

行政许可在低碳社会建设中的功能除了通过行政许可设定、程序等环节来实现以外，行政许可实施也是重要的维度。[1] 相对于行政许可设定的低碳化及许可程序的低碳化，行政许可实施的低碳化则强调行政主体作为权力主体按照低碳标准，通过"审查申请人有无权利资格和行使权利的条件"[2] 而规制和约束相对人的行为，即行政许可实施机关的事先审查成为行政相对人进入关系环境公益的特定行业或从事影响环境利益特定限制活动的前提条件。行政许可的实施更能发挥行政许可作为事前规制方式应对气候变化风险的独特优势与功能。

行政许可实施的低碳化主要包括以下两个方面。

（一）明确将"环保性"作为行政许可审查的标准之一，在行政许可的审查环节贯彻低碳价值理念

目前我国《行政许可法》的立法宗旨、基本原则及审查标准均未涉及低碳价值理念，传统的行政法合法性原则与合理性原则作为最低限度的法律理性已经无法适应气候变化的严峻形势以及政府风险预防的新型职能要求。因此，行政许可的审查标准及其内涵应随着经济、社会的发展而不断变化。行政许可审查的"环保性"标准的具体内容，可借鉴世界可持续发展工商理事会（WBSCD）关于生态效益的界定，主要应当包括七个方面内容："减少产品和服务的材料消耗、减少产品和服务的能量消耗、

---

[1]　参见白贵秀《环境行政许可制度研究》，知识产权出版社2012年版，第1页。

[2]　方世荣、孙才华：《论促进低碳社会建设的政府职能及其行政行为》，《法学》2011年第6期。

减少有毒物的排放、增加材料的再循环利用、尽可能使用可再生的能源、增加产品的耐用性、增强产品的服务强度。"①

（二）针对符合"环保性"标准的行政许可申请事项应为其开辟绿色快速审查通道

快速审查通道旨在满足依法严格、科学审查的前提下，缩短许可审查期限，合并简化审查步骤，节约相对人程序成本，迅速推进低碳环保项目的建设和低碳绿色技术、产品的运用，在全社会范围内倡导和鼓励低碳生产、低碳消费。以绿色专利快速审查机制为例，绿色专利在激励低碳技术创新、替代自然资源消耗以及促进低碳技术转移、推广方面有着独特的优势与功能，但因目前我国《专利法》并未给予绿色专利许可以优待权，实践中长达 36—48 个月的专利审查期限极大挫伤了个人和单位进行低碳技术创新的积极性，削弱了低碳技术在促进节能减排方面的效果。因此，为充分发挥绿色专利在应对气候变化中的关键作用，需要借鉴国外经验在我国《专利法》中为其开辟快速审查通道，以提高审查效率。绿色专利快速审查程序主要应包括三个环节：一是申请人在申请专利的同时应向专利行政管理部门提交一份由第三方鉴定机构所出具的符合绿色审查标准鉴定报告。该第三方鉴定机构为国家知识产权局委托的专家组或环保部门、取得鉴定资质的民间组织。二是合并初审和实审，绿色技术通过初步审查以后，无须申请人提出实质审查的申请，由国家知识产权局依职权直接启动对该方面专利的实审程序。三是实审结束后若确定可以授权应当尽快作出授权决定。同时明确赋予其他公民或法人异议权，对于通过绿色专利快速审查的专利申请，其他公民或法人如认为该授权专利将对环境造成重大危害时可以向专利复审委员会提出异议，但是提出异议不停止已经授予的专利权，如异议成立，由专利复审委员会宣告该专利无效。在明确快速审查步骤的基础上再结合我国专利审查实践相应缩短各环节时限，以缩短绿色专利审查期限，促进绿色专利技术的迅速广泛实施，以实现环境保护效益的最大化。

---

① 参见柳福东、朱雪忠《基于低碳发展导向的专利制度研究》，《中国软科学》2011 年第 7 期。

第三节　低碳建设中的绿色专利许可制度

一　传统环境行政许可与绿色专利许可

为贯彻落实2004年7月1日起开始施行的《行政许可法》，原环境保护总局于2004年8月27日出台环发〔2004〕119号《关于发布环境行政许可保留项目的公告》，该《公告》明确列举了31项由环境保护行政主管部门实施的行政许可。其中由《环境保护法》、《水污染防治法》等环境保护法律设定的行政许可共18项，《民用核设施安全监督管理条例》、《核材料管制条例》等环境保护行政法规设定的行政许可共6项及《国务院对确需保留的行政审批项目设定行政许可的决定》等国务院以环境保护规范性文件设定，但确需保留且符合《行政许可法》规定的行政许可7项。由该《公告》可见，一方面我国目前涉及环境保护行政许可设定和实施的法律规范比较分散，效力参差不齐，而且缺乏统一的、完善的环境行政许可程序；另一方面，目前我国环境保护法律、行政法规设定的传统环境行政许可多为涉及国家安全、公共安全等特定行业活动批准或市场准入资格认可，且多为申请审查阶段的行政许可，缺乏广泛适用的、积极激励单位或个人从事环境保护活动以及监督管理阶段的环境行政许可。

由国务院专利行政部门实施的，通过授予低碳环保技术以专利权的绿色专利制度在激励环保技术创新、实现节能减排方面发挥着日益显著的作用。尽管绿色专利许可并不属于传统意义上由环境保护行政部门实施的环境行政许可，但其在防治污染、促进节能减排、环境保护方面发挥着不可替代的积极作用：首先，不同于由环境保护行政部门通过审查申请人从事特定行业或特定活动资格的消极防治污染方式，绿色专利行政许可通过赋予专利权人对其发明创造以独占权，以在全社会范围内积极激励单位和个人从事环保技术创新，真正体现单位和个人在构建低碳社会中的主体地位。其次，绿色专利许可属于过程意义上的行政许可，其不仅包括传统意义上申请审查阶段的行政许可，还包括专利运用阶段的行政许可，如专利实施强制许可、推广使用许可等，绿色专利许可制度充分发挥其对被许可人的监督管理和环境公益保护作用，实现环境保护效益最大化。

二 绿色专利制度在应对气候变化中的积极作用

法律制度通过规制、引导人的生产与生活方式进而影响环境,绿色专利制度在应对气候变化中的积极作用主要表现为三项功能:低碳技术创新和激励功能、替代功能以及技术转移和推广功能。

(一) 低碳技术创新和激励功能

技术创新对于应对气候变化的挑战具有重要意义,而且环保技术的应用与发展也被认为是有效治理全球气候变化难题的根本手段。一方面,技术创新可以提高资源利用率,减少发展对传统化石能源的依赖程度,尤其是低碳技术,如风能、太阳能光伏、清洁碳能源、生物能源转化等实现了可替代能源产品和服务的发展及其高效运输、利用,从而大大降低了人类活动对气候环境的负面影响;另一方面,技术作为一把"双刃剑",其在提高人类认识自然、改造自然能力的同时也对生态环境带来了消极影响。如传统的高耗能技术片面追求高收益,割裂了技术生产、消费同自然生态平衡之间的关联性,最终导致生态环境的恶化。因此需要重新审视技术的功能及其价值目标,技术的开发与运用必须是一种善的行为,其成果的运用和推广也必须考虑气候环境的承受能力并最大限度发挥其促进人与自然和谐的潜能。

专利制度的产生与发展与技术发展有着千丝万缕的联系:首先,专利制度起源于技术的发展,因技术研发与创新需要投入大量时间与资金,而且面临高风险,强有力的知识产权制度保护为技术创新与发展提供内在动力与基础;其次,随着技术不断发展,专利制度所保护的客体也随之不断扩大;再次,专利制度实现了内部和外部技术创新激励的统一,一方面专利制度通过法律强制人为地创造了稀缺[1],其通过赋予专利权人排他性独占权使其得以控制产品价格,从而内在激励高成本、高风险的技术创新与研发;另一方面,专利制度通过确立技术创新者专利权以防止其专利成果被他人以极低成本"搭便车",从而制止技术模仿与抄袭,使技术创新激励获得外部保障。

---

[1]　See Michael A. Heller, The Tragedy of the Anticommunist: Property in the Transition from Marx to Markets, 111 Harv. L. Rev, 1997.

绿色专利制度通过向现行的专利制度引入"绿色"、"低碳"、"环保"等要素，在专利制度与低碳发展之间建立内在关联，规制非生态技术创新行为和"搭便车"行为，从而激励绿色技术、低碳技术创新与投资。

（二）替代功能

绿色专利制度本身并不能直接减少人类对自然资源的依赖，但其保护的客体能替代人类对自然资源的依赖及对气候环境的负面影响。专利制度激励依靠智力资源和技术创新以生产对自然资源依赖程度低、知识和技术含量高的生态技术产品，从而促使经济发展由以资源为基础的"资源经济"向以知识和人力资源为基础的"知识经济"转变。一方面，在知识经济下知识产权构成了知识经济的核心。[1] 即谁拥有的新知识、新技术多，谁拥有的知识产权多，谁就占据经济竞争优势。另一方面，知识产权利用产权制度保护和鼓励知识、技术创新。无形的智力成果转变为可流转、可被识别的"财产"[2]，知识产权法律制度通过保障权利人对此种"无形财产"占有、使用、收益、处分的权利，使得知识和技术得以创造、运用和保护。因此，在资源耗竭、环境危机日益加剧的背景下，发展知识经济以代替资源经济，需将知识产权制度尤其是专利制度作为知识经济存在和发展的基石，依靠知识和技术创新以代替或减少自然资源消耗，实现低碳发展目标。

（三）促进低碳技术转移与推广功能

现代知识产权制度立法宗旨有二：一为保护私权。知识产权属于私法上所确认的民事主体对于其智力成果所享有的权利，知识财产作为知识产权的非物质客体受到国家法律的尊重与保护。[3] 二为利益平衡。知识产权的保护是存在限度的，知识产权法律制度通过国家公权对知识产权的适当干预与运用限制以保障一般社会公众获取知识和信息，实现权利义务主体之间、个人与社会之间的利益平衡。因此我国也需要明确知识产权立法具有公共利益目的[4]，除在立法宗旨上确立知识产权法律制度平衡私人利益

---

[1]　刘剑文：《知识经济与法律变革》，法律出版社 2001 年版，第 187 页。

[2]　陈文煊：《专利权的边界——权利要求的文义解释与保护范围的政策调整》，知识产权出版社 2014 年版。

[3]　参见吴汉东《知识产权的多元属性及研究范式》，《中国社会科学》2011 年第 5 期。

[4]　如《专利法》第 1 条规定。

与公共利益保护目标外，其在权能范围上也对知识产权运用进行限制。就专利制度而言，其利益平衡体现为专利制度自身的限制，如专利信息的公开、强制许可、推广使用等，促进低碳技术的转移与推广等，促进低碳技术的转移与扩散。由此，绿色专利制度在促进低碳技术转移与推广方面的作用主要通过以下三种方式实现：

首先，绿色专利说明书和申请文件是发明的详细说明，其公开使得信息和新技术广泛传播，为第三人寻找专利权人指明途径，从而减少了专利转移交易成本。

其次，受专利保护的低碳技术转移风险更小，而且《专利法》对其转移进行了明确规定，技术转移双方拟订合同简便，相对于无专利保护的低碳技术，技术接受者更倾向于选择受绿色专利保护的技术。

再次，绿色专利制度赋予专利权人一定时期内的垄断性权利，但其同时也增加了获取专利技术和开发新技术的成本，而且低碳技术的实施将有利于保障全社会环境权，考虑到低碳技术的公益性，在特定情形下将其纳入法定强制许可使用和推广使用范围，使低碳技术成果在更为广泛领域内得以运用。

三 绿色专利制度的构建

从我国《行政许可法》来看，行政许可程序主要包括行政许可的申请、审查及监督，而《专利法》所确立的专利法律制度则包括三个环节：专利申请、审查与运用。由此，绿色专利制度的构建主要应包括三个方面，一是专利申请制度的绿化，二是专利审查制度的绿化，三是专利运用制度的绿化。

（一）专利申请制度绿化

绿色专利申请阶段的绿化主要包括专利申请资源、事源绿化及申请方式绿化：

首先，基于环境保护预防原则，为避免或降低环境风险，应建立绿色专利申请资源、事源信息公开机制以确保被授予专利权的技术为环境友好技术，从源头上防治污染。除我国《专利法》所要求的公开专利申请说明书及权利要求书外，绿色专利申请还应公开其提交的环境影响评价及专利使用的遗传资源来源。其中，环境影响评价公开主要包括该申请绿色专利所使用的原材料、生产制造过程、期限以及后续处理方法等资源、事源公开，此外还应明确规定专利申请的遗传资源来源公开，遗传资源①除维持物种和生态系统不断繁殖、变异和进化外，还具有消除污染物、保护生态环境的作用。由此，为保护遗产资源、防止他人对遗产资源的非法获取或使用，有必要通过专利申请阶段公开遗传资源以保障申请人对利用该遗产资源的专利独占权。

其次，低碳行政不仅需要行政主体在推动低碳社会构建上发挥主导作用，而且也应保证自身行政管理活动的低碳化。因此，专利申请制度的绿化还包括专利申请活动本身的低碳化。尽管 2012 年我国知识产权局出台的《发明专利申请优先审查管理办法》第 6 条明确规定优先审查的发明专利应通过电子方式申请，但在我国，除优先审查外的大量发明专利申请依然采用书面形式。我国《专利法》第 10 条规定当事人应通过订立书面合同转让专利申请权或者专利权，第 30 条也规定，申请人应在申请时"提出书面声明"要求优先权，《专利法实施细则》第 2 条规定应以书面形式或者国务院专利行政部门规定的其他形式办理《专利法》及《专利法实施细则》所规定的各种手续。由此可见，我国目前专利申请及审查仍主要采用书面形式，但随着专利申请数量的快速增长，可预见将会产生大量的纸张资源浪费及物理空间占用。② 为实现专利行政活动自身的低碳化，有必要修改我国《专利法》以明确专利申请与审查主要采用电子化形式，必要时辅之以书面形式。

（二）专利审查制度绿化

专利审查制度的绿化形成绿色专利制度构建的基础，也是绿色专利实施的前提性条件。专利审查制度的绿化包括专利审查标准的绿化、绿色专利审查程序的绿化以及专利审查形式的绿化。

1. 专利审查标准的绿化

根据我国《专利法》，在第一章"总则"中，立法宗旨、基本原则以及第二章"授予专利权的条件"均未明确专利法律制度的低碳发展目标，

① 参见、《专利法实施细则》第 26 条规定。
② 解静：《服务申请人 促进专利申请电子化——解读〈关于专利电子申请的规定〉》，《中国知识产权报》2010 年 9 月 3 日。

而且在《专利法》第 25 条不授予专利权的技术或方法中也未排除污染环境、严重浪费能源或资源的发明创造。① 尽管 2014 年新修订的《专利审查指南》将《专利法》第 22 条专利权授予条件的"实用性"进行了扩充解释,继而把"积极效果"进一步解释为"对经济、技术和社会的积极、有益效果",但《专利审查指南》中的"积极效果"是否包括申请专利对低碳社会构建、环境保护具有重大意义仍并不明确,而且在《专利法》、《专利法实施细则》以及《专利审查指南》均未明确将"环保性"列为专利审查法定标准的前提下,传统的"新颖性"、"创造性"、"实用性"依然为专利审查的标准,"环保性"成为专利行政部门审查时享有较大自由裁量空间的标准,由此,实践中部分非生态甚至是反生态的技术发明被授予专利权。

专利审查的标准不是一成不变的,其内涵应随着经济、社会的发展而不断变化,随着自然资源大量消耗、环境危机日益加剧,公众环保意识也不断增强。1994 年各成员国签订的 TRIPS 协议第 27 条明确各成员国可不授予"在其境内阻止对这些发明的商业性利用对维护公共秩序或道德,包括保护人类、动物或植物的生命或健康或避免严重损害环境是必要的"发明以发明专利权。因此,为回应低碳经济与社会发展要求,契合环境保护"预防性"、"审慎性"、"安全性"原则,从源头上遏制污染环境的技术或方法,可在我国《专利法》第 22 条专利权授予条件中增设"环保性"标准,或在《专利审查指南》中明确将"环保性"作为"实用性"的基本内涵与要求,在"实用性"审查中必须考察申请专利对环境可能产生的影响,抑或在《专利法》第 25 条明确将"严重污染环境、严重浪费能源或资源的发明创造"纳入"不授予专利权"范围。

除在《专利法》第一章"总则"中立法宗旨、基本原则以及第 22 条"专利权授予条件"或第 25 条"不予授予专利权"中分别设置专利法律制度环境保护目标、专利审查"环保性"标准等一般性条款或排除违背环境保护基本原则的技术、方法外,还需要进一步明确"环保性"标准具体内涵以及环保性审查的基本要求:

一是明确专利审查"环保性"标准的具体内涵,对此我国可借鉴世界可持续发展工商理事会(WBSCD)关于生态效益的界定,结合我国经

① 朱雪忠:《论低碳发展与我国专利法的完善》,《知识产权》2011 年第 6 期。

济社会发展与环境保护实际状况在《专利审查指南》中明确专利审查"环保性"要求。

二是在《专利法实施细则》中明确规定绿色专利制度对申请人的要求，首先，要求专利申请人在专利说明书中列出该发明创造的环境影响评价，环境影响评价可由具备法定资格的环境影响评价机构作出，环境影响评价内容需包括申请专利使用原材料、生产制造过程、使用期限以及后续处理方法等说明。其次，明确赋予其他公民或法人监督权。公民或法人一旦发现被授予专利权的发明专利的环境影响评价虚假，且有足够证据证明实施该专利将对环境造成重大危害时，可向专利复审委员会申请宣告该专利无效，经查证环境影响说明虚假且授权专利对环境有消极影响的，专利复审委员会可宣告该专利无效。再次，将"环保性"纳入专利审查标准，根据专利说明书，一项技术或方法如比先前发明创造更有利于促进环境改善、低碳发展，则该技术或方法可被独立授予专利权。

2. 绿色专利审查程序的绿化

（1）我国专利审查程序法律制度

行政程序要素实质是指行政职权行使的方式、步骤、时限及顺序，即规定行政权需在一定期限内以一定方式完成。专利审查程序的绿化指在确保依法严格、科学审查的前提下，为绿色专利申请开辟快速审查通道，以尽量缩短绿色专利审查期限、合并简化审查步骤，确保低碳环保专利的审查更加迅速。在我国构建绿色专利快速审查机制存在着现实原因：一方面，绿色专利技术更新快，而其研发却需要花费申请人大量的时间和资金，而且面临着高风险的失败。由此，为激励绿色技术创新、发挥其在应对气候变化过程中的关键作用，需要为其开通快速审查通道以提高审查效率、改善目前严峻的气候变化形势。另一方面，从我国《专利法》规定的专利审查期限来看，其并未赋予绿色专利以优待权。根据《专利法》第 34 条规定，国务院专利行政部门初步审查后的公布期限为 18 个月，第 35 条规定自发明专利申请日起 3 年内国务院专利行政部门可根据申请人请求或自行进行实质性审查，而实践中，目前发明专利审查期限一般为 36—48 个月，即使根据《专利法》第 34 条规定"早日公布申请"，提交提前公开声明并同时在实质审查阶段提出提前审查并获得批准，专利授权时间可缩短至 12 个月，但因目前提前审查的受理范围极为有限，很少有提前审查获批的专利。

（2）域内外绿色专利快速审查制度实践

当前各国为激励绿色技术创新均采取了不同的激励模式，其中，绿色专利的加速审查机制成为各国专利行政审查制度改革的核心。英国知识产权局于 2009 年 5 月 12 日宣布自即日起申请人可就应对气候变化的绿色专利技术申请加速审查，核准通过的绿色专利申请将采用"绿色通道"审查，实行检审合一，由知识产权局依职权启动实质性审查，自提出专利申请之日至获得专利权最快只需 9 个月。[①] 为应对气候变化严峻形势，韩国知识产权局针对绿色专利申请也设立了超快速审查模式，适用该模式需满足三项条件：首先，绿色专利快速审查的对象必须为韩国政府为应对环境问题而专门设立八大法案所规定的技术类型；其次，由韩国知识产权局专门指定技术专家组成特别专家组对该申请专利进行技术鉴定，并制作在先技术报告以确定该申请专利是否适用超快速审查模式；再次，申请人需通过网络在线申请绿色专利超快速审查，以节约纸张，落实专利许可低碳化。一般情况下，韩国专利审查期限为 17 个月，但申请专利如适用超快速专利审查模式，审查期限可缩短至 1 个月。[②]

尽管我国《专利法》中并未针对绿色专利开辟快速审查"绿色通道"，但地方及国家专利行政部门已先后出台绿色专利加速审查相关规范性文件及部门规章。为贯彻落实《四川省人民政府关于加强节能工作的决定》和《四川省节能减排综合性工作方案》的精神，2007 年四川省知识产权局在国家知识产权局成都代办处开设了节能减排专利申请快速通道，明确了五类技术可以适用加快办理专利申请程序，但该快速通道没有明确规定节能减排专利快速申请、审查的具体程序。[③] 2012 年 6 月 19 日我国知识产权局出

---

① 何隽：《从绿色技术到绿色专利——是否需要一套因应气候变化的特殊专利制度》，《知识产权》2010 年第 1 期。

② 见中华人民共和国国家知识产权局网站：英计划加速绿色环保技术专利申请审批进程，http：//www.sipo.gov.cn/wqyz/gwdt/201110/t20111027_626642.html，访问时间：2015 年 6 月 7 日。

③ 中华人民共和国国家知识产权局网站：四川局开设节能减排专利申请保护绿色通道，http：//www.sipo.gov.cn/dtxx/gn/2007/200804/t20080401_359832.html，访问时间：2015 年 6 月 9 日。

台了《发明专利申请优先审查管理办法》（以下简称《办法》），该《办法》第 4 条明确列举了四类可以予以优先审查的发明专利申请。[1] 其中，可优先审查的发明专利中第一类和第二类直接涉及节能环保技术的专利申请。但该《办法》依然存在不足：一方面，从可申请优先审查的对象看，该《办法》没有建立绿色技术分类表，对优先审查的绿色发明专利申请分类并不明确、针对性不强，由此导致适用优先审查程序的绿色专利申请范围不明；另一方面，从优先审查的程序来看，《办法》第 7 条规定在对四类专利申请实施优先审查前新增省、自治区、直辖市知识产权局在先审查前置程序，这与尽量减少审查步骤、缩短审查期限的绿色专利快速审查机制初衷相背离，大大减弱了优先审查的实施效果。

（3）我国绿色专利快速审查制度构建

各国构建的绿色专利审查程序存在差异，但为绿色专利开辟快速审查"绿色通道"已经成为各国共识。尽管我国《行政许可法》第 16 条赋予地方性法规、规章在上位法设定的行政许可事项范围内可作出实施该行政许可的具体规定，但为保持专利审查法律制度和实践的统一，建议在《专利法》中明确规定绿色专利申请适用快速审查机制，在《专利法实施细则》及《专利审查指南》中明确绿色专利快速审查的适用对象以及具体程序：

首先，明确绿色专利快速审查适用对象。世界知识产权局组织于 2010 年出台了国际专利分类绿色清单（IPC Green Inventory），在该清单中，绿色技术按照层级机构呈现，一共包括七大类主题，分别为可替代能源生产、交通、节能、废物管理、农林业、行政、管理或设计，在七大类主题下又设立若干小的技术类别。国家知识产权局可以借鉴世界知识产权局和其他国家专利局出台的绿色技术分类方法，并结合我国《发明专利申请优先审查管理办法》中列举的低碳环保技术进行细化，建立符合我国专利申请实际的绿色技术分类系统表，给申请人以明确的指引，也给审查员以明确的审查指导。

其次，明确绿色专利快速审查程序。行政程序的运行要素主要包括行政权行使的方式、步骤、顺序以及时限。由此绿色专利快速审查程序主要

---

[1]　参见《发明专利申请优先审查管理办法》第 4 条规定。

应明确专利审查的方式、期限、具体步骤及其顺序:

一是明确绿色专利审查程序公开。专利制度构建的基本特征就在于以公开换取垄断,其中,公开是全面、清楚的公开。① 绿色专利信息的公开不仅包括专利申请阶段申请人权利要求书、说明书等一般专利申请文件的公开,还应包括专利审查程序实施状况的信息公开。正如我国有学者指出,尽管 2012 年国家知识产权局出台了《发明专利申请优先审查管理办法》,但其他公民或法人穷尽办法也无法找到有关专利申请优先审查程序实施状况的书面材料或数据信息。② 这在一定程度上也增加了推广绿色专利和公众避免侵权的注意义务成本。

二是明确缩短绿色专利审查时限。各国绿色专利审查期限均不相同,但均在专利审查一般程序基础上减少、合并审查步骤,大大缩短审查期限,由此,我国为确保加速绿色发明专利授权,应结合我国专利审查具体实际尽量缩短发明专利的审查期限。

三是明确简化绿色专利审查步骤及顺序。第一,申请人在申请专利的同时应向专利行政管理部门提交一份由第三方鉴定机构所出具的符合绿色审查标准鉴定报告。该第三方鉴定机构为国家知识产权局委托的专家组或环保部门、取得鉴定资质的民间组织。第二,合并初审和实审,绿色技术通过初步审查以后,无须申请人提出实质审查的申请,由国家知识产权局依职权直接启动对该方面专利的实审程序。第三,实审结束后,若确定可以授权,应当尽快做出授权决定。同时明确赋予其他公民或法人异议权,对于通过绿色专利快速审查的专利申请,其他公民或法人如认为该授权专利将对环境造成重大危害时可以向专利复审委员会提出异议,但是提出异议不停止已经授予的专利权,如异议成立,由专利复审委员会宣告该专利无效。

(三) 专利应用制度的绿化

专利的运用和保护为专利制度的落脚点,国务院于 2008 年出台的《国家知识产权战略纲要》明确提出"引导和支持市场主体创造和运用知识产权""促进各种创新主和发明成果的转化",并将知识产权的"有效

---

① 刘春田:《知识产权法》,北京大学出版社、高等教育出版社 2010 年版,第 162 页。

② 李薇薇:《绿色专利申请快速审查制度的实施效果评价与完善》,《华中科技大学学报》2014 年第 3 期。

运用"作为国家知识产权战略的基本方针,将"鼓励知识产权转化运用"作为实施国家知识产权战略的重要战略措施之一。由此,绿色专利的价值需靠专利的实施与运用才能得以实现。根据我国《专利法》,专利运用法律制度主要包括专利权的保护、专利实施的强制许可、专利的推广使用三个方面。基于绿色专利技术自身的公益性及专利制度的利益平衡功能,绿色专利运用阶段的绿化旨在限制专利权,促进绿色专利技术的广泛实施,以实现环境保护效益最大化。绿色专利运用的绿化主要包括绿色专利强制许可、推广使用、专利侵权后绿色化处理三个方面。

1. 绿色专利强制许可

立法之所以要设立专利强制许可制度,根本目的就在于通过限制专利权人的权利,来防止权利人滥用其所享有的专利权。而绿色专利强制许可实施则主要是指针对事先明确纳入分类系统表的绿色专利技术,基于限制专利权滥用和促进公共利益以保障其有效、广泛实施和运用。

(1) 绿色专利强制许可的正当性基础

首先,从专利法律制度的立法宗旨与目标来看①,专利制度并非纯粹的技术规则或激励创新与发展经济的工具,而是目的性与工具性的统一,正是专利权的利益平衡功能构成了专利制度的正当性基础:一方面,专利制度作为民法的一项基本法律制度,其旨在通过法律强制保障专利权人对其发明专利的排他性独占权,以获取一定期限的收益;另一方面,专利权是存在边界的,国家通过公权限制专利权的私权属性,实现个人利益与公共利益之间的平衡。我国《专利法》第六章所规定的"专利实施的强制许可"即对专利权的限制,体现了专利制度的利益平衡价值。

其次,专利权自身具有垄断属性。一方面,部分专利权人在获得绿色专利许可后并未有效运用专利权,基于专利权的保护,也没有其他主体能够使用该稀缺资源,从而造成低碳技术的闲置和浪费;另一方面,过强的专利保护造成专利权人操纵专利、阻止潜在竞争者进入市场,增加了后续

① 专利法律制度立法宗旨体现专利权保护与公共利益维护之间平衡,如 TRIPS 第 7 条将协议目标定位为"有助于技术创新以及技术转让和传播","使技术知识的创造者和使用者互相受益并有助于社会和经济福利的增长及权利义务的平衡"。我国《专利法》第 1 条明确立法宗旨为"保护专利权人的合法权益,鼓励发明创造,推动发明创造的应用,提高创新能力,促进科学技术进步和经济社会发展"。

发明创造的成本，由此，为打破专利垄断，降低技术创新成本，需要实施专利强制许可以限制专利权。

再次，绿色专利所保护的低碳技术具有公益性，低碳技术的广泛运用将有效应对气候变化严峻形势、促进节能减排，保障人类环境权。当作为基本人权的环境权与专利权相冲突时，专利权应让位于基本人权，由此，环境权的存在在一定意义上也是对专利权的限制。基于保障人类环境权，实现环境正义，需要实施绿色专利强制许可制度。

（2）我国绿色专利强制许可制度构建

目前我国有关专利实施强制许可制度的法律、法规、规章主要有《专利法》、《专利法实施细则》及国家知识产权局于 2012 年公布的《专利实施强制许可办法》。三部法律文件虽都明确专利强制许可的法定情形，即滥用专利的强制许可、为公共利益的强制许可以及从属专利的强制许可，但均未明确将促进环境保护、低碳发展的绿色专利纳入强制许可的范围。而且，在目前实践中，除了治疗某些特定疾病的药品专利在一些国家实施了强制许可外，强制许可尚未在其他的领域全面展开，而在我国，至今尚未有单位或个人申请过实施强制许可。

绿色专利强制许可制度构建主要包括明确绿色专利强制许可的范围以及程序。鉴于我国《专利法实施细则》以及《专利实施强制许可办法》均对专利实施强制许可程序进行了明确规定，目前主要是在《专利法》、《专利法实施细则》或《专利实施强制许可办法》中明确将促进环境保护、低碳发展的绿色专利纳入强制许可实施范围。我国《专利法》第 48、49、50、51 条分别规定了专利实施强制许可的四种情形：滥用专利的强制许可、为公共利益的强制许可、为公共健康的药品强制许可、从属专利的强制许可。因《专利法》第 50 条已明确专利实施强制许可对象为"药品"，因此，建议将绿色专利纳入滥用专利的强制许可、为公共利益的强制许可及从属专利的强制许可范围。

①滥用专利的强制许可

根据我国《专利法》第 48 条规定，滥用专利的强制许可主要有两种法定情形①。应当补充规定当涉及重大环境治理项目而专利权人滥用绿色

---

① 参见《专利法》第 48 条规定。

专利或未在法定合理期限内有效运用专利时，国务院专利行政部门对于具备实施条件的单位或者个人的申请，依法准予申请单位或公民以实施该绿色专利的强制许可。

②为公共利益的强制许可

我国《专利法》第 49 条规定了可以给予实施专利强制许可的情形。建议在《专利法实施细则》或《专利实施强制许可办法》中明确解释"紧急状态"、"非常情况"、"公共利益"，并将出现重大环境污染事故可能危及公众的生命健康安全的情形纳入强制许可的"紧急状态"或"非常情况"，将"公共利益"细化为公民基本生存环境等利益，明确列举为公共利益实施强制许可的情形，如对节约能源、减少碳排放具有重大意义等。

③从属专利的强制许可

除《专利法》第 51 条规定给予实施前一发明或者实用新型的强制许可外，为实现绿色专利技术的创新与进步，立法可以在现有规定的基础上进行扩展：当后取得专利权的发明比前已经取得专利权的发明，对改善环境、促进低碳、提升科技进步更有显著意义，并且后取得的专利权有赖于前一专利权才能予以实施时，可由国务院专利行政部门根据后一专利权人的申请，给予实施前一发明的强制许可。

此外，还应明确规定如无法明确绿色专利是否属于《专利法》所规定的法定强制许可情形时，由专利实施的强制许可机关国务院专利行政部门进行判断。

2. 绿色专利推广使用

为实现个人利益与社会公共利益平衡，限制专利权的私权属性，我国《专利法》第 14 条明确将专利推广使用作为专利运用的基本方式。不同于专利强制实施许可，从适用情形来看，专利推广使用仅限于维护和促进"国家利益或者公共利益"，从实施方式来看，专利推广由省级以上人民政府依职权实施，而非依据单位或个人申请而实施①；从专利实施的客体来看，专利推广的客体仅限于国有企事业单位的发明专利。尽管专利推广使用在激励技术创新、实现专利成果产业化及社会效益最大化方面具有独

---

① 参见李玉香《专利推广应用研究》，《知识产权》2011 年第 4 期。

特优势，但我国《专利法》第14条仅对推广使用的适用情形、实施方式以及适用客体进行规定，并未在其之后修订的《专利法实施细则》中明确其具体适用情形与操作程序，使得专利推广使用制度成为一个"美丽的花瓶"。

绿色专利技术的推广使用将有效破除专利权人技术垄断，最大限度发挥气候背景下绿色技术创新在节能减排、防治污染、促进生态平衡方面的积极影响，实现专利权与环境权的平衡。由此，在《专利法实施细则》中构建绿色专利推广使用制度具有现实性意义。绿色专利推广使用制度的构建主要包括两个方面：一是通过解释"国家利益"与"公共利益"以明确专利推广适用范围；二是细化国务院有关主管部门和省级以上人民政府在专利推广使用中的介入权及其界限，以使专利推广使用制度具有可操作性。在《专利法实施细则》具体解释"国家利益"与"公共利益"，明确界定哪些专利属于对国家利益或者公共利益具有重大意义的发明专利时，可以借鉴TRIPS协议第8条"原则"规定，将公共利益界定为是关系到公众健康和营养，对促进社会经济和技术发展至关重要的利益。此外，还应进一步细化列举，将有利于防治污染、节能减排、促进环境改善的绿色专利纳入"对国家利益或者公共利益具有重大意义的发明专利"范围。此外，在我国《专利法》赋予国务院有关主管部门和省级以上人民政府专利推广启动权、国务院对专利推广使用的最终决定权的前提下，《专利法实施细则》需进一步限制政府公权力介入条件，可借鉴TRIPS协议第31条规定，政府或政府许可第三者使用未经权利人授权的专利限于"在发生全国性紧急状态或其他极端紧急状态或为公共的非商业性目的而使用的情况"，一方面避免政府利用专利推广过度干预私权，另一方面进一步明确专利推广适用情形，使得专利推广制度更具可操作性。

3. 专利侵权的绿化处理

根据我国《专利法》，专利应用不仅包括专利权的合法应用，如专利权人在法定权限范围内对申请专利的使用和处分、国务院专利行政部门实施的强制许可、国务院批准的专利推广使用等，还包括未经专利权人许可的违法使用。由此，专利运用的绿化亦包括专利侵权救济制度的绿化，主要包括侵权工具处理绿化、侵权产品处理绿化以及慎用停止侵权行为而代之以惩罚性赔偿三个方面。

（1）专利侵权工具的绿化处理

目前我国《专利法》、《专利法实施细则》中均未规定专利侵权人所使用侵权工具的处置方法，但依据我国《民法通则》第134条规定，人民法院审理民事案件可以收缴进行非法活动的财物和非法所得；《著作权法》第48条也对著作权侵权案件中的违法工具处理方式作出了规定；《商标法》第60条则规定工商行政管理部门认定侵权行为成立的，责令没收、销毁制造侵权商品、伪造注册商标标识的工具。由此，我国法律确定的专利侵权工具处置方法为"没收和销毁"，但基于低碳环保与公共利益考量，专利侵权工具不能简单"销毁"，在处理专利侵权工具上，应采用更为节约资源、低碳的方法。可以借鉴TRIPS协议第46条规定，司法当局有权对在侵权物品生产中使用的材料和工具"以减少进一步侵权危险的方式不作任何补偿地在商业渠道以外予以处置"，在我国《专利法》或《专利法实施细则》中针对专利侵权工具处理予以宽泛规定"商业渠道以外予以处置"方法，其内涵更为广泛、处置方式更为灵活，更适宜进行环保性解释并低碳化处理。

（2）专利侵权产品的绿化处理

《专利法》和《专利法实施细则》未明确专利侵权物品的具体处理方式，但根据《民法通则》第134条第3款，由人民法院"收缴进行非法活动的财物和非法所得"；《著作权法》第48条规定对于损害公共利益的著作权侵权行为，由著作权行政管理部门"没收违法所得，没收、销毁侵权复制品"；《商标法》第60条规定工商行政管理部门认定侵权行为成立的，责令没收、销毁制造侵权商品、伪造注册商标标识的工具。因此，我国法律对于知识产权侵权产品的处理方式为没收或销毁，但其并未确立处置方法系统，即哪些情形下应没收、哪些情形下应直接销毁；也未规定没收专利侵权物之后如何进一步处置，缺乏考虑侵权物品处置对环境公益的影响。

尽管《专利法》和《专利法实施细则》没有涉及专利侵权物品的处置，我国《知识产权海关保护条例》第27条第3款系统规定了海关没收侵犯知识产权货物后的绿色化处置方式[①]。而TRIPS协议第46条除规定

---

① 参见《知识产权海关保护条例》第27条第3款规定。

对侵权货物"在商业渠道以外予以处置"或"销毁"的具体方法外，还明确侵权货物的处理"应考虑侵权的严重程度与被决定的补救两者相称的必要性以及第三者的利益"。由此，在处置知识产权侵权物品方式上，我国《知识产权海关保护条例》与 TRIPS 协议均考虑到知识产权人利益保护与资源有效利用之间的平衡。

借鉴我国《知识产权海关保护条例》与 TRIPS 协议规定以及结合我国现有侵权物品处置法律制度，我国专利侵权物品处置的绿化主要包括两个方面：一是在《专利法》或《专利法实施细则》中明确没收和直接销毁的侵权物品处置方法及其具体适用情形，没收后的具体处理方法；二是确立专利侵权物品处置利益平衡原则，即在保护专利权人主体地位和权利的基础上考虑第三人利益和社会公共利益维护，绝不能简单一毁了之，应实现物尽其用、节约资源、低碳发展。

（3）专利侵权行为绿化处置

我国《民法通则》第 134 条将"停止侵害"作为侵权人承担民事责任的方式之一，而且《专利法》第 60、66 条又明确规定了专利侵权行为的处置方法为"停止侵权行为"。"停止侵权行为"无论是作为实体性民事法律责任承担方式抑或程序性诉前禁令，均旨在救济权利人合法权益，但对于专利侵权行为尤其是绿色专利侵权行为的处置不应简单予以禁止，若贸然制止侵权行为，可能会对公共利益造成重大损害，如环境利益严重受损。因此，专利侵权行为处置需慎用"停止侵权行为"，当公共利益明显超过专利权人私人利益时，应代之以惩罚性赔偿予以救济。

对违法行为的处置方式予以公共利益考量在我国《行政许可法》、《行政诉讼法》中也均有反映，如《行政许可法》第 69 条第 2 款、第 3 款，以及新《行政诉讼法》第 74 条对此都作出了详细规定。由此，当公共利益维护明显重于私人利益保护或行政管理秩序时，违法行政行为不适用"撤销"。专利侵权行为的绿色化处置意指对于专利侵权行为的救济方法不应局限于简单的"停止侵权"，充分权衡私人利益与公共利益，当停止侵权行为将对公共利益、环境保护造成重大损害时，应慎用"停止侵权"，通过实施惩罚性赔偿以弥补专利权人的损失。

第 七 章

创新低碳规制的行政指导[①]

第一节　促进公民节能减排行政指导的实效困境

一　节能减排中公民个体的作用

深入开展节能减排全民行动既是我国"十三五"规划建议所提出的"推动低碳循环发展"，"形成政府、企业、公众共治的环境治理体系"[②]战略部署的重要组成部分，也是实现党的十八届五中全会"绿色发展"，"全面节约和高效利用资源"[③]的有力举措。国家在促进低碳社会发展中的活动主要表现在两个方面：一方面，针对各类企业法人和其他组织机构，国家已经制定并施行了一系列具有强制力的行为规则，通过创设具体的权利义务模型以规范其生产和组织活动，调整低碳社会发展关系，实现节能减排目标；另一方面，针对广大公民，国家主要是通过积极鼓励和倡导等非强制方式引导其低碳消费，树立低碳生活理念。应当说，每一个公民在排放温室气体时都有"不伤害他人的义务"[④]，都有为全社会以及子

---

① 本章部分内容曾以《论促进公民低碳行动的行政指导》为题发表于《法学》2014 年第 2 期。

② 中国共产党第十八届中央委员会第五次全体会议通过《中共中央关于制定国民经济和社会发展第十三个五年规划的建议》。

③ 《中国共产党第十八届中央委员会第五次全体会议公报》，新华网：http://news. xinhuanet. com/fortune/2015 - 10/29/c_ 1116983078. htm，2015 年 12 月 4 日访问。

④ ［美］唐纳德·布朗：《个人减少温室气体排放的伦理责任探究》，史军、董京奇译，《阅江学刊》2012 年第 5 期。

孙后代的生存安全而积极践行低碳消费的"伦理道德责任"。[①] 但是，基于法律干预市民生活的有限性以及我国经济社会快速发展的实际需要，对于公民在低碳社会发展中的行为并不适宜全部纳入具有强制力的法律规范之中，相比之下，国家通过"行政指导"等"柔性"的行为方式以引导公民低碳生活更具必要性与可行性。同时，能源经济学中的"杰文斯悖论（The Jevons Paradox）"显示，如果不改变生活方式，能源效率提高可能反而会导致更高的能源消耗。它警告我们，不能过于依赖技术创新来减少能源消耗。[②] 分析我国 2001—2009 年的碳排放趋势，可以发现，从 2001 年之后碳排放总量急剧上升，而排放密度却呈下降趋势，从 2001 年的 3.2 吨二氧化碳/吨标准煤，下降到 2009 年的 2.2 吨二氧化碳/吨标准煤。可见，中国的能源利用率在不断优化，但碳排放总量却在上升。[③] 这与"杰文斯悖论"一致。这说明，怎样妥善化解"扩大消费"与"节能减排"之间的冲突，不能仅依赖企业的技术革新，还需落实到广大公民生活方式和社会行为的改变。在目前行政许可、行政处罚、行政强制等刚性方式规制公民层面碳排放的制度条件尚不具备的情形下，"杰文斯悖论"的克服十分仰仗于行政指导的作用。

二 行政指导在实效性上的不足

行政指导是行政机关在其职权或管辖事务范围内，通过采用指导、劝告、建议等"柔性"方式实现一定行政目的的行为。[④] 为贯彻落实《国务院关于印发节能减排"十二五"规划的通知》所提出的"深入开展节能减排全民运动"，国务院在 2013 年 9 月制定的《大气污染防治行动计划》中明确提出"积极开展多种形式的宣传教育，普及大气污染防治的科学知识"；环境保护部于 2014 年 8 月 13 日发布了《"同呼吸 共奋斗"公民

---

① ［美］唐纳德·布朗：《个人减少温室气体排放的伦理责任探究》，史军、董京奇译，《阅江学刊》2012 年第 5 期。

② Lazarus A. , To Cool a Sweltering Earth: Does Energy Efficiency Improvement Offset the Climate Impacts of Lifestyle? *Energy Policy*, 2010, (38).

③ 参见赵定涛、郭韬、范进《中国城镇居民嵌入式碳足迹的测定及演化》，《系统工程》2012 年第 5 期。

④ 参见杨海坤、黄学贤《行政指导比较研究》，《中国法学》1999 年第 3 期。

行为准则》，倡导公民坚持低碳出行、选择绿色消费、养成节电习惯；环境保护部将 2015 年"环境日"主题确定为"践行绿色生活"，通过"环境日"的集中宣传，传播"生活方式绿色化"理念，使广大公民对生活方式绿色化的认识自觉转化为实际行动。各地方政府和相关部门也积极运用行政指导这一"柔性"方式树立公民低碳生活理念，如 2014 年 5 月，浙江台州市路桥交警大队在辖区内开展"低碳达人"、"文明行车达人"有奖评选活动，以最大限度减少私家车出行，倡导公民低碳出行；2014 年 6 月，广西梧州市供电局通过向市民分发节能宣传资料、发放节能灯、讲解节约用电等形式引导市民节约用电、科学用电，倡导节能减排生活理念。从中央到地方各行政机关及部门为实现节能减排目标所采用的一系列行政指导，在宣传低碳生活方式上取得了一定的成效，但广大的公民知道了什么是"低碳"、如何低碳生活，却难以将其对低碳生活的认识内化为自身的实际行动。

总体而言，公民切实践行低碳消费、节能减排的内在动力仍然不足，政府通过行政指导开展低碳社会建设的实效性也大打折扣。如根据 2010 年浙江省湖州市消费者保护委员会统计的居民低碳生活方式消费调查数据，就一次性塑料袋的使用，有 15.47% 的人每次都使用，43.27% 的人大多数时候会使用，而拒绝使用者只占 21.53%。[①] 再如，依据有学者于 2012 年在天津进行的一次居民低碳意识调查分析结果，熟悉低碳消费的含义与内容的被调查者占 8%，83% 的被调查者表示听说过低碳消费，仅有 9% 的被调查者从未听说过低碳消费，这意味着 91% 的被调查者具有一定的低碳消费理念和知识。然而，其中仅有 31% 的被调查市民表示经常关注低碳消费与环保节能，依靠个人自觉践行低碳消费的也仅占 28%。[②]尽管影响公民低碳消费、节能减排的因素十分复杂，但就行政指导的特性及功能而言，如何强化这一"柔性"行政规制方式的实施效果、寻找其实施的保障性资源仍有待进一步的挖掘和创新。

---

① 参见湖州市消保委关于低碳生活方式消费的调查报告，中国消费者协会网站：http://www.cca.org.cn/jmxf/detail/24082.html，2015 年 12 月 4 日访问。

② 黄国柱、朱坦、卢笛音：《城市居民低碳意识调查分析——基于天津 1894 份问卷调查数据》，《调研世界》2013 年第 11 期。

第二节　低碳时代行政指导的理念转型

一　现有行政指导的理念

传统意义上，行政指导在学理上被界定为非强制性的行政行为，它的这一特征决定了行政指导不能像行政处罚、行政强制一样能够及时取得预设的行为效果。行政指导的实现依赖于行政相对人对行政指导内容的接受程度，取决于相对人能否自愿遵循行政指导，它并没有授予行政主体通过强制性的手段来促成行政指导效果的实现。行政指导本身的非强制性特征已经决定了其效果难以实现的结局。然而从行政指导具体内容设定来看也都是关于行政行为的程序、方法或手段的规定，却很少对行政指导的实现效果提出要求。受传统行政指导理念的影响，当前我国关于公民节能减排的行政指导存在以下两方面的特征：一方面，对公民节能减排指导过程的设定方面浓墨重彩，对指导所要达成的效果却极少提及。如我国《应对气候变化的政策与行动2012年度报告》在"全社会广泛参与"的第五部分，对应对气候变化各种工作开展情况刻画入微，包括宣传、教育引导等方面，关于这些工作的开展对促进公民节能减排的实际效果方面却没有作出评估和总结的规定。另一方面，缺乏责任机制的规定来督促行政指导的落实，即通过建立相应的考核和惩戒制度来监督和鞭策行政机关促成行政指导效果的实现。从我国《节约能源法》、《循环经济促进法》、《国务院关于进一步加大工作力度确保实现"十一五"节能减排目标的通知》等相关法律和政策都普遍要求各级政府部门"开展节能宣传和教育，普及节能科学知识，增强全民的节能意识"，"鼓励和引导公民使用节能、节水、节材和有利于保护环境的产品及再生产品"以及"倡导绿色消费、适度消费理念"等，都是针对行政部门如何落实行政指导的政策指导性质的规定，而关于行政指导的责任制度方面并未涉足。从以上两个方面可以看出，我国现阶段关于节能减排的行政指导存在着重过程轻实际效果的问题。

二　行政指导应突出结果导向

科学研究表明，气候变化的不可逆转性，将会殃及人类赖以生存的生态系统和社会经济系统，该危害后果的引发将会带来难以挽回的灾难。这警示我们必须在事前采取积极的行为措施来减少碳排放量，阻却该危害后果的发生。同时提醒我们要纠正"失效"的行政指导理念，更加重视行政指导实际效果的实现。因为节能减排行政指导的相对人往往是不特定的，受众的数量很庞大，牵涉到社会生活的各个领域，需要大量的人力、物力、财力的投入才能实现。如果行政指导的运作只注重程序过程，而忽视实际效果的达成，将会引发巨大的行政成本的浪费，严格意义上说，是违法的行政行为。为此，促使公民节能减排的行政指导必须在成本收益上追求最佳的效果。

从学理上分析，行政指导作为一种行政行为，它具有行政行为的本质特性——通过对相对人行为的调整，来实现特定行政管理的目标。长期以来，行政机关碍于行政指导的非强制性特征，出现了强调行政指导的过程，而忽视行政指导实现特定行政管理目标的结果，这显然是一种认知上的错位。因此，必须重新认识行政指导目的与手段的关系。从行政行为要达成行政目标的根本性要求出发，确立重结果的行政指导理念：指导手段和方法都是为有效实现行政目的服务的，不能突出手段与方法而弱化了对有效达成目的的追求。行政指导要以追求效果为导向，加强针对性、创新方法，着力实现获得被指导对象积极响应的社会效益。为此，对内应要求行政指导主体建立目标责任制，并通过绩效考核、责任追究等机制来增强有效实施指导的能动性和责任心；对外则要求通过创立各种有针对性、多样化的指导方式来达成全民响应的节能减排行动效果。

第三节　加强行政指导的针对性

一　现有行政指导的症结分析

当下我国行政指导的实践与公民的日常生活需要还缺乏足够的贴合，对于社会大众长期以来在思想认识与生活习俗上对于环境保护的错误态度，其并没有提供充分的针对性指导，这使得行政机关的环保宣传在许多公民心中并未引起共鸣①，行政指导效果不令人十分满意。目前公民个体主动进行节能减排的低碳活动有几种认识和生活习俗障碍，行政指导必须重点加以引导和破解。

（一）漠视气候变化未来风险的认识

气候变化危机的紧迫性在科学上已是不争的事实，近十年来，许多权威学者（包括许多诺贝尔奖获得者在内）都不约而同地发出警告，若要避免全球生态灾难，人类可能只有这一两代人的时间来采取有效行动。②根据联合国政府间气候变化专门委员会（IPCC）的预测，由化石燃料消费而引发的全球气候变暖可能会加速，到2100年海平面将上升0.2—0.6米，这意味着届时将有1/10世界人口的生存环境面临严重威胁。③但由于公民作为个体而存在的在视角、思维以及信息上的局限④，其对于气候危机的严重性并没有居安思危的理性认识。有研究认为，人的生理本性决定了其很难立足长远进行思考，一般都习惯性地只对眼前的损益作出判断。⑤另外，与核领域、金融领域、恐怖主义领域等具体、现实的风险不同的是，生态领域的风险主要是通过科学模型、空想实验预测出来的，其在主观认识上具有一种"反事实性"⑥，并非于日常生活中直接可见，从而无法给人们带来真实的危机感，难以引起社会大众的普遍重视。许多人觉得这些未来公共风险与个人生存现状的关系还很遥远，是后几代人操心的问题，由此比较漠视气候变化进一步恶化可能产生的风险。

（二）"个人力量弱小做不了什么"的消极态度

一方面，个人行动的累积效应会使低碳环保理念最高效地落到实处。但另一方面，个体行动本身的微小性却使得众人态度消极。2008年，有学者曾在英国进行了全国范围的调查，调查显示，虽然许多人都很关心全

---

① 参见王建民、王俊豪《公众低碳消费模式的影响因素模型与政府管制政策》，《管理世界》2011年第4期。

② 参见［澳］大卫·希尔曼、约瑟夫·约翰·史密斯《气候变化的挑战与民主的失灵》，武锡申、李楠译，社会科学文献出版社2009年版，第7页。

③ IPCC, Climate Change 2007: Forth Assessment Report, at http://www.ipcc.ch/.

④ 如个体视角的有限性、思维的非专业性以及信息掌握的缺乏等。

⑤ 有研究认为这个考虑期限一般是不超出其孙子辈的未来时间段。参见 E. O. Wilson, *The Future of Life*, London: Little Brown, 2002.

⑥ ［英］安东尼·吉登斯：《现代性的后果》，田禾译，译林出版社2011年版，第116页。

球气候变化，但却认为"我们太弱小，无力回天"。① 我国学者进行的一次类似调查也表明：受访人群中有近 2/3 的人认为"这个令全人类受益的任务太艰巨，小小的举动是作不出大的贡献的"，"一个人的力量不会有多大改变"。② 可见许多社会公众对自身个体环保举动的效果没有足够积极的认识。加之气候变化压力的公共性与公民个体的自我性之间存在巨大的责任回避空间，因而使得公民缺乏低碳行动的信心和动力。从行政管理角度来讲，这种局面的形成，很大程度上是因为公民对低碳行动处于信息赤字的状态，无法充分了解自己节能环保行为的潜力和贡献等相关信息，如个人日常行为的节能减排到底有多少效用、所有公民个体共同行动后会达到什么样的集合效果等，从而产生个体行动影响微不足道的认识。同时，公民在行政机关发布的全社会的节能减排任务面前会不自觉地与自己日常生活的低碳行动进行不恰当的对比，这会进一步固化个人力量与公共目标之间的巨大鸿沟。

（三）"搭便车"和"从众"心理

"搭便车"指一些公民自己不积极行动而指望从他人行动中受益；"从众"则是指人们对于某一事件采取观望态度，不主动行动而是待他人行动后才随大流跟进。这两种心态的彼此助推，普遍形成一种谁都不带头采取低碳行动的"囚徒困境"，即"我不做而指望别人做"和"别人做了我才做"。其中，气候变化问题具有公共性和外部性是"搭便车"心理形成的重要原因。应对气候变化属于"公共物品"③，无论自己行不行动，节能环保行为产生的环境红利均由全社会共享，并不具有独占性，这使得部分公民滋生了自己不积极行动也可以从他人行动中跟着受益的心理，有人曾形象地比喻："如果村里要集资修路，你不参与，最终的结果可能是那条路你不能行走；而如果村里要集资改善空气质量，你不参与，却没人能限制你呼吸改善质量后的空气。"④ 另外，"搭便车"心理与缺乏公共精

---

① Ipsos-MORI, public attitudes to climate change 2008, at http://www.ipsos-mori.com/Search.aspx? usterms=public%20attitudes%20to%20climate%20change，2012 年 11 月 18 日访问。

② 王建民、王俊豪：《公众低碳消费模式的影响因素模型与政府管制政策》，《管理世界》2011 年第 4 期。

③ 王军：《气候变化经济学的文献综述》，《世界经济》2008 年第 8 期。

④ 毛磊、毛春初：《节能减排，终极拷问》，《南方电网报》2010 年 12 月 27 日。

神和对社会责任的自私立场也不无关系，因为"没有一滴雨水会认为是自己造成了洪灾"。造成"从众"心理的原因则是：应对气候变化的公共物品属性，将使得个人或部分人的行动产生使全体获益的结果，且节能减排是需要行动人付出一定代价的，这致使准行动者考虑到会被他人"搭便车"而产生"吃亏"的不公平结果，最终决定待多数人行动后再参与。此外，许多人虽然有正确的认识，但囿于群体中整体性的压力，不愿因标新立异而成为被孤立的个体，很多人也没有跟随自己内心作出正确行动的勇气，因而不得不选择与多数人的行为保持一致。

（四）自由主义的消费观

公民的碳排放量主要来自于日常的消费行为，但现阶段公民的消费观很大程度上是自由主义范式。表现为：欲求性消费[①]的个人自由和省钱性消费的个人自由。前者是为追求高度的物质享受和精神刺激，消费远超越基本生活需要的物质或精神消费品，通常都属于资源浪费、奢侈无节的高碳产品，他们认为，只要个人具备消费能力并愿负担相应成本，这种消费完全是个人自由。至于由此导致的资源能源的过度消耗和碳排放问题则因为没有强制压力而一般也不被其考虑。省钱性消费考虑的是经济支出上的节约。当然，省钱性消费的"节约"与节能减排具有一致性，如使用自行车比使用机动车既省钱又节能减排。但省钱性消费与低碳在许多情况下也非完全相同。如购买传统家用电器比较省钱，而购买新型节能环保型的家用电器价格更高，但前者省钱却并不利于节能减排措施，即个人有省钱消费的自由，却不利于全社会的节能和环保。因而这种自由消费观也是个体未能积极参与节能减排的一种思想认识。此外，省钱性消费心理还源于人们对低碳节能消费的长远经济效益缺乏足够认知，是一种"损失厌恶"的思维习惯。"损失厌恶"指人们宁愿放弃将来更大的利益或蒙受更大的损失，也不愿承担眼前较小的损失或放弃较小收益[②]，因眼前的消费省钱而放弃低碳消费的长远收益。

总体来看，上述自由主义范式的消费观与传统的以个人自由为中心的

---

① 刘福森、郭玲玲：《消费主义霸权统治的生存论代价》，《人文杂志》2005 年第 4 期。

② See John Broome, Discounting the future, *Philosophy & Public Affairs*, 1994, Vol. 23, pp. 128 – 156.

权利意识不无关联,人们都认为自己为自己的消费"埋单"与他人利益无涉,是绝对的自治领域。

二　加强行政指导的针对性

对于人们以上这些认识和习俗,政府必须通过针对性的行政指导促使其加以转变。

(一)加强对气候变化不利后果的警示和告诫

针对公民漠视气候变化风险的态度和居近安不思远危的错误认识,行政机关应注重警示因漠视所必然会产生的严重后果——受到自然规律无情的惩罚以及将来更严格的法律上的责任承担。在行政指导中要综合运用能被公众于日常生活中直观感受到的方式,激发人们对危险后果的认知和紧迫意识。

(二)积极运用信息工具引导个体正确认识自身低碳行动的潜力和贡献

环境心理学认为,"当环保行为与某些积极后果相关联时,就会成为一个更具吸引力的选择。"[1]针对认为个体力量微不足道的态度,行政指导要充分传递个人节能减排贡献力的信息,促使公民对个体低碳行为的意义产生确信,以提高其信心、兴趣和动力。如充分展示全体公民共同行动的巨大集合效果,通过反馈个体之间节能减排成效的比较贡献来提高他们之间竞争的积极性。

(三)着力引导转变不低碳的自由消费

对于欲求性消费而言,须实施有针对性的行政指导来加以抑制。因为这是远超出基本生活需求的"一种虚假的需要"[2],由此产生的资源耗费和高碳排放是完全应当避免的。与欲求性消费不同,省钱性消费从本质上讲,是公民个体基于逐利本性而进行的利益衡量的选择,基于此,行政指导的重点则是要帮助公民建立省钱与低碳二者关系的正确认识,告之眼前的节省但并不比低碳的消费在长远经济效益上划算。针对"损失厌恶"

---

① Wokje Abrahamse, Linda Steg, Charles Vlek, Talib Rothengatter, A Review of Intervention Studies Aimed at Household Energy Conservation, *Journal of Environmental Psychology*, 2005, Vol. 25, p. 278.

② [美] 马尔库塞:《单向度的人》,张峰、吕世平译,重庆出版社1988年版,第6页。

的心理,则要给以适当的利益诱导(如对消费节能环保产品减免税费、给予价格优惠等),或者指引既省钱又低碳的消费方式。

(四)培育防范"搭便车"现象的社会环境,通过示范来引导"从众"人群积极行动

对于"搭便车"和"从众"心理,重点是减少"搭便车"的机会。行政机关可以通过行政指导建立规模适当、边界明确的低碳社会组织对"搭便车"现象进行抑制。低碳社会组织就像整个社会的无数个细胞,其可以将节能减排这个抽象的社会责任在组织细胞内部具体化。因为,在一定规模的组织内部之间,更方便进行清晰和公平的责任分配,并方便相互监督,从而减少"搭便车"的机会。"搭便车"和"从众"两种心态有着紧密的关联,故"搭便车"问题的解决在一定程度上也能破解一些"从众"者被"搭便车"的忧虑。同时,还可通过典型示范的行政指导,积极引导"从众"人群展开行动。"从众"心理的基本特征是:虽会观望却愿意随他人行动,典型示范的行政指导正好可以为"从众"者提供节能减排的正面榜样和效仿对象,感召这一部分群体主动跟随示范的榜样实施低碳行为。英国环境、食品和农村事务部(DEFRA)在对"公众应对气候变化的行动意愿"作出调研后就曾提出:对于"在环保方面没做过什么,但如果别人这样做他们也会跟着做"的从众人群(占受访者的14%),应当加以"示范"(exemplify)引导。①

第四节 创新行政指导的路径

行政指导要达成促进公民低碳行动的效果就要依赖于路径的创新。目前低碳行政领域采用的主要是利益诱导②,但仍存在局限性。因为利益诱导需要花费很大的财力才能有效发挥作用,而这难以被长期、广泛运用。因而不能局限于单一的行政指导方法,而应创新并运用多样化的方法。

---

① See Department for Environment, Food and Rural Affairs, *A Framework for Pro-Environmental Behaviors*, London: HMSO, 2008.

② 如《大气污染防治法》第8—9条、《节约能源法》第67条、《循环经济促进法》第48条、《清洁生产法》第6条和第16条、《森林法》第12条等气候变化相关法中,针对公民个人节能、节水、绿色消费、植树等低碳行为均运用了"鼓励"、"奖励"等利益诱导措施。

一　警示功能的指导

警示功能的指导，是通过警示、告诫人们气候变化的严重后果，促使人们认识节能减排的必要性和紧迫性，它主要针对漠视气候变化风险的心态。这类指导包括：

（一）危险样本的警示

气候变化危机在日常生活中一般并不为大多数社会公众所直接可见，因此需要借助特定事例来对社会公众进行警示。媒介心理学指出："当抽象的、统计学意义上的气候变化风险同具体的焦点事件和清晰反应方式联系在一起时，能使公众十分直观地感受到危险的紧迫性。"[①] 在实践中，我国有关部门已开始运用这类指导，如组织制作播出过《全球变暖——正在实现的预言》、《直视全球变暖》[②] 等，对社会形成了一定的教育警示作用。但危险样本的警示还需要在内容和传播上进行完善。就内容而言，不能只展示海平面上升、物种灭绝等相对遥远的危险后果，而应当突出我国国情，重点选择我国因干旱、雾霾、污染等已严重影响人类生活的地区、事例作为警示样本，因为这是更能被我国公民所熟知的情形。"熟悉的风险较之不熟悉的风险、显眼的风险较之不显眼的风险会被认为更易发生并受到重视。"[③]

（二）直接体验的警示

对亲身的经历，人们通常会产生较高的可信度，从认知规律上讲，当个体以自身经验作为风险认知的基础时，与经验教训相关的负面情绪体验将"迅速、准确、理性地"驱使个体产生风险意识。[④] 有关消费心理的研究也发现，在消费活动中，"低碳意识的来源会影响意识与行为之间的一

---

　　① 参见［英］安东尼·吉登斯《气候变化的政治》，曹荣湘译，社会科学文献出版社 2009 年版，第 127 页。

　　② 网络视频地址：http：//video. sina. com. cn/v/b/2406971 - 1258065320. html；http：//tv. cntv. cn/video/C39278/3237626666194fb68838eae06f74aaec，2013 年 9 月 27 日访问。

　　③ ［美］凯斯·R. 孙斯坦：《风险与理性》，师帅译，中国政法大学出版社 2005 年版，第 41—43 页。

　　④ See Paul Slovic, Melissa L. Finucane, Ellen Peters & Donald Macgregor, Risk as analysis and risk as feelings：Some thoughts about affect, reason, risk and rationality, *Risk Analysis*, 2004, Vol. 24, pp. 311 - 322.

致性,当意识更多地来自个体亲身体验和实践经历时,低碳心理意识对低碳消费模式的预测效果会显著增加。反之,当意识主要来自空洞的书本说教时,低碳心理意识对低碳消费模式的预测效果则可能大大降低。"① 这对行政指导的实施是有启示性的:对公民组织身临其境的体验活动,增强人们对气候变化的危机感,促使其开展低碳行动。如建立低碳教育基地,模拟再现诸如海岸淹没、干旱、飓风、洪灾等气候变化的危险情景等,让人们参观体验;设立"能源资源匮乏体验日",通过一天的水、电、气停止使用等让人们感受气候变化危机等。

(三) 承担法律责任的警示

法律责任的课予对于社会个体也是重要的规制方式,随着气候变化严重性问题的加剧,节能减排的伦理义务将会递进为强制性的法定义务,国家在必要时将采用诸如征收、处罚以及强制等"硬规制"手段。2011 年修订的《车船税法》首次以汽车排量为基准累进征收车船税以及各地方已陆续出台的《公共场所禁烟条例》等,在某种程度上也是日益严峻的资源和环境危机使然。法律层面的规制会对公民施加强制义务并减损其既得权益,这对促使人们采取积极的低碳行动有更强的警示作用。因此行政指导可以通过承担法律责任的警示,以生动的案例引导公民自觉进行节能减排行动。

二　抑制功能的指导

抑制功能的指导,是通过一定约束手段对高碳消费行为加以预防、减缓和制约,这主要适用于享乐性的高碳消费。我国在鼓励消费、拉动内需的同时,要加强节能减排的考量,针对高碳消费,行政指导应引导社会形成抑制,这包括以下方式:

(一) 基于声誉机制的抑制

声誉是人的重要社会资本,出于某种声誉考虑,人们会抑制自己的行为,从而产生导向作用。因此通过声誉机制,行政指导能够对高碳消费公民形成声誉上的压力,从而发挥抑制作用。首先,估算确定并公布公民个

---

① 王建民、王俊豪:《公众低碳消费模式的影响因素模型与政府管制政策》,《管理世界》2011 年第 4 期。

体基本生活的日或月平均碳排放量标准（对不同区域可以有所不同），大力提倡广大公民在生活消费中切实遵守低碳标准。其次，定期向广大公民宣传衣、食、住、行、用等日常生活行为产生的碳排放量数据①，告知人们如何做能符合标准。再次，对个人的高碳消费行为实施声誉提醒。如通过消费发票、缴税单据、包装上的碳标识等对公民的高碳消费予以提示。最后，通过公开披露当事人的碳排放信息，来对较为严重的高碳消费行为施加声誉压力，借助社会舆论发挥抑制作用。如对生产过度包装等浪费能源资源消费产品的生产厂家，在单位时间内水、电、气等资源使用量远超出合理标准的个人，管理部门应在一定范围公布名单实施声誉警示。

（二）基于偿付机制的抑制

政府的价格抑制政策对消费行为也具有重要的引导作用。早在 2003 年，德国就开始对金属易拉罐、一次性饮料瓶等回收率较低的容器实行押金制度，消费者在购买所有用塑料瓶和易拉罐包装的矿泉水、啤酒和汽水时，均要支付相应的押金（1.5 升以下需支付 0.25 欧元），而在退还空罐时便可领回。② 就我国而言，国务院办公厅曾发布《关于限制生产销售使用塑料购物袋的通知》，要求"所有超市、商场、集贸市场等商品零售场所实行塑料购物袋有偿使用制度，一律不得免费提供塑料购物袋"，这些对社会消费都是有指导性的，即通过"有偿"来实施有效的抑制。

抑制功能的指导区别于警示功能的指导：前者偏重于从主观上进行警示劝诫，而后者则偏重于从客观上进行直接抑制。对于两种指导的功能，实践中可以灵活地配合运用。

三　组织功能的行政指导

组织功能的指导，是组织社会广泛建立一定规模的低碳组织（如低碳社区、低碳企业、低碳机关、低碳校区、低碳车友协会、低碳志愿者协

---

①　科技部编制的《全民节能减排手册》就是一个很好的例子。该手册对衣、食、住、行、用 5 个方面的单位节能效用进行了宣传，告知少买一件不必要的衣服可节能约 2.5 千克标准煤，相应减排二氧化碳 6.4 千克；少浪费 0.5 千克粮食（以水稻为例），可节能约 0.18 千克标准煤，相应减排二氧化碳 0.47 千克，等等。参见科技部网站：http://www.most.gov.cn/ztzl/jqjnjp/qm-jnjpsc/qmjnjpsc-ml.htm，2013 年 10 月 20 日访问。

②　参见佚名《国外垃圾如何分类》，《开封日报》2010 年 7 月 9 日。

会等),通过低碳组织将低碳责任在内部的具体化,督促组织中的每个成员节能减排。这可以有效针对"搭便车"心理和解决部分"从众"者对被搭便车的担忧。就工作重点来看,组织功能的行政指导包括以下方面:其一,指导、支持建立各类低碳组织;其二,指导低碳组织制定节能减排的村规民约、自律准则等,明确组织成员的行为规范和责任,建立奖惩和监督机制等;其三,指导开展各种节能减排的活动。如政府部门或委托第三方对低碳组织开展低碳知识的宣传、示范节能减排的方法、提供节能减排的服务等。对此,我们可以低碳社区为例,来探讨组织型行政指导的一些运用。

"低碳社区是指有一个领先的小气候,能源结构可循环、可持续的区域,可以理解为低碳城市中城市空间结构的具体领域的概念延伸。"①相对于其他社会组织,低碳社区具有独特的优势。首先,作为城市最小的单元和细胞,社区在推广低碳技术、政策和生活方式上具有较大机动性和易操作性。其次,基于社区自治的运作模式更容易实现节能减排决策的民主化,故具有较强的正当性和可接受性,从而真正得到公众成员的支持与践行。再次,本地化的行动更易于公众个体参与社区进行节能减碳,方便成员之间的经验分享和沟通交流,使之真正融入公众的日常生活。最后,通过自下而上、由点及面的方式,有利于形成节能减排的网格治理和规模效应。我国《"十二五"控制温室气体排放工作方案》已经对低碳社区建设作出了部署,各地根据地区实情进行了多个生态低碳社区建设尝试,如北京丰台区长辛店低碳生态社区、上海崇明东滩生态社区、广州亚运城等。在如何促成低碳社区建设的问题上,组织型指导大有可为。英国环境学者 Lucie 和 Bradley 曾在《低碳社区的能力建设》一文中提出了一个建设低碳社区的理论框架,认为促进社区及其成员承担生态足迹责任涉及四个能力维度:一是文化能力(Cultural Capacity),即"根据社区的历史和价值观使可持续性目标合法化、正当化";二是组织能力(Organizational Capacity),即"评估和制定社区的行动纲领,并为社区行动提供支持";三是基础设施能力(Infrastructural Capacity),即"政府、企业和社区组织所提供的可持续性生活设施";四是个人能力(Personal Capacity),即

① 马煜婷:《低碳社区在国外》,《经济》2010 年第 11 期。

"成员对社区可持续性能力的贡献资源（如认知、技能、价值观、热情等）"。[①] 行政指导与这些能力的塑造具有很强的契合性，组织型指导应当致力于增强低碳社区的这四种能力：（1）依托街道办事处和居民委员会积极推动低碳社区试点，并指导和协助社区制定节能减排自律公约，以增强低碳社区的"组织能力"。（2）帮助社区进行宣传教育，指引社区通过民主、协商的方式共同拟定节能减排计划，并在社区之间搭建信息交流和共享平台，扩大低碳社区的影响，以增强低碳社区的"文化能力"。（3）为社区提供节能减排指南，协助社区培训成员的低碳生活技能，并对先进成员给予奖励，以增强低碳社区的"个人能力"。（4）在社区建设提供低碳交通、能源节约、碳汇管理等方面的规划建议，以及建筑节能改造、能源循环利用方面的技术支持，并制定专门财政预算作为物质保障，以增强低碳社区的"基础设施能力"。

四　效果反馈功能的指导

效果反馈功能的指导，是通过反馈节能减排的效果，引导公民增强低碳行动的信心与动力。适用于引导转变在低碳社会建设上"个人力量弱小"的消极态度。效果反馈功能的指导应注重反馈以下信息。

（一）对节能减排集合效果的反馈

不了解共同行动的集合效果，是个体产生"个人力量弱小"的认识误区之一。因此，行政指导应当有针对性地向社会反馈个人节能减排的集合效果信息。实际上，"在二氧化碳减排过程中，普通民众拥有改变未来的力量"[②]。有统计表明，如我国的家庭普遍采用节能电灯，一年可节电700 多亿千瓦时；将所有家庭现有的 1 亿多台冰箱全部换成节能型，一年则可节电 400 多亿千瓦时。两者之和相当于一个多三峡电站的年发电量。[③]

---

① Lucie Middlemiss, Bradley D. Parrish, Building Capacity for Low-Carbon Communities: The Role of Grassroots Initiatives, *Energy Policy*, Vol. 38, 2010, pp. 7559 – 7566.

② 联合国环境规划署执行主任阿西姆·施泰纳语。陈媛媛：《今天的一言一行将影响未来——记取 2009 年公众参与环保十个瞬间》，《中国环境报》2009 年 12 月 30 日。

③ 参见邹文彬《家庭节能减排潜力巨大》，《当代广西》2008 年第 7 期。

（二） 对节能减排个体效果的反馈

"个人力量弱小"认识误区的另一原因，是个体对自己日常节能减排累积效果的信息赤字，这也需要行政指导及时反馈。政府部门可运用个体节能减排效果的数据模型进行预测性反馈，即事先通过模拟计算的数据信息告知公民相关低碳行动会产生的节能减排效果。如科技部的《全民节能减排手册》，就根据科学测算，向广大公民预测反馈了衣、食、住、行、用等日常行为具有的节能减排潜力。此外，还可以通过低碳组织建立对个体成员部分碳足迹的跟踪与反馈制度，如各单位可以以一定的节能减排平均值为标准，定期反馈内部各机构节省用水、用电、用油、用气所取得的累积效果。

（三） 对节能减排对比效果的反馈

国外有环境心理学研究团队曾进行了节能减排对比效果的实验，他们以邻居、朋友圈为基础，组成若干个小组，在两年内定期向部分小组反馈其各自及相互的节能环保信息。实验结果显示，实施了对比反馈的小组比未实施对比反馈的小组在用气、用电、用水量方面平均节省了 16.9%、7.6% 和 6.7%，废品丢弃量减少了32.1%。① 这一研究表明，运用对比效果的反馈措施有利于激发人们的节能减排动力。这一做法，就是通过反馈对比效果来引导人们的节能减排行为。

五 示范功能的指导

示范功能的指导，是通过展示节能减排的范例来引导社会。具体可以分为以下几类：

（一） 低碳方法示范

向公民传授和推广简便易行、经济节省的节能减排方法，是最直接有效的示范措施。美国学者 Richard A. Winett 等曾制作了一档 20 分钟的节能示范电视节目在 9 周内定期向 150 户家庭播放，结果显示，这些家

---

① See Staats, H., Harland, P. & Wilke, H. A. M., Effecting Durable Change: A Team Approach to Improve Environmental Behavior in the Household, *Environment and Behavior*, 2004, Vol. 36, pp. 341 – 367.

庭均在不同程度上接受了示范方法并平均减少了 9%—20% 的电力使用。[①] 就低碳示范方法而言，具体包括三个方面：一是强化低碳示范方法的可操作性。现有的媒体节目更多的是宣传低碳的意义、气候变化的危害等，而很少就具体的节能减排方法进行专门介绍，而这对于广大公民的日常生活来讲是最为需要的，因此，行政指导应当注重通过各种方式来示范操作性强的节能减排做法。二是所介绍的节能减排方法应当是简便易行、经济节省的。开展节能减排当然需要一定的成本支出，如果成本过高就会影响人们节能减排的积极性。因此，行政指导所示范的方法应当便利公民并且能降低他们的成本。三是介绍节能减排的方法应当注重运用生动活泼的形式。目前一些示范指导都比较单调、枯燥，多是数据性或口号性的方式，而不是广大老百姓喜闻乐见的形式，这就难以吸引社会受众的兴趣。

（二）低碳道德示范

低碳道德示范是通过弘扬低碳道德、树立低碳榜样来引导公民的行动。具体包括：一是将积极节能减排确立为一种新的道德范式。传统道德着眼于规范人与人之间的社会关系，如助人为乐、爱岗敬业、尊老爱幼、拾金不昧等，但这些道德还不能完全适应人与自然关系和谐的要求。因此，在气候变化的背景下，人们的节能减排行为，已具有气候正义的"道德向度"。[②] 中共中央 2001 年颁布的《公民道德建设纲要》已将"保护环境"确立为一项社会公德，这契合了低碳时代的要求。对于这种新时代的社会公德，我们还需要丰富其内容，整合其行为规范体系，归纳其价值取向和对大自然及人类社会美好未来的贡献，形成节约能源资源、保护自然生态、担当社会责任的低碳道德体系。同时，在全社会加以大力弘扬和推崇。二是树立低碳道德的社会楷模。目前在现实生活中，已经大量出现积极践行低碳生活的典型[③]，但国家还没有将其作为楷模加以表彰。目前的道德模范评选，还只有"助人为乐"、"见义勇为"、"诚实守信"、

---

① Winett, R. A., Leckliter, I. N., Chinn, D. E. & Stahl, B., Reducing Energy Consumption: The Long-term Effects of a Single TV Program, *Journal of Communication*, 1984, Vol. 34, pp. 37 – 51.

② 陈熙琳：《具有道德向度的"低碳时代"》，《中国西部》2009 年第 6 期。

③ 参见刘超、马茜《志愿者 20 多年践行低碳生活》，载中国网：http://news. china. com. cn/live/2012 – 11/11/content_ 17096346. htm，2013 年 11 月 12 日访问。

"敬业奉献"、"孝老爱亲" 这五种①，而将在节能环保方面有重要贡献的先进人物作为低碳道德模范还属空白，这是不利于引领广大社会成员开展节能减排的，有必要加以改进。广泛宣传低碳道德楷模的节能减排事迹，大力倡导全社会来学习和效仿。

---

① 参见中宣部《评选表彰第四届全国道德模范实施办法》。http：//www. wenming. cn/ddmf_ 296/jj_ ddmf/201304/t20130413_ 1172823. shtmlf，2013 年 11 月 12 日访问。

第 八 章

行政处罚在低碳领域中的运用与发展

政府促进低碳社会建设的行政规制方式主要有两大类型：一是以行政指导、行政合同为代表的合作自愿性机制；二是以行政处罚、行政强制为代表的单方强制性机制。在单方强制性机制中，行政处罚具有不可或缺的重要作用，是在行政执法活动中得以广泛运用的方式。以下就行政处罚在低碳社会建设中的有效运用和改进问题进行探讨。

第一节　行政处罚在节能减排中的运用

一　现行行政处罚的相关法律规定

为促进低碳社会建设，我国已制定了一系列有关资源、能源和环保等方面的法律法规。就目前的立法来看，除了《行政处罚法》这部行政处罚基本法对行政处罚制度所做的整体性、一般性规定之外，直接涉及低碳规制行政处罚的法律规定主要分布于能源资源节约立法和污染防治立法两大领域。

（一）节约能源、资源立法中的行政处罚

1. 节约能源法。1997 年通过、2007 年修订的《节约能源法》涉及的节能行政处罚较多，包括警告、罚款、吊销营业执照、责令停产停业等。①

2. 可再生能源法。2005 年出台的《可再生能源法》在"法律责任"部分，第 29 条主要规定了罚款的行政处罚。

---

① 参见《节约能源法》第 68—80 条规定。

3. 循环经济促进法。2008 年颁布的《循环经济促进法》在法律责任部分对各类违反资源能源利用减量化、再利用和废物资源化义务的行为规定了相应的行政处罚措施，主要有罚款、没收违法所得、吊销营业执照等几种。①

4. 煤炭法、电力法、水法。我国《煤炭法》、《电力法》和《水法》中的"法律责任"部分均涉及有关能源、资源节约的罚则，主要包括罚款、没收违法所得、责令停产停业等几种行政处罚。②

（二）污染防治立法中的低碳行政处罚

污染防治立法中的低碳行政处罚涉及面十分广泛，其中与气候变化关系较为密切的包括以下法律：

1. 环境保护法。2014 年新修订的《环境保护法》加大了对环境污染违法行为的处罚力度。一是规定违法行为有继续的，可以按日连续进行罚款处罚。③ 二是针对违法情节严重的经营者，可责令停业、关闭。④ 三是违法情节严重但不构成犯罪的，除依照有关法律法规规定予以处罚外，可由公安机关对相关人员进行⑤行政拘留。

2. 清洁生产促进法。2002 年通过、2012 年修订的《清洁生产促进法》主要规定了罚款的行政处罚。⑥

3. 水法和水污染防治法。《水法》和《水污染防治法》针对在相关水域内非法排污的行为规定了罚款、责令拆除、恢复原状、责令改正等行政处罚。⑦

4. 大气污染防治法。《大气污染防治法》是规制大气污染的基本法律，该法规定了罚款、吊销资格证、责令停止违法行为、限期治理、没收和销毁违法设备、强制拆除、取消生产和进口配额等诸多形式的处罚。⑧

从现有的法律规定来看，目前有关低碳规制的行政处罚制度已基本建

---

① 参见《循环经济促进法》第 51、52、53、54、56 条规定。
② 参见《煤炭法》第 59 条、《电力法》第 62 条、《水法》第 68 和 71 条规定。
③ 参见《环境保护法》第 59 条规定。
④ 参见《环境保护法》第 60 条规定。
⑤ 参见《环境保护法》第 63 条规定。
⑥ 参见《清洁生产促进法》第 39、41 条规定。
⑦ 参见《水污染防治法》第 67、73 条规定。
⑧ 参见《大气污染防治法》第 45—51 条规定。

立，处罚种类及其运用具有多样化的特点。但是考察现有行政处罚的状况，可以发现还存在着一些不足，不能完全针对低碳规制的需求。

二 行政处罚的主要不足及原因分析

现行节能减排领域中行政处罚存在的不足主要表现在以下方面。

（一）针对公民个体的行政处罚比较欠缺

目前行政处罚的适用对象主要是法人和组织，针对公民个体的行政处罚明显缺乏。如《水污染防治法》的"法律责任"部分共有 22 个条款规定了行政处罚，其中绝大部分条款都是针对组织、单位的罚则，仅有第 81 条第 2 款中规定了对公民个体的处罚。[①] 而在节能减排的相关法律法规中，大量立法几乎没有设置有关公民个体的违法行为及其行政处罚。有些法律条款虽然规定了公民个体在低碳和环保方面的义务，但大多只限于是抽象性和提倡性的义务规定，缺乏相应的罚则和法律责任作为保障，如《环境保护法》第 6 条、《节约能源法》第 9 条的规定，除此之外均没有对公民个体不履行法定义务时追究处罚责任的具体条款规定。

毫无疑问，每一个公民个体都具有积极参与低碳社会建设、依法节能减排的义务和责任。事实上，在社会资源、能源消耗总量中，来自公民层面的能耗占了很大比例，在温室气体和污染物排放方面，公民部分所占比例甚至与企业法人和其他组织的工业排放不相上下。例如，在资源、能源消耗方面，1999—2004 年中国城镇居民完全能耗的面板数据从 2.31 亿吨标准煤增长至 5.65 亿吨标准煤（1 吨标准煤约等于 1.9 吨二氧化碳当量），占当年社会一次能源消耗总量的比例由 19% 上升到 31%。[②] 根据 2013 年《中国环境状况公报》中显示的污染物排放情况，居民生活源的化学需氧量排放为 889.9 万吨，占全国排放总量的 37.8%，超过工业源排放的 200% 以上；居民生活源的氨氮排放量为 141.4 万吨，占全国排放

---

① 《水污染防治法》第 81 条第 2 款规定："个人在饮用水水源一级保护区内游泳、垂钓或者从事其他可能污染饮用水水体的活动的，由县级以上地方人民政府环境保护主管部门责令停止违法行为，可处五百元以下的罚款。"

② 参见王妍、石敏俊《中国城镇居民生活消费诱发的完全能源消耗》，《资源科学》2009 年第 12 期。

总量的居民生活源的 57.4%,超过工业源排放的 470% 以上(见表 8—1)[1]。由此可见,现有的行政处罚只规范企业法人和其他组织的低碳行为是远远不够的。为了有效应对气候变化和建设低碳社会,同样需要公民个体的行为进行控制。

表 8—1   2013 年全国废水中主要污染物排放量

化学需氧量（万吨）					氨氮（万吨）				
总量	工业源	生活源	农业源	集中式	排放总量	工业源	生活源	农业源	集中式
2352.7	319.5	889.8	1125.7	17.7	245.7	24.6	141.4	77.9	1.8

当然,目前我国低碳社会建设尚处于初步探索阶段,基于对社会可接受程度以及新事物循序渐进的发展规律的考量,目前对公民个人低碳环保行为的规制主要采取的是行政奖励等利益诱导方式。不可否认,利益诱导更易于引导公民的低碳行动,但如果没有必要的惩罚机制作为保障,依靠利益诱导的效果往往只是“昙花一现”,难以长久。这种利益诱导的作用在理论上往往是随时间延续而递减的。美国学者德威尔等曾在华盛顿地区的企业中随机抽取了 220 名具有驾车习惯的志愿者,分为实验组和对比组两组进行了一项减少驾驶里程的节能行为实验。实验为期 4 周,每周减少5% 以上驾驶里程者将根据减少量获得 9—12 美元的奖励;第 4 周结束时,减少里程最多的冠军可以获得 41 美元的奖励。结果显示,在给定条件下,实验组在 4 周内平均减少了 11% 的驾驶里程;对比组的驾驶里程则上升了 21%。然而,在随后 28 天的跟踪观察中,随着金钱奖励的撤销,实验组取得的成效旋即消失。还有学者对省电行为的物质奖励进行了经济分析,结论认为“节省效果随着奖励的时间延续呈边际递减”[2]。不仅环境领域如此,在我国的交通管理领域也有类似情况。2013 年 7 月 5 日,泰州市公安局曾以推出过一项人性化执法举措,对首次违章停车者只给予

---

[1] 环境保护部网站:《2013 年中国环境状况公报》,http://jcs.mep.gov.cn/hjzl/zkgb/2013zkgb/,2015 年 1 月 19 日访问。

[2] Lou McClelland, Stuart W. Cook. Energy Conservation Effects of Continuous in-home Feedback in all-electric Homes. *Journal of Environmental Systems*, Vol. 9, 1979, pp. 169 - 173.

"友情提醒"而不开罚单，这实际上是一种以"免于处罚"的利益来诱导当事人不要再次违章的指导方式。这项人性化执法在试行头一周效果良好，违停数量有所减少。但好景不长，根据交管部门统计，在该月的后三周，违停车辆共计 11697 辆次，而 6 月份友情告知没有实施前，被贴罚单的车辆为 10686 辆次。这意味着，"首次免罚"的利益诱导方式虽然在短期内取得了突进效果，长远来看反而让违停率上升了 10%，最终不得不被叫停。① 对于以上现象，心理学给出的解释是，奖励并不能使诸如节能、环保这样的责任负担行为内化成一个强有力态度。② 有鉴于此，为了有效约束公民履行低碳和环保义务，在实施行政奖励等柔性引导行为的同时，还必须依靠行政处罚作为刚性的约束和保障机制。

（二）缺乏对气候变化风险预防的考量

因气候变化所带来的能源危机、环境污染等生态风险具有不确定性的特质，有些危害后果的长远影响还具有不可知性。这些在一定程度上已超出了人类现有科学水平的认知范围，呈现出四个方面的不确定性。一是风险后果危害程度的不确定性，对于气候变化和环境污染的具体危害需要经过较长的历史时期或者等到其危害实在发生之后才能得到最终揭示，在当下现实生活中没有明显的体现。二是发生概率的不确定性，即现有的科学技术无法准确地预测气候变化等环境风险究竟有多大。三是因果关系上的复杂性，即最终发生的风险后果与作为触发因素之一的单个组织、个人的行为并不是一一对应的关系，因而还无法以充分的证据来证明。例如，我国 2008 年发生的南方大雪灾这一极端气候变化与某个单位或个人的高碳排放行为在因果关系上是难以证明的，在现有的科学技术条件下，只能从理论上推断出它们具有一定的相关性。同时，生态风险所带来的一些危害后果还具有不可逆转性，即危害结果只要作用于现实，就不可能再重现原貌，也不能被替代。这些对低碳规制行政处罚的运用提出了新的要求，它不能局限于危害后果发生之后，也不能拘泥于违法行为与危害后果有直接的一一对应的因果关系等传统理念，而应该把关注点放在预防危害后果的

① 参见王伟健《泰州为何叫停柔性执法》，《人民日报》2013 年 8 月 6 日。
② 参见［美］菲利普·津巴多、迈克尔·利佩《态度改变与社会影响》，邓羽、肖莉、唐小艳等译，人民邮电出版社 2007 年版，第 47—53 页。

发生上，重点考量风险的预防。

面对现代生态风险的不确定性及其危害后果的不可逆转性，要求政府应积极作为，采取必要手段对可能发生的重大生态损害风险采取预防措施，即缺乏科学确定性不能成为拒绝或延迟采取规制措施以有效防范生态风险的理由。预防生态风险的迫切需要对政府规制提出了新的任务，行政处罚作为政府规制基本工具，应当加强对风险预防的考量。实施风险预防的行政处罚与对已造成危害后果的行政处罚是各有偏重的。后者要求必须有具体的危害后果事实、证明违法行为与危害后果之间因果关系的确凿证据。这是一种定位于确定性的处置，而风险预防则是一种防控未知、不确定性的处置。其特点在于：其一，行政处罚不以已发生了具体的危害后果而论，只针对违法行为的作出本身；其二，行政处罚不拘泥于违法行为与危害后果之间一一对应的直接因果关系，而偏重于违法行为对危害后果发生的风险性，或者有着多因一果的关系；其三，行政处罚以避免出现危害后果或降低危害后果的程度为基本目的，可以赋予执法机关较大的自由裁量权，对初步发现违法行为有可能造成危害后果或扩大后果的严重性时，就可以提前介入，运用恰当的处罚种类及时干预。在环保执法实践中，已探索过这种预防性行政处罚的模式。2011 年 5 月，韶关曲江区乌石镇大坑口村有不明恶臭气体，村民普遍反映恶臭源自小学旁边的盛兆矿业有限公司，该气体已导致许多人出现头疼、咳嗽等不良反应。5 月 27 日，环保局进行了现场调查，责令韶关市曲江区盛兆矿业有限公司先行停产，并对该企业实行全天候监控，在未排除该企业是异味源时，不得生产。[①] 该处罚案在某种程度上反映了对生态风险进行预防性处罚的特点。环保部门是以"未排除该企业是异味源"作为事实依据的，显然这只是一种初步调查的结果；同时，目前我国尚未颁布恶臭物质监测规范和标准，环保部门是根据人们嗅觉感官来判断和鉴别企业排放了恶臭污染气体。但是，为了防范随时可能发生的、危及广大村民和小学生生命与健康的巨大风险（一旦灾难性事故发生将难以弥补损害后果），仍在证据似乎并不确凿，因果关系尚欠完全直接、清晰的情况下（偏重的是一种明显的可能性或

---

① 参见佚名《韶关多家企业因"生产怪味"被铲除或停业》，广东新闻网：http://www.gd.chinanews.com/2011/2011－06－02/2/116618.shtml，2015 年 1 月 25 日访问。

不排除性）先行实施了责令停产的处罚，这显然突出的重点是处罚的预防性而不是处罚的惩戒性。这是一种新的处罚理念，适用于在低碳环保领域，行政处罚应当在坚持处罚法定原则的基础上强化风险预防考量，以有效应对低碳时代的生态风险。

（三）缺乏生态恢复的法律责任

"21世纪应当是环境恢复与再生世纪。"[①] 生态恢复是实现可持续发展的重要要求，二氧化碳排放或环境污染事件行为均可能导致生态环境本身物理、化学或生物功能的严重不利变化，弥补这种违背自然规律的不利变化必须依赖于人工措施的补救。[②] 然而，从以上对低碳环保领域行政处罚法律规定的梳理中可以发现，目前的行政处罚秉持的是一种秩序罚理念，片面强调对违法相对人的惩处，忽视了对自然环境和气候资源的生态恢复。在立法层面，除了《水污染防治法》等个别法律的个别条款涉及限期治理和消除污染等恢复性行政处罚外[③]，其他低碳环保领域立法对破坏环境或高碳排放的违法相对人一般只是给予罚款、责令停产停业、吊销许可证乃至行政拘留等制止性、惩罚性的行政处罚措施，对于遭到违法行为破坏的环境和气候状况却缺乏任何恢复性行政处罚法律责任。这些传统的行政处罚措施是一种面向现在和未来的制止性、威慑性方式，对于过去已经受到污染和破坏的大气资源是无法给予直接补救的。2014年新修改的《环境保护法》大幅度强化了对环境违法行为的行政处罚力度，但仍然没有建立恢复性责任的行政处罚。

由于行政处罚中污染者不承担治理与修复的责任，罚款或者停产停业甚至关闭对其带来的成本往往只相当于其造成的生态环境损失的极小部分。这些传统的处罚方式最大的问题在于不能对已经产生的环境污染和损害进行有效治理。以2006年轰动全国的"松花江水污染事件"为例。吉林石化分公司双苯厂硝基苯精馏塔在2005年11月13日突然发生爆炸，在此次爆炸事故中大约有100吨苯类物质（苯、硝基苯等）流入松花江，

---

① 王灿发：《环境恢复与再生时代需要新型的环境立法》，《郑州大学学报》（哲学社会科学版）2002年第2期。

② 参见竺效《反思松花江水污染事故行政罚款的法律尴尬——以生态损害填补责任制为视角》，《法学》2007年第3期。

③ 参见《水污染防治法》第76、80条规定。

不仅使该流域水质受到重大的污染,而且给沿岸居民的生活带来恶劣的影响,并有部分污水流入俄罗斯境内的阿穆尔河,引发了外交纠纷。① 在该案适用的行政罚款的处罚方式中,根据《水污染防治法实施细则》的规定,最高罚款额也不会超过100万元。国家环保总局也按照100万元的最高标准作出了行政处罚决定。然而,百万元罚款对于损害的修复来讲只是九牛一毛。政府财政拨付用于治理松花江污染的费用高达100多亿元,仅2011年一年便耗费8亿元。② 这笔费用实际上是由全体纳税人埋单的,显然负担极不公平。当然,松花江污染可能并非全部由吉林石化一家公司的污染行为所导致,但从100亿元的恢复治理投入来看,吉林石化公司缴纳的100万元罚款与之相比只占很小比例。

针对目前传统处罚方式(尤其是罚款)所面临的困境,有许多学者提出实行按日连续处罚的对策,并被2014年新《环境保护法》所吸纳。这种按日连续进行的处罚在功能上是以提高企业违法成本的方式来预防和处理违法行为的。但按日连续处罚仍然是一种金钱罚,对违法主体行为的规制作用有限。而治理受损的生态环境需要切实采取相关的补救行动,并组织大量的人力、物力来进行,无论累积计罚多少,都无法取代切实的治理行为,都无法直接恢复生态环境的功能。因此,应当引入恢复性的行政处罚形式,使违法污染者切实承担治理和补偿生态环境的责任,从而起到震慑违法行为和修补受损生态环境的双重效果。

低碳环保领域中行政处罚存在的上述不足,在很大程度上源于该领域行政处罚的目的还缺乏适应低碳要求的变化,也欠缺明确的重点指向。目的法学派创始人鲁道夫·冯·耶林早就指出,目的既是法哲学的核心概念,也是全部法律的创造者。③ 因此,克服现有行政处罚缺陷的前提是要准确厘定低碳环保领域行政处罚的目的。就一般规律来讲,法律对行政相对人低碳环保的责任设定应该遵守这样一种逻辑,即首先在条文设定上追

① 参见佚名《松花江发生重大水污染事件》,新华网:http://www.xinhuanet.com/society/zt051124/。2015年1月20日访问。
② 参见张建《吉林省将投资110亿元用于松花江水污染防治》,新华网:http://news.xinhuanet.com/fortune/2012-05/10/c_111925645.htm,2015年1月20日访问。
③ Rudolf von Jhering, *Law As a Means to an End*, Isacc Husik (Translator), Gaunt Inc., 1998, Author's Preface, pp. ⅡⅤ, ⅣⅦ.

求预防性目的，以此来警示行政相对人不要触犯节能减排法律规范，在宏观上保护生态环境；其次，如果行政相对人触犯了法律规范，行政机关应该对其行为进行制止，尽可能减少行政相对人对生态环境的破坏；如果行政相对人的行为已经对生态环境造成较为严重的影响，此时行政处罚应该倾向于引导相对人对该生态环境进行恢复；再次，若恢复性目的不能实现，行政处罚的方式应该是要实现补偿性目的，行政处罚的方式应该能够实现对生态环境的补偿这一目的要求。根据这一逻辑，低碳环保领域中行政处罚的目的应该包括预防性目的、制止性目的、补偿性目的以及恢复性目的的四种。

第一，预防性目的。

法律对于可能出现的违法行为具有预防性功能，这取决于法律独特的内部构造以及运行原理。就法律的内部构造来说，它是由法律概念、法律规则和法律原则组成的有机系统。法律规则的作用就在于通过具体规定行为主体的权利和义务以及相应的法律后果来规范社会主体的行为。无论是何种法律规则[1]，其目的是为人们提供确定的行为指引，人们在选择做出一定的行为之前可以预见自己行为的结果会产生何种法律效果，更确切地说，是得到法律保护还是受到法律制裁，从而可以根据预见的结果去选择获得法律保护的行为方式。

具体到低碳环保领域中的行政处罚，它自然具有法律规则的一般属性，能够通过法律规范、行为模式以及法律后果的明确规定来指引社会主体的行为，达到预防违法行为的目的。低碳环保领域中行政处罚的预防性作用具有三种表现形式：（1）启动前的整体性预防，这种预防性作用是面向所有社会主体的。在现代社会，基于法律的规范和保护的双重功能，所有社会主体应知悉法律的内容（尤其是其中的行为模式和法律后果）。社会主体通过了解行政处罚主体、条件以及处罚形式等内容，可以对自己的行为进行合理安排，避免违法行为的出现。（2）对具体违法人的预防。

---

[1] 在法理学上，我们一般把法律规则从性质上分为义务性规则、授权性规则和权利义务复合规则；从表现形式上把法律规则分为规范性规则和标准性规则；从功能上分为调整性规则和构成性规则。具体可参见法理学编写组《法理学》，人民教育出版社、高等教育出版社 2010 年版，第 38—41 页。

一旦某一社会主体的行为与行政处罚设定的行为模式出现背离,行政机关就要针对其行为选择合适的行政处罚形式,违法行为主体将会承受某种或某些具体的不利后果。比如,行政相对人违反规定,超出法定限度排放污染物的,行政机关可以在警告、罚款、责令停产停业、吊销许可或执照、拘留等多种处罚中进行合理选择。此时,违法行为人所必须承担的不利后果是作为其违法行为对社会秩序的破坏以及第三人利益的侵害的代价而存在的。违法行为人对不利后果的承受能够强化违法行为人对不利后果的规避心理,这对于预防其日后的违法行为是有一定作用的。(3)行政处罚实施及实施后对其他社会主体违法行为的预防。虽然行政处罚具有启动前的整体性预防功能,但这并不意味着广泛的其他社会主体就会按照法律的指引来合理安排自己的行为。事实上,有相当多的社会主体在选择行为模式时,除了受行为习惯、价值追求等因素的影响之外,其他社会主体行为模式得到的法律评价往往更具有感染作用。通过行政处罚程序的展开,被处罚人的状态能够被他以外的其他社会主体以较为直观的方式来体验和感知。行政处罚的实施有利于对其他广泛社会主体的违法行为进行预防。

从有利于促进低碳社会建设的角度而言,行政处罚实施前的整体性预防是最有价值的一种类型。相比之下,第(2)和第(3)种预防都具有"违法行为"这一前提条件,而违法行为的存在意味着对环境资源的损害,即使能够采取一定措施控制或者消除这一损害,但却额外地增加了社会成本。因此,应当考虑引入预防生态风险的提前性行政处罚。

第二,制止性目的。

现有的行政处罚主要体现了制止性目的,行政主体所作出的行政处罚都是为了制止违法行为本身对环境造成侵害。以制止侵害行为作为行政处罚的目的,在某种程度上可以通过高额的罚款、严重的责任后果预防企业、组织和个人实施污染行为,对实现节能减排具有重要的功能。因此,现阶段行政处罚的首要目的依然是制止性目的,但该目的存在着一些不足,一是部分形式的行政处罚的制止性作用还不够突出,二是具有制止性作用的行政处罚形式还不够丰富,比较有限。

第三,恢复性目的。

明确低碳环保领域行政处罚的恢复性目的与生态和环境自身的特殊性有关。对于人类来讲,生态和环境要素具有不可缺乏性和稀缺性,这就要求遭到行政相对人违法行为损害的生态和环境质量应该得到最大程度的恢复。所谓生态和环境质量的恢复，指的是遭到损害的生态能够或者几乎能够恢复到被损坏之前的状态，从而维持其正常的生态和环境功能。然而，现有立法中警告、罚款、责令停产停业、暂扣或吊销营业执照、拘留等处罚形式是无法达到这一要求的。因此，应该确立有助于生态恢复的行政处罚法律责任。

第四，补偿性目的。

与低碳环保领域中行政处罚的恢复性目的相似，补偿性目的也着眼于被行政相对人损害的生态和环境质量，但这两种目的实现的途径是有差异的。恢复性目的更强调针对已经受损的生态和环境本身，要求采取能够直接有助于生态和环境恢复的措施。而补偿性目的则更侧重于通过间接的途径和方式来使受损的生态和环境得到修复，需要经历一定的转换程序。当违法行为被发现之前，事实上已经给生态环境造成了现实的损害，此时行政部门亦想通过运用带有制止性目的的行政处罚手段，已无力挽回既已造成的损害后果。然而，通过采用具有补偿性目的的行政处罚，则可以弥补前者的缺陷，又能够对已经造成的损害事实进行同质性的补偿。这种内含补偿性目的的行政处罚方式，给违法行为主体带来了巨大的责任后果，一旦其实施的违法行为造成了严重的环境后果，不仅仅是停止侵害行为本身，还应该承担违法行为所造成损害后果的同质性补偿。

对照低碳环保领域行政处罚的目的要求，我国现有的行政处罚在目的上是有较大局限性的，这主要体现为行政处罚在目的上偏重于制止性目的，而对其应该具有的预防性目的、恢复性目的以及补偿性目的缺乏关注。这种不合理的状况是亟须改变的。

第二节　发展生态保护的行政处罚制度

一　确立预防与补救损害结果的处罚原则

（一）预防与损失补救原则的立法意义

行政处罚是典型的损益性行政行为，其实施必然导致对特定行政相对人权利或利益的剥夺，因而必须严格遵循一系列基本原则。目前我国

《行政处罚法》及其他相关行政处罚的法律法规确立的行政处罚基本原则主要有：处罚法定原则、处罚公开公正原则、处罚与教育相结合原则、一事不再罚原则、保障当事人合法权益原则等。[①] 这些原则的确立基于以下两个基本理念和目的：一是约束处罚权不能违法滥用、保证行政处罚公正适当、保障当事人的合法权益不受侵害；二是通过惩戒和教育促使违法者以后不再重犯，并警示广大社会公众必须遵守行政处罚所维护的法律秩序。行政处罚这些传统基本原则的确立当然是正确的，在以往处罚领域中的运用也反映不出其问题。但是，在节能减排这一生态环境领域中，行政处罚的设定和实施如仅是这两个基本理念和目的显然有局限性，这就是对违法行为侵害后果发生的预防性和补救性未得到重视，而它本是生态环境保护领域中行政处罚需要凸显的一个重要理念和目的，即通过行政处罚来有效防范侵害后果发生或扩大的风险，对已造成的侵害后果实现补救和恢复。为此，这一领域中的行政处罚，需要确立"预防与补救损害结果"这一新的原则来弥补传统基本原则的不足，并用以指引行政处罚种类和运用方式的改进。

预防与补救损害结果原则包括预防损害结果发生和补救损害结果这两个方面。从预防损害结果发生这一方面来讲，浪费能源资源、高碳排放的违法行为将导致环境恶化与生态破坏的危害后果，而且这种后果一旦发生将是长远并很难逆转的，即使得到一定程度的修复也必须付出极大的成本。因此，必须突出行政处罚的预防作用，以尽可能避免损害结果的发生或使损害结果降至最低水平。从补救损害结果这一方面来讲，惩治破坏生态环境的违法行为的根本目的是保障良好的生态环境，那么，对违法行为已造成的生态环境损害后果加以修复才是实现这一根本目的的可靠途径，这使得行政处罚不能只注重惩戒而一罚了之，而应当通过处罚手段能直接实现补救或促使违法者积极补救，而这就不是传统的警告、罚款、没收、

---

① 学者们也对行政处罚的原则作了不同的概括：如姜明安教授将行政处罚原则概括为：处罚法定的原则，处罚公正、公开的原则，处罚与教育相结合的原则，保障相对人权利的原则，职能分离的原则，一事不再罚的原则。杨解君教授将行政处罚的原则概括为：充分尊重人权原则，公正原则，处罚法定原则，一事不再罚原则，处罚与违法行为相适应原则，处罚个别化原则，违法者与受处罚者同一原则，教育与处罚相结合原则，处罚的裁决权与执行权相分离原则。详见姜明安主编《行政法与行政诉讼法》，北京大学出版社、高等教育出版社 2005 年版，第 312—314 页；杨解君《秩序·权力与法律控制——行政处罚法研究》，四川大学出版社 1995 年版，第 203—219 页。

吊销证照、停产停业等处罚方式能够达成的。因为警告和罚款并不能修复已形成的损害后果，而吊销证照、停产停业等处罚只是阻止违法者以后不能造成损害，也不能修复以前已造成的损害后果。因此，必须强化行政处罚对生态环境损害后果的修复功能，改进行政处罚的方式。同时，基于生态环境破坏后果的严重性、长久性以及恢复的艰难性和高成本性，行政处罚对违法者不能只要求承担损失名誉（如警告）、剥夺财产（如没收和罚款）、限制行为（如吊销证照和停产停业）的义务以及今后不得再犯的义务，还应当要求必须承担恢复补救损害后果的义务。

（二）预防与损失补救原则的立法要求

行政处罚的原则贯穿于行政处罚法律关系之中，体现着行政处罚的目的与价值，是行政处罚具体规则存在的基础；行政处罚原则是抽象的存在，它通过具体的行政处罚法律规定来得到体现。现有的行政处罚法律法规欠缺预防、补救的理念及规定，因此在低碳行政处罚中增加预防与损失补救原则，必须同时增加规定相应的法律条款，以确保这一原则的精神能够在低碳处罚活动中得到贯彻。

首先，扩大罚款的适用范围以体现对受损生态环境的补救。现有的《行政处罚法》及相关低碳法律法规中关于罚款的规定是责令违法相对人向国家缴纳一定数额的金钱，该金钱局限于因相对人的违法行为所造成的损失后果，并不包括为补救该损失所投入的人力、物力等花费。在传统违法行为中，这一罚款规定能够满足恢复社会管理秩序的需要；但是在低碳违法行为中，这样的罚款范围显然过于狭窄，难以满足恢复自然生态系统所需要的成本需求。因此，遵循预防与损失补救原则，建议修改低碳法律法规中关于环境污染、浪费资源能源的罚款范围，将罚款的范围扩展到包括清除性罚款、修复性罚款、赔偿恢复处罚罚款、附带性罚款等在内，行政机关可以根据相对人违法的程度选择部分或者全部适用这一罚款项目。如《环境保护法》第 59 条的罚款规定就在一定程度上体现了补救性的理念，但是在内容上还需要加以具体化，因此可以增加规定赔偿恢复处罚的内容，在第 59 条第 2 款的基础上再增加一款作为第 3 款①：“该罚款处罚

____

① 《环境保护法》第 59 条第 2 款的规定为：“前款规定的罚款处罚，依照有关法律法规按照防治污染设施的运行成本、违法行为造成的直接损失或者违法所得等因素确定的规定执行。”

指的是赔偿恢复处罚罚款"①,同时在附则中对赔偿恢复处罚罚款进行明确定义。

其次,增加行政处罚的种类以体现行政处罚的补偿性目的。考虑到生态环境修复的成本高、周期长等因素,建议增加责令参与替代项目、参与生态效益补偿项目等行政处罚种类,并在附则部分对这些处罚的种类进行定义。这主要是针对污染程度高、整改难度大或者整改的成本比较高以及采取生态效益补偿项目能够进行弥补的违法行为,可以采取责令参与替代项目、参与生态效益补偿项目等方式进行处罚。如在《节约能源法》第83 条的现有规定上增加新的内容:"并处罚其采取替代项目"②,并在本法的附则中对替代项目进行定义。

再次,扩充履行方式的形式,以体现行政处罚的恢复性目的。由于生态环境对于人类的稀缺性和重要性,因此必须要最大限度地使遭到相对人违法行为损害的生态环境得到恢复,而这也正是低碳行政处罚不同于传统行政处罚的目的所在。对此,可以扩充"代履行"的范围,不仅可以由第三方进行代履行,也可以采取"碳中和"的恢复性建设方式进行代履行,以最大限度地修复受到污染的生态环境。如在《水污染防治法》第76 条③的现有规定上增加新的低碳内容:"若难以承担罚款数额的,可让企业采取'碳中和'的方式对污染进行同质性补偿。"

最后,增加针对公民个人违法行为的预防性行政处罚规定。现有的行政处罚规定虽然针对的也是违法行政相对人,但是相应的处罚条款没有体现出处罚的预防性目的,难以有效预防相对人日后的违法行为;特别是低碳法律法规中的责任部分更是欠缺预防性规定,没有考虑到相对人的低碳违法行为可能产生的生态风险。因此,可以在节约能源资源以及污染防治法律法规中增加对公民个体违法行为处罚的预防性规定。增加如下条款:

---

① 张继刚:《环境公害犯罪刑事责任方式之完善》,《柳州师专学报》2014 年第 6 期。

② 《节约能源法》第 83 条的规定为:"重点用能单位无正当理由拒不落实本法第五十四条规定的整改要求或者整改没有达到要求的,由管理节能工作的部门处十万元以上三十万元以下罚款。"

③ 《水污染防治法》第 76 条的规定为:"有下列行为之一的,由县级以上地方人民政府环境保护主管部门责令停止违法行为,限期采取治理措施,消除污染,处以罚款;逾期不采取治理措施的,环境保护主管部门可以指定有治理能力的单位代为治理,所需费用由违法者承担。"

公民如有严重浪费资源、能源行为的；不按规定丢弃废弃物和生活垃圾的；"严重过度消费和奢侈消费等异化消耗资源能源行为的，行政机关应当在公共场合、当事人工作生活地披露当事人违法信息。当事人行为影响恶劣，对他人、社会产生较大影响的，行政机关应当将违法当事人的行为纳入个人信用记录。当事人违法行为造成严重后果，拒不改正的，应当在罚款的基础上，采取强制措施让当事人定期、定量的参加环境治理工作，由环境主管部门进行监督"，能够切实预防公民个人的低碳违法行为，并有效警示、教育社会公众，从而形成节约能源资源、保护生态环境的良好氛围。

二　增强对公民个体违法的行政处罚

由于公民的资源、能源消耗以及污染物和温室气体排放在社会总量中所占的巨大比例，必须在现行低碳法律法规中增加和强化针对公民个体违法行为的行政处罚。

在对公民个体的处罚范围上，在现阶段至少应当涵盖以下几类行为：（1）严重浪费资源、能源的行为。在德国，公民个人在就餐时是不能浪费的，一旦被发现，任何人员都有举报的权利，工作人员会按规定进行相应数额的罚款。此前，有报道称，有中国游客在德因用餐浪费，被罚30至50马克不等的罚款。① （2）不按规定丢弃废弃物和生活垃圾等影响废旧物回收利用的行为，如不按照规定进行废旧物和垃圾分类并随意丢弃等。目前世界上许多国家对合理处理生活废弃物进行了专门立法，如在日本，公民若违反《废弃处置法》的规定乱扔垃圾，会被警察拘捕并课以3万至5万日元的罚款。② （3）严重影响环境保护的消费行为。如在公共场所吸烟、使用严重超标排放的机动车等。

在罚种的选择和处罚的具体措施方面，可重点运用声誉罚和行为罚，并结合适当的财产罚来加以实现。

（一）声誉罚

声誉罚是指行政机关向违法者发出警戒或公布其违法信息，通过对其

① 参见佚名《遏制"剩宴"有招 韩国推广"半碗饭"》，《广州日报》2013年1月29日。
② 参见海舟《国外如何分类回收生活垃圾》，《深圳特区报》2013年3月19日。

名誉、荣誉、信誉的影响而达到对行为予以谴责和告诫的目的。对于个体而言，声誉是人的一种重要社会资本，通过声誉罚对违法者造成声誉压力，可以对违法行为起到惩罚和抑制作用。目前的声誉罚主要是行政主体对违反低碳和环保义务的行政相对人提出警告或申诫，但由于执法机制的原因，此类声誉罚的影响面仅仅局限于行政主体和相对人本人知晓，而不是向社会广泛公布其违法信息，因而难以引起相对人的重视，处罚效果十分有限，甚至沦为一种边缘化的、可有可无的处罚方式。对此，应当扩大声誉罚实施后行政相对人声誉受损的影响面，从而以更大的精神压力和声誉损失迫使其改正违法行为。具体而言：（1）披露违法信息。对于违反低碳环保义务的公民，不仅要对其本人进行警示告诫和说服教育，还有在一定范围内公开其违法信息，对其形成精神压力。例如，对于经常违法乱丢垃圾、浪费资源能源的公民，行政机关可以通过报纸、网站等媒体公布其名单，并向其所在单位通报其违法行为，建议单位处理。（2）将违法信息纳入个人信用记录。以往声誉罚之所以效果不够彰显，主要原因在于对公民个体缺乏实实在在的损益性和威慑力，对此，可以结合信用评级体系作为声誉罚适用的附加手段，提升声誉罚的威慑力，真正实现声誉罚惩罚与教育并举的功能。[1] 例如，可将低碳和环保作为个人信用记录的一个重要指标，当公民因低碳、环保方面的违法行为受到行政机关的警告、申诫等声誉罚时，就要录入其信用记录。当这种不良记录达到一定次数时，征信管理部门就可以降低个人的信用等级，并与其他行政管理部门实现信息共享，从而直接影响其求职、晋升以及金融信贷等个人活动的顺利开展。

（二）行为罚

传统行政处罚的行为罚主要是指能力罚，即剥夺相对人特定的行为能力或资格，如责令停产停业、暂扣或吊销许可证、执照等。对于公民低碳环保违法行为所适用的行为罚应当是广义的行为罚，即责令公民采取一定的低碳环保方面的积极行为完成行政处罚，是一种寓教育于惩罚的处罚方式。有学者经过调研指出，公民低碳环保意识的来源对其实际行动具有重要影响，当意识由个体的实践经验所处罚时，低碳环保意识对低碳环保行

---

[1] 参见廖丹《环境行政处罚制度研究》，硕士学位论文，重庆大学，2013年。

为的促进效果将会显著提高。反之，当这种意识主要来自空洞的说教时，它对公民低碳环保行为的促进作用则会明显减弱。① 行为罚的宗旨在于，通过公民在低碳环保行动的亲力亲为中逐渐培育自身的低碳意识与行为习惯，从而潜移默化地抑制公民环境违法行为的发生，从内心树立其节能减排的信仰。在低碳环保的行政处罚执法中，近年来已经涌现出许多行为罚的实践做法。例如，在广东南栅社区，由于地区居民长期乱扔、乱倒垃圾，政府每年投入 500 多万元保洁效果却十分不理想。后来该地区出台了新的处罚措施——"乱抛垃圾罚扫垃圾一小时"，实施一段时间后，本地的卫生情况便有了明显改观。② 在深圳的城市环境行政执法中也出现过类似的案例，某公民乱丢垃圾被处以 50 元的罚款，最后因为经济困难获准捡三条街的垃圾替代完成罚款的行政处罚。③ 还有一些地方在治理"城市牛皮癣"的过程中，通过责令清理特定区域广告的方式来处罚违法张贴广告的相对人，取得了较好的执法效果。④ 对于这类有益的做法，应当及时总结经验，并透过立法使之固定化、制度化，形成一种新型的行为罚种类，从而更好地规范公民个体的环境行为，督促其转向低碳环保的生活方式。

三　引入预防生态风险的提前性行政处罚

基于生态风险的不确定性及其危害后果的不逆转性，应当在处罚法定原则的基础上引入环境风险预防原则加以弥补。环境风险预防原则（Environment Precautionary Principle）源自国际环境法，又称环境谨慎原则，后来逐渐拓展用于各类行政规制领域。环境风险预防原则是在反思"先污染后治理"传统环境政策的基础上产生的，旨在事先采取综合性的防范措施以避免未来可能产生的环境损害。许多国际公约、双边及多边条约中都对该原则有明确规定。1980 年的《世界自然资源保护大纲》提出了一揽子的预防性环境政策，指出"这些政策要求在环境受损害之前便要

① 参见王建民、王俊豪《公众低碳消费模式的影响因素模型与政府管制政策》，《管理世界》2011 年第 4 期。

② 参见雷元全《虎门南栅社区推出环卫管理新举措》，《东莞时报》2013 年 5 月 24 日。

③ 参见小石潭《治痰可用"行为罚"》，《江南时报》2003 年 5 月 31 日。

④ 参见李牧《论行政相对人义务之认赎》，《法学评论》2012 年第 5 期。

付诸行动"；联合国 1982 年通过的《内罗毕宣言》指出"与其花很多钱、费很多力气在环境破坏之后亡羊补牢，不如预防其破坏"。《联合国海洋法公约》、《世界自然宪章》等国际法文件中也有许多关于环境风险预防原则的内容；在气候变化领域，联合国《气候变化框架公约》① 也引入了环境风险预防原则。尽管各类国际公约都对环境风险预防原则进行了规定，但在具体的规范内涵上尚未形成共识。同时，在不同的适用领域，各类国际公约和法律文件预防风险的宽严程度也存在区别。根据预防严格尺度的不同，可以从理论上将风险预防原则概括为两类，一是弱风险预防原则（the Weak Precautionary Principle），二是强风险预防原则（the Strong Precautionary Principle）。弱风险预防原则认为，缺乏风险后果的有力证据或充分的技术确定性不得成为拒绝规制风险的理由。② 强的风险预防原则以 1998 年环保主义者提出的温丝布雷德宣言（Wingspread Declaration）最为典型，即"当一种活动对人类健康或环境造成损害威胁，即便尚未科学的确定存在一些因果关系，也应当采取预防措施。在此类情形下，应当承担举证责任的是该活动的支持者，而非公众"。③

然而，无论是强形式还是弱形式的风险预防原则均存在缺陷，需要在反思的基础上加以改进。它们共有的致命问题在于自身逻辑的不融贯性，以至于使有关行动陷入瘫痪。这主要体现在：首先，倘若根据强的风险预防原则要求风险制造者必须承担证明其活动绝对无害的责任，可能会使一些领域的行动陷入瘫痪。其次，在几乎任何情况下，对风险的预防措施都伴随着一定的次生风险（substitute risks），严格适用风险预防原则可能导致规制过度，产生"收之东隅、失之桑榆"的结果。例如，美国 20 世纪 60 年代曾为了防止 DDT（一种杀虫剂）对食肉鸟类食物链的破坏对其予以禁止，但同时 DDT 对害虫的杀灭又是预防疟疾的有效方式之一。另一个典型的反证来自药品管理领域，如果政府对新药的投产采取严格的风险

---

① 参见《气候变化框架公约》第 3 条第 3 款。

② 参见彭峰《环境法中"风险预防"原则之再探讨》，《北京理工大学学报》（社会科学版）2012 年第 2 期。

③ Carolyn Raffensperger and Peter L. deFurr, Implementing the Precautionary Principle: Rigorous Science and Solid Ethics, Human & Ecological Risk Assessment 933, 934 (1999).

预防措施，同时也堵塞了人们从新药中治愈顽症和收获健康（甚至生命）的希望。在这类情境中，严格援用风险预防原则无疑会带来更多的风险，从而违背了风险预防原则自身的初衷，"不怕一万，就怕万一"的风险预防走到了"当断不断，反受其乱"的另一个极端。

　　针对风险预防原则在适用上的不足，低碳环保领域的行政处罚可以采取以下进路纳入风险预防的考量，具体而言：（1）在预防强度上，现阶段宜采用弱的风险预防原则。理由在于，我国虽然改革开放以来经济发展取得了举世瞩目的成就，但仍旧是世界上最大的发展中国家，仍旧面临着改善人民生活、增强综合国力的"发展要务"。对于中国而言，低碳和环保问题必须也只能通过发展来得到根本解决。因此，行政处罚中应当平衡好生态风险预防和进行经济建设的关系，不能生硬地适用强风险预防原则，以免窒息社会经济发展的活力。（2）在适用方法和行为模式上，基于弱风险预防原则，应当对风险预防原则的适用进行一定的限定，并非所有低碳和环保行政执法都要适用风险预防，而只能对处罚法定原则无法提前处置的较为严重之生态风险予以适用。在具体操作上，可以借鉴刑法上的具体危险犯理论。就低碳和环保领域的行政处罚而言，应当限于对生态环境和居民健康有明显且即刻风险的行为，如为了预防雾霾，对焚烧秸秆行为（尽管目前仍无法断定其多大程度上导致雾霾）给予监管和行政处罚即符合这一标准。在风险预防的要求上，目前比较常用的有使用最佳可行技术、最佳环境实践、考虑成本收益、社会经济因素、寻找替代方法等预防要求[①]，达不到此类较低限度预防要求的相对人即可判定为存在"具体的"生态危险，进而可以基于风险预防给予行政处罚。对于属于类似刑法上抽象危险犯的行为则不能随意给予预防性的行政处罚。（3）在证明责任上，基于公法上"不能使人自证其罪"的原则和避免课予相对人过重举证负担的考虑，证明责任仍应有行政处罚机关承担。但同时也要兼顾到生态风险的不确定性特征，适当降低行政调查的证明标准。以上文提到的韶关恶臭案为例，虽然环保部门暂时无法从技术上完全确认恶臭的来源是盛兆矿业有限公司，但基于迫切的环境和健康风险，可以周边居民的

---

　　① 参见彭峰《环境法中"风险预防"原则之再探讨》，《北京理工大学学报》（社会科学版）2012年第2期。

指认和居民的不良身体反应作为调查取证的充分性条件。事实上，类似的做法在 1992 年的一个环境行政处罚案件中已经出现，该案中与韶关恶臭案十分类似，厦门环保局在没有科学监测结果和国家或地方关于大气环境质量标准的情况下，就是否应当根据周边居民的强烈反映对路达（厦门）工业有限公司排放废气的行为给予行政处罚请示了国家环保总局，得到答复称："可借鉴国外办法根据人群嗅觉感官判断对恶臭污染进行鉴别和确定。"① 这实际上是面对风险不确定性和技术难题时对行政处罚调查标准的合理降格。（4）在处罚措施上，应当以责令停产停业等行为罚为主。一是因为风险预防是为了提前制止危害后果的发生，故必须落实到行为的制止上；二是由于对风险后果的损害程度和发生概率难以在事前确切判定，因而给予罚款等其他处罚方式会存在裁量权过大和依据不足的问题。

目前，我国部分行政处罚已经开始引入风险预防理念，这可供借鉴。例如，2014 年《道路交通安全法》第 91 条规定："饮酒后驾驶机动车的，处暂扣六个月机动车驾驶证，并处一千元以上二千元以下罚款。因饮酒后驾驶机动车被处罚，再次饮酒后驾驶机动车的，处十日以下拘留，并处一千元以上二千元以下罚款，吊销机动车驾驶证。"在这里，饮酒驾车并未造成实际的交通事故，立法者对该行为设定行政处罚的目的显然是预防酒后驾车的安全风险。再如，在《固体废物污染环境防治法》中，该法在第 25 条第 1 款确立了对固体废物的进口实施分类目录管理制度，依据《国家危险废物名录》、《禁止进口废物管理目录》、《限制进口类可用作原料的固体废物目录》和《自动许可进口类可用作原料的固体废物目录》分类管理，并在《固体废物进口管理办法》第 43 条规定了罚则。② 分析这些目录管理文件，可以发现其中蕴含的风险预防目的。《固体废物进口管理办法》第 8 条的规定意在将暂时缺乏环保控制标准而具有污染的废物禁止进口，从而预防不确定性的环境风险。《禁止进口废物管理目录》第 84 类为"其他未列名固体废物"，这意味着凡是目前检验技术无法证明其对健康和环境是否无害的固体废物都禁止进口，违者要给予行政处

---

① 参见最高人民法院编《人民法院案例选 1993 年第 1 辑》，人民法院出版社 1993 年版，"路达（厦门）工业有限公司因排放恶臭气体污染环境被厦门市环保局行政处罚案"。

② 参见《固体废物进口管理办法》第 43 条规定。

罚。此外，《国家危险废物名录》第 2 条在明确禁止腐蚀性、毒性、易燃性等危险特性的废物外，还以兜底方式规定了"不排除具有危险特性，可能对环境或者人体健康造成有害影响"的危险废物，这无疑属于对可能具有的污染风险的一种预防管理机制。以上的立法规定为我们完善低碳环保领域行政处罚的风险预防措施提供了宝贵的制度经验，可以在今后行政处罚的制度完善加以吸收和发展。

四　建立生态恢复性的行政处罚

"法的保护性价值是通过两种方式实现的：一是对违法、犯罪行为的惩罚，二是对被侵害的权利的恢复和补救。"① 当代环境治理的生态恢复要求和传统行政处罚的不足需要建立恢复性行政处罚法律责任。十八届四中全会通过的《中共中央关于全面推进依法治国若干重大问题的决定》也要求"制定完善生态补偿和土壤、水、大气污染防治及海洋生态环境保护等法律法规"。实际上，刑法上的"恢复性司法"② 理念可以为我们提供有益的借鉴。刑法恢复性司法理念旨在弥补传统刑罚片面强调惩罚犯罪人和维护秩序，忽视因犯罪行为而受到侵害的法益恢复之状况。其核心关注是对被害人法益的补偿和修复，而不在于对犯罪人利益的减损和惩罚，从而使犯罪行为中失衡的社会利益关系得以重新平衡。我国近年来也出现了恢复性司法的刑事案例，如 2006 年重庆市的邱天仕、周心龙不罚坐牢罚种树案引起了热议，马克昌教授、何家弘教授等学者认为该案的判决并没有僵化地套用法条，而是灵活应用了恢复性司法理念，判决结果不仅惩罚了罪犯，同时也保护了被害人的权益，更好地实现了刑事司法保护法益的目的。③《行政处罚法》具有"维护公共利益和社会秩序"的双重立法目的，而传统的行政处罚都属于秩序罚的范畴，维护社会秩序有余和维护公共利益不足。行政处罚和刑法都属于公法性质的国家惩罚，在目标和机制上具有相似性，因此，不妨借鉴刑法的恢复性司法理念，在坚持行

---

① 孙国华、朱景文：《法理学》（第三版），中国人民大学出版社 2010 年版，第 51 页。

② Zehr, H. B., Toews, *Critical Issues in Restorative Justice*, New York Criminal Justice Press and UK Willian Publishing, 2004, p. 161 – 161.

③ 郝少红：《两则"恢复性司法"典型案例的法律分析》，硕士学位论文，兰州大学，2011 年。

政处罚秩序维护功能的同时,引入恢复性行政处罚方式使受损的法益得到恢复。

恢复性行政处罚法律责任的理论渊源是民法上的恢复原状法律责任,但其目标指向和具体构造与恢复原状的民事法律责任存在本质区别。恢复原状的是一种侵权法律责任,意在"将权利人的利益状况恢复至相当于未受损害时一样"①,其救济形式主要是财物物权的复原和赔偿,其责任对象一般只针对权利侵犯的相对方。而行政处罚中的生态恢复性法律责任则是复杂的责任体系,具有与民事恢复原状责任不同的多重内涵:其一,生态恢复性的行政处罚法律责任不指向具体的环境物品的替代或填补,而是指向特定生态系统服务功能的恢复。② 这是因为,自然环境、气候资源等生态物品是一个功能系统,一旦遭受损害,即无法通过对特定破坏点的简单复原或以同类物品的替代来矫正,而是需要从整体上予以整治。例如,某企业大量盗伐森林所造成的水土流失和碳汇损失是无法通过简单的补种树木加以恢复的,而是需要从整个森林的生态状况着手,采用多种补救手段(如封山育林、保护次生林保护,人工造林、建设防田林网等)来恢复受到破坏的生态系统服务功能。就此而言,《中华人民共和国森林法》(以下简称《森林法》)中虽然规定了"补种树木"③的行政处罚,但仅是一种简单的恢复原状,尚不足以从真正意义上对森林系统的生态服务功能进行修补。其二,生态恢复性的行政处罚法律责任不仅指向生态系统服务功能的恢复,还包括对受环境损害影响的周边人群的补偿。众所周知,环境破坏对周边人群的生活乃至生存都将产生广泛而深远的负面影响。对此,除了要求被提起诉讼的特定人承担民法上的环境侵权责任外,违法相对人还要承担行政法上的补偿责任,以补偿不特定或潜在的受害群体。其三,生态恢复性的行政处罚法律责任是一种附带责任,行政主体对

---

① 王枫:《民事救济中恢复原状之辨》,《武汉大学学报》(哲学社会科学版)2012 年第 4 期。

② "生态系统服务"是指人类生存与发展所需要的资源归根结底都来源于自然生态系统。自然生态系统不仅可以为我们的生存直接提供各种原料或产品(食品、水、氧气、木材、纤维等),而且在大尺度上具有调节气候、净化污染、涵养水源、保持水土、防风固沙、减轻灾害、保护生物多样性等功能,进而为人类的生存与发展提供良好的生态环境。对人类生存与生活质量有贡献的所有生态系统产品和服务统称为生态系统服务。

③ 参见《森林法》第 39 条规定。

违法相对人并处恢复性处罚不能免除其他的传统行政处罚法律责任。例如,某企业向湖泊超标排放工业废水,环境行政管理部门对其处以责令其消除污染和洁净水体等恢复性处罚的同时,仍要依法对其进行罚款、责令停产停业或关闭等行政处罚。主要理由在于,财产罚、行为罚等传统的行政处罚方式属于秩序罚的范畴,在这些处罚中,违法相对人侵犯的法益是环境行政的管理秩序。而在恢复性处罚中,违法相对人所侵犯的法益是生态系统的完整性。基于侵犯法益的不同,两类行政处罚要同时予以适用,不能相互替代。

放眼域外,世界上许多法治发达国家的立法中都设置有恢复性法律责任,这为我国相关行政处罚责任的设定提供了良好范例。例如,英国1995年《环境法》专设一章规定企业污染土地和废弃矿山的治理和恢复责任问题。德国出台了专门的《矿山还原法》,要求开发者对破坏的土地和自然景观进行恢复、再造。美国的《资源保护和恢复法》、《露天采矿控制和复垦法》和《超级基金法》也对环境的恢复和再生作出了许多具体的规定。① 我国的生态恢复性的行政处罚责任可以分为行为性恢复的行政处罚和赔偿性恢复的行政处罚两种方式:

（一）行为性恢复的行政处罚

对于低碳环保领域的违法行为来说,恢复性行政处罚首先应该要求违法相对人通过自身的治理行为自行予以恢复,即行为性恢复的行政处罚,它属于广义的行为罚范畴。行为性恢复的行政处罚具有丰富多样的形式,呈现出一个开放性的体系架构。考虑到目前我国低碳和环保领域的行政执法现状,可重点运用以下两种处罚形式:（1）第三方代履行。第三方代履行主要适用于治污领域,即要求违法相对人委托政府指定的第三方治理机构来完成行为恢复处罚。违法相对人在整个过程中应该对实际代履行单位的治理工作需要给予相应的配合。由于违法相对人专业能力和时间精力的限制,其往往不愿意或无法自行履行生态恢复的行政处罚义务,为此,要求其第三方代履行机制促进违法相对人及时、有效履行处罚义务,而且目前已经在我国展开了系列制度实践。例如,自2005年以来,常州市武

---

① 参见王灿发《环境恢复与再生时代需要新型的环境立法》,《郑州大学学报》(哲学社会科学版) 2002 年第 2 期。

进区对自己辖区内的组织、单位强制性地推行了委托治污制度,现在已经有几百家组织、单位开始实施这一机制。① 第三方委托强制治理污染的机制是污染组织、单位必须和具有一定治污资历的组织、单位签订污染治理委托合同。对组织、单位排污情况进行跟踪核定,设定合理标准的工作由环境保护部门承担,并由它确定委托治污单位需要支付的费用,并在整个过程中监督污染排放单位把污染治理费用支付给予其签订合同的治污单位。实行委托治污不仅使得污染监管变得容易,而且也使得监管程度得到相应的下降。2015 年 1 月,国务院办公厅印发了《关于推行环境污染第三方治理的意见》进一步固化了第三方代履行的实践经验。(2) 碳中和。目前碳中和理念被认定为治理碳排放问题的最佳方式。就现阶段而言,对于超标排放温室气体的违法相对人,可以选择运用植树、碳捕捉和封存以及购买碳排放配额等碳中和项目达到恢复处罚的目的。在运用碳中和项目进行行为恢复处罚的过程中,行政主体首先要通过 MRV 机制检测相对人超标排放的碳排放量,要求其通过碳中和项目对超标的碳排放差额进行抵消,然后通过一定的核查制度对其抵消数据进行监督复审。

(二) 赔偿性恢复的行政处罚

在当事人不具备行为恢复能力的条件下,可以采取赔偿性恢复的行政处罚。赔偿性恢复处罚是指对违法相对人处以罚款的方式来支付生态损害。在传统民法的环境侵权责任制度中,只有因环境污染受到经济或健康损失的特定利害关系人方可获得环境侵权损害赔偿。对于因违法相对人环境污染和高碳排放行为所造成的生态系统服务功能的损失或退化,以及受其间接损害的不特定相对人的损失无法得到赔偿。如在前文松花江污染事件发生后,汪劲、甘培忠等环境法学者就曾试图提起公益民事诉讼,请求法院判决中国石化集团赔偿 100 亿元人民币用于设立松花江流域污染治理基金,以恢复松花江流域的生态平衡,但法院却未予立案。② 对通过金钱补偿尚有挽回空间的生态损失,应当通过赔偿性恢复处罚加以弥补,以实

---

① 朱德米:《地方政府与组织、单位环境治理合作关系的形成——以太湖流域水污染防治为例》,《上海行政学院学报》2010 年第 1 期。

② 参见刘晓星《民事诉讼法修正案打开环境公益诉讼一扇门》,《中国环境报》2012 年 11 月 6 日。

现"亡羊补牢"。一般而言，赔偿性恢复处罚的罚款金额应当包括如下几类费用：（1）清除性罚款。清除性罚款是为了及时清除污染物和温室气体排放，消除生态环境违法行为造成的危害后果或防止危害扩大所课予的罚款。由于生态损害的特性使然，其危害后果的清除必须由具备专业能力的执法机关进行，多数情况下违法相对人不具备自行清除的能力和精力，而由此产生的行政成本需要计入行政处罚之中。在这方面，域外的司法实践已经开始实施清除费用制度。[①]（2）修复性罚款。对污染的清除只是暂时防止危害扩大，恢复目的的达到还有赖于进一步的生态修复。这就涉及修复性的罚款。修复性罚款是对受到污染或破坏的生态环境实施进一步的治理和补救，使其未受污染之前的功能能够恢复，确保受污染环境重新焕发出生机与活力并能为人类重新使用，而必然会出现的罚款费用。[②] 修复的具体内容涵盖生物修复、植物修复、物理修复、化学修复和生态修复以及碳中和等。（3）赔偿、安置性罚款。赔偿、安置性罚款主要是对无法通过环境侵权民事诉讼获得合理赔偿的不特定受害群体进行赔偿所课予的罚款。这类罚款的计算标准主要包括环境污染的周边群体数量、直接或潜在的财产、健康损失等。（4）附带性罚款。附带性罚款主要是指基于行政机关在执法过程中实施评估、监测等活动所产生的费用，而对违法相对人课予的罚款。恢复性行政处罚的执法是一项非常专业的活动，其中评估污染行为、检测污染损害等活动都需要耗费大量行政成本，由此产生的费用不应由政府以纳税人的钱支付，而应纳入行政罚款中由违法相对人自己买单。最后，在赔偿恢复处罚中还应建立一定的罚款基金管理制度，对收缴的罚款进行统一收缴、统一管理，保证罚款切实用到生态环境的修复上。

此外，当违法行为对生态环境的破坏在事实上难以逆转或恢复的成本过于巨大时，可以采取替代项目的方式让违法相对人履行恢复性处罚的义务。在这方面，美国联邦环保署创立的补偿环境项目（Supplemental Environmental Projects）可以为我们提供有益借鉴。补偿环境项目是指在行政处罚中采取和解方式，让违法相对人自愿开展一些与他们违法行为有关

---

① 参见竺效《反思松花江水污染事故行政罚款的法律尴尬——以生态损害填补责任制为视角》，《法学》2007 年第 3 期。

② 参见周启星等《生态修复》，中国环境科学出版社 2006 年版，第 3—8 页。

的,对环境有益的项目,以换取环保署对其从轻处罚,不包括违法相对人
为了遵守法律而必须采取的措施。在此意义上,补偿环境项目与替代行政
处罚异曲同工——都不是直接对其法定环境义务的矫正与恢复,而是通过
其他项目予以替代。① 根据 EPA 的项目实践,这类替代性的恢复性处罚至
少可以运用以下几种项目类型:(1)公众健康项目。公众健康项目主要
是为可能或已经受到环境违法行为影响的周边的居民进行健康体检并提供
医疗服务,以减少相对人违法行为的损害。(2)守法促进项目。污染减
少项目是指,当违法行为排放的污染物已经难以彻底清除并回复生态系统
原有的服务功能时,要求违法相对人为同类的行政相对人提供培训或技术
支持,并在今后的生产运营中采取高于现有法定标准的污染控制技术装
置,以更好预防和减少污染物的排放,从而折抵违法行为造成的环境后
果。(3)异地恢复项目。异地恢复项目是指,通过恢复或修缮受到违法
行为不利影响的邻近区域的生态系统来替代恢复义务的履行。例如,由违
法相对人出资修复一块湿地,建立或投资一块濒危动物保护区。(4)环
境资助项目。环境资助项目是指由被告人出资对其他有利于低碳环保的项
目提供捐赠和支持,如赞助公益环保组织、为大学或研究机构的低碳环保
研究提供课题资助等。

五 增设生态补偿性的行政处罚

通过采取某些行动,对已经造成的损害以及消极影响进行同质性的补
偿,这是补偿性目的的深刻内涵,这样能提醒行政相对人,违反节能减排
法律后不仅要停止侵害行为,对其进行罚款,同时需要对造成的损害进行
同质性的补偿。在节能减排领域这种同质性的补偿是需要长期资金以及人
力投入的,增加了组织、单位的成本负担,这对行政相对人的行为有一定
的震慑作用。在节能减排领域,行为罚的处罚方式能够实现行政处罚的补
偿性目的,因为只有通过一定的作为行为才能对环境进行补偿,在作为行
为中,行为罚中的责令采取补偿措施是实现这种目的的重要方式。对于节
能减排领域出现的违法行为,行政机关可以责令违法相对人采取补偿措施

---

① 参见张建宇、严厚福、秦虎《美国环境执法案例精编》,中国环境出版社 2013 年版,第54—60 页。

来对生态环境进行补偿。为此，可以考虑采用生态效益补偿项目的方式来达成这一目的。

（一）生态效益补偿项目的目的

对于生态效益补偿是什么目前尚无一致的定义。虽然学者们的定义角度不同，但是笔者经过综合分析，可以看出，生态效益补偿是用经济手段来激励人们维护和保育生态系统的一种手段，通过该手段可以解决生态效益一定程度上的外部性问题，在解决这种外部性问题的同时可以保持社会发展的公正性，以此达到维护良好生态发展的目标。

（二）生态补偿项目的运用

为了实现补偿性目的，可以尝试将生态效益的补偿机制纳入到对违法主体的行政处罚措施中。从补偿性目的着眼，对承担环境污染责任的组织或者单位不能仅仅施以财产罚，尽管通过没收、罚款等方式征收的资金可以间接用来弥补和修复生态环境，但是长期以来的实践经验告诉我们其实收效甚微。可以尝试通过将侵害主体转变为补偿项目的参与者，也就是让违反节能减排法律法规的单位和组织参与到生态补偿工程中去。例如对生态系统造成严重破坏的企业和单位，应当积极投身保护天然防护林工程、退耕还林工程以及其他重点生态公益林建设的工程中去。生态效益的补偿机制不单单针对森林保护系统，它还涵盖草地、湿地、自然保护区生态保护系统、海洋生态保护系统以及农业生态保护系统等方面。行政机关可以根据不同地域组织与单位的行业特点、生产经营地址以及经营活动的性质来判断其参与生态系统的类别。应有针对性的根据森林资源的特征，以完善的社会学、经济学和生态学等学科为基础依据，建立由专门管理机构管理的生态补偿机制，这种机制可以按照区域的划分为依据，避免区域内人员相互推诿责任，或是转嫁环境治理成本等，缓解生态环境的恶化，同时也能减少各部门区域间的冲突，避免因为行政区域划分而导致的对生态资源的不合理利用。① 这些措施是建立一个良好的森林生态补偿机制的重要保障。

---

① 李文华、李芬：《森林生态效益补偿的研究现状与展望》，《自然资源学报》2006 年 9 月刊。

第 九 章

行政强制在低碳领域中的运用与改进

　　行政强制是一种广泛运用于多种行政管理领域的传统行政行为，在政府推进低碳社会建设、约束全社会开展节能减排的过程中，它也发挥着不可或缺的有效规制作用。但由于促进节能减排是一项新近出现的行政事务，从现行立法对行政强制的规定来看，仍有一些与之不相适应之处，需要研究并加以改进和创新。

第一节　行政强制在节能减排领域的作用

　　《行政强制法》中的行政强制包括行政强制措施以及行政强制执行。从原理上分析，行政强制在节能减排领域具有以下作用：

　　第一，预防性作用。行政强制在节能减排中的预防性作用集中体现在行政强制措施上。我国《行政强制法》规定的行政强制措施的功能主要在于"防止证据毁损"、"避免危害发生"等，都是着眼于"事前预防"的目的。行政强制措施的这种预防性作用在节能减排活动中体现为预防浪费能源和高碳超标排放行为的发生、避免其危害后果或危险的形成，预防违法者在被查处过程中毁损证据等。

　　第二，阻断性作用。行政强制在节能减排中对违法行为或有害后果的阻断性作用也主要依赖于行政强制措施。行政强制措施可以有效"制止违法行为"和"控制危险扩大"，其在节能减排中的阻断性作用体现为能及时阻止已经发生的各种能源浪费和高碳排放行为，控制危害结果的持续或扩大。

　　第三，恢复性作用。行政强制的在节能减排中的恢复性作用主要是通过行政强制执行来实现的。各种能源资源浪费和高碳排放行为在本质上侵害了生态平衡和资源保护的法益，因为生态资源并不仅仅是一种"财物"，由其所延伸的生态利益是属于全社会的，甚至可扩展至人类以外的整个大自然生态圈。因此，在节能减排领域，产生能源资源浪费和高碳排放的行为人通常需要履行一定的恢复性责任，尽量使受损的环境和生态机能得到修复。实际上，我国一些法律规范已经规定了生态领域的恢复性法律责任，如《环境保护法》第 60 条和第 61 条。而作为与生态环境保护最密切的部门法之一，行政法上也需要一定的手段使被侵害、破坏的环境资源和生态平衡得到恢复。就行政强制而言，我国《行政强制法》规定的"排除妨碍、恢复原状"和"代履行"两种行政强制执行方式则可以满足这一要求，应在规制能源资源浪费和高碳排放行为上进行适用。"排除妨碍、恢复原状"这一行政强制执行方式具有的明显恢复意图是不言自明的，而"代履行"作为一种规制方式也具有《行政强制法》上的明确依据。① 因此，对于行政机关来说，应当重视行政强制在节能减排中的恢复性作用，并根据节能减排不同领域、环节以及事项的特点作出合理安排，使"排除妨碍、恢复原状"以及"代履行"具有更强的针对性和操作性。

第二节　现行行政强制的具体运用

按照《行政强制法》的立法规定②，行政强制措施和行政强制执行包括诸多种类。就节能减排领域而言，行政强制措施和行政强制执行的运用主要如下。

一　行政强制措施的运用

（一）查封、扣押

查封、扣押是国家行政机关为了保障节能减排的顺利实施而对造成或可能造成污染物排放的企事业单位的有关设施、设备进行查实、封存或扣押，从而使排放污染物的行为因缺少必要的物质条件而终止。我国《环

---

① 参见《行政强制法》第 50 条规定。
② 参见《行政强制法》第 9、12 条规定。

境保护法》和《大气污染防治法》等环境类法律规范中大多规定了查封、扣押这一行政强制措施。①

查封、扣押一般针对正在进行排污作业的有关设施和设备,不能查封、扣押除此以外的设施和设备。在实施程序上,查封、扣押一般要履行决定、交付查封、扣押决定书等环节,操作比较便利。由于查封、扣押直接针对正在进行排污作业的设施和设备,这就会使排污作业由于缺少基本的设备条件而终止,在实施效果上比较突出。

(二)冻结存款、汇款

冻结存款、汇款是我国《行政强制法》所明确规定的一种典型行政强制措施。冻结存款、汇款的作用在于控制行政相对人银行账户中资金的流通,一般适用于当事人可能非法转移或者隐匿财产的情形,如我国《税收征收管理法》第38条的规定。② 作为一类行政强制措施,冻结存款、汇款在我国环境保护领域也得到了一定运用。根据《节约能源法》第79条的规定,对于违反建筑节能标准的建设单位,建设主管部门可以对其作出罚款的行政处罚,建设单位能够缴纳罚款却拒不履行的,建设主管部门可以在银行和其他金融机构的配合下实施冻结这种行政强制措施,进而保障通过划拨资金的行政强制执行来收缴罚款。

(三)强行停止电、水、气等能源供给

强行停止电、水、气等能源供给是我国《行政强制法》虽未明确规定,但在实践中已经得到运用的一种强迫性措施,有的地方性法规还作出了明确规定,大量的则是地方政府规范性文件所做的规定,如《浙江省水污染条例》第51条。湖北省鄂州市发布的《市直机关节能减排工作实施方案》也明确规定,对未完成节能减排任务的市直机关要实行拉闸限电。为了有效地控制企业的节能减排,完成节能减排的指标任务,许多地方政府采用了针对高污染、高能耗行业的拉闸限电等停止能源供给的强制性措施。拉闸限电等措施对于具有能源浪费和环境污染行为的企业和单位来说具有一种"釜底抽薪"的作用,是直接从源头上限制了能源资源的供给。由于这类措施是行政机关行使职权作出的具有预防性且当事人只能

---

① 参见《环境保护法》第25条规定。
② 参见《税收征收管理法》第38条规定。

被迫接受的行为，因而从本质上讲属于行政强制措施中的一种类型。从现实情况来看，各地在采用拉闸限电等措施时呈现出以下特点：一是闯关性明显。各地在节能减排考核期限将至时一般会广泛采用拉闸限电措施，从而使其带有明显的突击性、运动性和闯关性。二是范围扩大化。现实中某些地方政府为了完成节能减排任务，有将拉闸限电对象扩大的趋势，把居民生活用电也纳入拉闸限电的范围。对于这两个突出问题，国家对拉闸限电等措施的不适当运用进行了纠正，如 2010 年国务院办公厅就发布了《关于确保居民生活用电和正常发用电秩序的紧急通知》。①

二　行政强制执行的运用

（一）执行罚

执行罚在我国节能减排管理实践中得到了广泛的适用，它一般表现为对未及时缴纳行政机关决定的有关节能减排的税费、罚款等，为了促使相对人及时履行缴纳义务而按日加处罚款或者滞纳金。如根据我国《环境保护法》第 59 条的有关规定，因违法排放污染物而受到罚款处罚的企事业单位无正当理由且逾期拒不缴纳罚款的，可以按照原处罚数额对其进行按日连续处罚。这里的"按日连续处罚"在目的上是促使当事人及时缴纳原罚款不得拖延，因而属于执行罚的性质。执行罚的特点主要体现在执行性和财产义务性两个方面。一方面，执行罚建立在当事人负有缴纳税费、罚款等这一义务的基础上，当其应缴纳却未及时履行的，行政机关就可以通过执行罚的方式来督促义务人及时履行义务。另一方面，执行罚在运用方式上限于加处罚款和滞纳金这两种方式，它们都是一种科以财产义务性质的执行罚。

（二）代履行

代履行是我国节能减排领域中已得到广泛运用的行政强制执行方

---

①　针对近期少数地区采取限制企业正常生产特别是居民生活用电合理需求、强制性停止火电机组发电的做法，不仅违背了节能减排的初衷，不利于节能减排的持续深入开展，也严重损害了人民群众的切身利益，危及电网安全稳定运行，是极其错误的，必须立即予以纠正。要立即恢复受影响的居民生活等重点用户的供电，不得非法干预电网调度和发电生产，切实维护正常的电力生产供应秩序。

式。① 与执行罚针对财产性义务不同,代履行针对的是行为性义务,即有义务作出某种行为。在节能减排中,如当事人有义务采取措施停止能源浪费和高碳排放、有义务对已造成的危害后果加以治理、有义务排除妨碍恢复原状等。当义务人自己未履行这种行为义务时,将由他人代为履行该义务,义务人必须承担代为履行的法律后果和费用。代履行一般只能适用于可以由其他主体代为完成的义务类型,不可替代或者具有一定人身属性的义务不能适用代履行。此外,代履行既可以由义务人以外的第三人代为履行,也可以由行政机关代为履行。

三 节能减排专门立法中的行政强制

前文所指的是《行政强制法》中的一般性行政强制种类,除此之外,我国在节能减排领域的许多专门立法,还规定了一些《行政强制法》未予列举的强制措施或行政强制执行种类,这主要包括:

(一) 强制拆除、报废

强制拆除是指行政机关对妨碍节能减排的设施、设备进行依法拆解使之停止运营的强制措施。为了防治水污染,《水污染防治法》专门规定了强制拆除。② 强制拆除与代履行在作用机理上有一定的相似性,二者都是由其他主体代为完成本应由违法相对人履行的义务。强制报废是行政机关对于已经达到使用年限且继续使用将严重危害环境或增加资源消耗的产品进行销毁的强制措施。例如,为了促进交通运输行业的节能减排,我国《机动车强制报废标准规定》专门就机动车的强制报废进行了系统的规定。强制拆除和强制报废的特点在于从实体上消灭高耗能、污染环境行为的载体,从而在根本上使污染环境的行为因缺少载体而终止。

(二) 企业环境信息的强制披露

根据我国《环境信息公开办法》第2条的规定,环境信息涉及两个层面:政府环境信息以及企业环境信息。作为一种行政规制手段,信息强制披露的对象只能是指企业环境信息。就企业环境信息的披露机制而言,它包括自主披露和强制披露两种模式。所谓自主披露是指企业基于社会责

---

① 参见《湖北省环境保护条例》第25条规定。
② 参见《水污染防治法》第75条规定。

任感、社会公德心以及对自身利益与发展等的考虑，自主、自愿地向外披露环境信息。在现代社会，企业环境信息的重要性不言而喻，其对外有无披露以及披露的程度均会对生态环境建设产生一定影响。而企业环境信息的自主披露机制主要是由企业的主观价值判断来决定的，无法从根本上保障该机制持续稳定地运行，这就需要通过企业环境信息的强制披露机制来实现。

对企业环境信息实施强制披露机制是以企业具有相应的披露义务为前提的，而企业作为环境信息披露义务主体的法律地位已经得到了我国一些法律法规的确认，如我国《环境保护法》第55、62条，《环境信息公开办法》第20条。《企业事业单位环境信息公开办法》第9条也作出了与《环境保护法》第55条类似的规定。① 因此，企业有环境信息披露的法定义务，当这一义务得不到履行时，对企业实施环境信息的强制披露机制将是必然的选择。在具体的手段上，责令披露、代为披露以及对不披露行为科以行政处罚等均是环境行政主管部门实施环境信息强制披露机制的重要措施。这些具体手段使企业环境信息强制披露机制的运行有了一定的保障，也有利于发挥该机制的强制性作用。

（三）公布违法事实

信任是"社会中最重要的综合力量之一"②。在经济学上，信誉是社会资本的核心。③ 在当今经济领域竞争尤为激烈的时代，信用是企业最为重要和核心的资本之一，而且随着时代的发展，信用的重要性将更为凸显。对企业来说，良好的信用无疑是一张"通行证"，而信用的缺乏则可能导致业绩亏损甚至倒闭。公布违法事实作为一种间接的行政强制执行方式，它之所以可以发挥重要作用，就根源于市场经济条件下"信用"所具有的这种资本属性。正如有学者指出的："违法事实公布可以说是属于确保行政义务得以实现的非直接强制手段。它是通过对违法行为人的社会非难造成其心理上的压力，并以此来迫使其履行义务。"④

---

① 参见《企业事业单位环境信息公开办法》第9条规定。

② G. Simmel, *The Philosophy of Money*, London：Routledge，1978，pp. 178 – 179.

③ 参见张维迎《信息、信任与法律》，生活·读书·新知三联书店2006年版，第3页。

④ 章志远：《作为行政强制执行手段的违法事实公布》，《法学家》2012年第1期。

为了推进节能减排,我国部分地方政府已经使用了公布违法事实这种间接的行政强制方式。2011 年南京市就曾关停一批污染企业,并在当地主流媒体上公布了 173 家首批需要进行整改的企业名单。这种违法事实的公布使得这批污染企业承受了巨大的社会压力,它们放弃了以往多采用的消极立场转而选择配合环保部门接受整改。① 从这些企业的态度转变来看,畏惧政府可能进一步采取惩罚措施固然可能是重要的原因,但防止因曝光对企业信用的损害并进而影响到企业的经营利益也是不可忽视的因素。但这一案例也从一个侧面说明了公布违法事实并没有得到有关部门的经常性运用,否则也不至于出现案例中南京市出现大批排污企业的现象。作为可以有效规制节能减排的一种新型行政强制执行方式,公布违法事实应该得到更大范围内的运用。对此,有学者已经指出:"在社会转型、生态和环境危机更为迫切的当下,节能减排应该充分借助于有效的公布污染企业整改名单制度。"②

由于所具有的上述特殊作用,公布违法事实这一行政强制执行方式已经被明确规定在了新修订的《环境保护法》中。③ 应该说,与原法相比,这是我国新《环境保护法》的创新,有利于发挥公布违法事实这一强制执行方式在节能减排中的重要作用。

四 目前行政强制所存在的不足

行政强制是推进节能减排的一种重要规制手段,但从现行节能减排领域的行政强制规定来看,还存在着一些不足。这主要表现在以下几个方面:

(一) 行政强制的适用对象比较狭窄

节能减排是全体社会成员的共同义务,它们既包括国家机关、企事业单位等各类组织体,也包括数量庞大的公民个体,这都是低碳规制的对象。单就目前我国节能减排领域行政强制的规定来看,行政强制主要限于

---

① 参见宋金萍等《南京关停 75 家污染企业环保风暴展示公开的力量》,载《新华日报》2011 年 7 月 8 日。

② 章志远:《作为行政强制执行手段的违法事实公布》,《法学家》2012 年第 1 期。

③ 参见《环境保护法》第 54 条规定。

针对企事业单位,几乎不针对公民个体。行政强制在规制对象上的这种狭窄性就使得公民个体的能源浪费和高碳排放行为得不到应有的强制性制约。从现实情况讲,随着经济社会的不断发展,公民个体在当代社会生活中的消费需求和消费能力均快速增长,其在能源耗费和碳排放方面已具有越来越突出的分量。同时,由于公民个体人数巨众,加之一些传统上形成的不合理、不正确的消费习惯等,将导致能源耗费和碳排放的总量巨大,必然造成能源资源的过度消耗和生态环境承载能力的损害。对此,必须加以强有力的规制,因而,行政强制这一重要的规制手段不能只针对企事业单位运用而不针对公民个体。

(二) 行政强制的现行种类不够多样化

虽然目前节能减排领域中存在着多种行政强制,但就种类而言,行政强制措施和行政强制执行在法定种类上还不够丰富多样,不足以全面适应节能减排领域的各类事项,也不能广泛涵盖节能减排监管的各个环节,这会导致规制上的空白点。行政强制作为促使节能减排的一种重要手段,在种类设定上要力图涵盖节能减排监管过程的重要节点,对常见性、重大性问题具有针对性和实效性,因而不能拘泥于现有传统的种类,需要发展创新更为丰富、多样化的行政强制措施和行政强制执行方式。就产生能源资源浪费和高碳排放的基本要素来讲,它至少包括三类:主体要素、物质要素和行为要素。主体要素是产生能源资源浪费和高碳排放的行为人,包括企事业单位等组织体和公民个体两种类型;物的要素是能源资源浪费和碳排放主体使用和消耗的各类物质资源,因为能源资源浪费和高碳排放的产生均建立在对物质资源耗费的基础上;行为要素是碳排放主体在调动和使用物的要素的过程中所采取的行为种类与行为方式。为了控制能源资源浪费和高碳排放,这就要求在不同要素上都应该有相应而又恰当适用的行政强制措施和行政强制执行。如果不能够选择合适的行政强制,那么就会导致因行政强制的种类和方法的不够多样化或缺乏针对性而出现监管上的盲区。

就我国现有的行政强制规定来讲,能针对节能减排领域有效适用的类型还不够丰富,如针对主体要素的行政强制十分欠缺,针对物的要素和行为要素的行政强制还比较单一,因而对节能减排涉及的多类主体、众多领域、不同行为以及广泛事项,如果欠缺对应且合适的行政强制措施和行政强制执行类型,将致使能源资源浪费和高碳排放的现象得不到强有力的制约。

（三）非法设定和适用行政强制措施的现象时有发生

鉴于我国严峻的环境资源形势,为了加大推进节能减排工作的力度,各级政府将完成节能减排的指标任务作为了绩效考核中的一项重要内容。[①] 在完成节能减排指标任务的过程中,有些地方违反法律规定设定和实施了某些行政强制措施。如超越法定设定权随意规定对企业可强行停止电、水、气等能源供给的行政强制措施,或者违反《行政强制法》第43条的规定对居民生活采取停止供水、电、热、燃气等方式迫使相对人履行相关义务。[②] 各地方自行对这类行政强制措施的规定均属非法设定和运用,因为根据《行政强制法》第9、10条的规定,强行停止电、水、气等能源供给即使有必要上升为法定的行政强制措施种类,也只能由法律和行政法规来设定。[③] 据此,目前一些地方性法规、地方政府规章和政府规范性文件的这类规定及做法都需要进行清理和废止。

第三节　低碳领域中行政强制的改进

行政强制存在的上述不足,将极大地影响这种行政规制手段在我国节能减排领域中重要作用的发挥,也会侵害行政相对人的合法权益,因而需要加以改进完善。

一　公民个体应纳入行政强制的对象范围

我国现有的一些法律法规以及政策已经将公民确立为节能减排的一类

[①] 2012 年国务院出台的《节能减排"十二五"规划》明确提出:国务院每年组织开展省级人民政府节能减排目标责任评价考核,考核结果作为领导班子和领导干部综合考核评价的重要内容,纳入政府绩效管理,实行问责制。

[②] 如河北省枣强县为了完成"节能减排"的指标自 2010 年进入 10 月份以后就开始了大规模的停电,每天全县只对居民供电 4 个小时,其余时间全部断电。参见 http://www.hcvw.cn/index.php? m = content&c = index&a = show&catid = 116&id = 15249,2015 年 10 月 6 日最后一次访问。而同时期广西兴业县为了完成节能减排任务也对居民生活用电进行了限制,参见 http://news.163.com/10/0921/21/6H4TDLNJ00014JB5.html,2015 年 10 月 6 日访问。

[③] 参见《行政强制法》第 9 条规定。

重要义务主体。我国《环境保护法》、新修订的《大气污染防治法》都对此进行了规定。① 这些法律规定中的"环境保护义务"自然也包含了节能减排义务。而我国《节能减排"十二五"规划》明确要求"深入开展节能减排全民行动"，公民作为节能减排义务主体的地位则更为凸显。公民在低碳社会建设中的义务问题也已经引起了我国行政法学者的注意并提出了一些颇有针对性的建议。②

　　但在促使公民履行节能减排义务的措施安排上，目前主要是通过宣传教育、鼓励引导等"软"措施来促进其开展节能减排活动的。这带来的一个严重后果是公民本应该履行的节能减排义务无法有效落实，使得公民的节能减排义务仅仅停留在了倡导性义务这一层面上。这种局面与我国公民群体越来越大的能源资源消耗和高碳排放数量是极不协调的。因为在当代社会，公民的消费需求和消费能力均快速增长，其在能源耗费和碳排放方面已具有越来越突出的分量。这就是说，公民的节能减排义务不能仅仅具有倡导性，还应该同时具有一定的强制性，对于未履行节能减排义务的公民应当通过适用行政强制来实现这一义务。而从目前我国节能减排领域行政强制的规定来看，行政强制主要限于针对企事业单位，几乎不针对公民个体，这就难以强有力地制约其能源资源浪费和高碳排放的行为。

　　实际上，将未履行节能减排义务的公民个体纳入行政强制对象范围具有伦理以及法理上的正当性。一方面，"个人在排放温室气体到大气层中的同时有不伤害他人的义务，每一个有能力减少温室气体排放的个人都有伦理责任减排温室气体，都有义务将自己的排放量限制在公平安全的排放份额之内"。③ 这就是说，节能减排反映的是人类伦理的要求，而这种伦理正是人作为人的主体性所在，也是一种必须遵守的行为准则，不能抗拒。而将未履行节能减排义务的公民个体纳入行政强制对象范围则有利于满足这一伦理要求。因为就行政法上提供的各种可满足该伦理要求的手段而言，行政强制是一种虽不优先但却不可或缺（兜底性）的保障手段。

---

① 参见《环境保护法》第 6 条规定。
② 参见方世荣、谭冰霖《论促进公民低碳行动的行政指导》，《法学》2014 年第 2 期。
③ ［美］唐纳德·布朗：《个人减少温室气体排放的伦理责任探究》，史军、董京奇译，《阅江学刊》2012 年第 5 期。

从法理上讲，我国《环境保护法》、《大气污染防治法》等法律规定的公民环境保护类义务既然包括了节能减排义务，那就需要与之相对应和匹配的法律责任。但根据这些法律，尚未有较明确的法律责任与公民的节能减排义务对应和衔接。因此，把公民未履行节能减排义务作为对其进行行政强制的情形是符合这一法理要求的。

二　创新行政强制的种类

发挥行政强制对节能减排中的保障性作用要求行政强制要能够涵盖节能减排的各个要素和不同环节，不能有所遗漏。从我国《行政强制法》的规定来看，行政强制措施和行政强制执行方式都无法达到这一要求，这就需要根据节能减排的特殊要求增加新的行政强制法定种类，对此可以从立法所规定的行政强制的两个方面展开分析：

（一）设定新的行政强制措施种类

1. 增设针对主体要素的行政强制措施

就产生能源资源浪费和高碳排放行为的主体来讲，主要包括企事业单位等组织体和公民个体两种类型。但由于这两种主体在组织实体以及行为模式上存在较大差异，在具体行政强制措施的设定上也需要区别对待。

对于具有严重能源资源浪费和高碳排放行为的组织体而言，对应的行政强制措施包括取缔组织实体和暂停或限制资格两种手段：

（1）取缔组织实体。所谓取缔组织实体是指通过依法取缔、捣毁、关闭等方式对具有严重能源资源浪费和高碳排放行为的组织体从物理实体上对其进行灭除。一般情况下，取缔组织实体的行政强制措施适用于组织体本身不具有合法性这种情况。例如，基于食品安全的考虑，行政机关经常对制假造假的各类小作坊、黑窝点进行取缔或捣毁，这就是在组织实体上将不具有合法身份的经营者予以消灭。实际上，这些在食品卫生领域存在的"黑窝点"、"黑作坊"往往也要产生相当数量的能源资源浪费和高碳排放。除此之外，本身不具有合法性但却具有严重的能源资源浪费和高碳排放行为的组织体也广泛存在，如非法开采煤炭等各类矿产资源以及非法生产和加工塑料袋的小车间、作坊和窝点等。对于此类具有严重能源资源浪费和高碳排放行为且不具有合法性的组织体最有效的规制手段就是灭除其存在实体，从而在根本上杜绝严重能源资源浪费和高碳排放的行为。

（2）暂停或限制资格。所谓暂停或者限制资格是指通过许可的方式对组织体的活动资格暂时停止或作出限制，以此来禁止或者限制对其从事可能产生能源资源浪费和高碳排放行为的活动。例如，为了促进工业领域实现节能减排，加速淘汰落后产能以及高耗设备，工信部自 2009 年开始先后公告了多批次的《高耗能落后机电设备（产品）淘汰目录》。对于节能减排的行政管理机关来说，这就需要对照目录内容，对从事机电设备（产品）生产和制造的企业的资格及营业范围作出调整，限制其从事能够产生能源资源浪费和高碳排放行为的活动。对此，可以考虑由国务院或者全国人大编制并公布企业严重的能源资源浪费和高碳排放行为目录，并根据循序渐进原则通过许可调整的方式对这些行为进行暂停或限制。

对于具有严重能源资源浪费和高碳排放行为的公民个体而言，由于不能从物理实体上予以消灭，就只能采用资格许可的方式来规制其能源资源浪费和高碳排放的行为。

2. 增设和改进针对行为要素的行政强制措施

（1）强制担保

不同于民法中的担保制度用于确保债务履行的功能，行政法中的担保（强制担保）更多体现了行政的优益性，重在强调对公共利益的保障。作为一种重要的法律制度，强制担保在我国行政管理实践中得到了广泛的运用，如税收行政领域。① 除此之外，我国《海关法》、《知识产权海关保护条例》等法律法规中也规定了强制担保制度。

民法和行政法上的担保在适用范围、形式以及实施程序等方面存在差异，但二者的原理和目的是相同的：通过一定的前置性手段（民法上的担保和行政法上的强制担保）来防控未来可能发生的风险，从而更好地维护担保设定人的利益。我国目前的节能减排管理实践主要依赖于事后的被动应对，事前的主动预防还比较缺乏，这与环境生态的本质属性要求是有较大差距的。从环境生态运行的机理上看，其要素一旦遭到侵害和破坏就无法或很难对之进行修复。这就决定了在环境生态的维护机制上，事前主动预防总是优于事后被动应对的。为了尽量避免可能出现的能源资源浪费和高碳排放现象，行政机关应"未雨绸缪"，主动出击，通过强制

---

① 参见《税收征管法》第 38 条规定。

担保这一事前预防机制来实现对能源资源浪费和高碳排放行为的防控。考虑到强制担保的实效性，适用这一制度的主体应主要限定在企业这一范围内。具体而言，节能减排管理实践中的强制担保可以参考以下思路进行操作：

第一，启动强制担保的时间。担保意味着担保人对后续行为的一种承诺，在担保启动的时间上就要位于开展后续行为之前。节能减排中的强制担保主要是企业对自己不实施能源资源浪费和高碳排放行为的一种担保，其启动的时间可以考虑放在企业申领营业资格许可这一环节。在这一环节由于企业的经营行为尚未开始，还不存在能源资源浪费和高碳排放行为，此时要求其提供强制担保就能够对其后续的经营行为产生约束。而且，将强制担保的启动时间置于这一环节可以便利企业，减少企业往返之负担，也相应减少了行政机关的工作数量，都是低碳化的表现。

第二，担保形式。民法上的担保主要包括保证、抵押、质押、留置、定金等五种形式。与保证和抵押相比，质押、留置和定金均是以有债权人占有担保人动产或不动产为手段的担保形式，对债权人权益的担保意图更为明显，对担保人的约束力度也更为强大。因此，节能减排中的强制担保应主要考虑质押、留置以及定金这三种担保形式。这就要求企业在登记和审批环节需要通过质押、留置或者定金三种担保形式向行政机关保证后续的生产经营行为符合节能减排要求，控制能源资源浪费和高碳排放行为，减少对生态环境的影响。

第三，担保监督与责任。强制担保对于企业来说是一种督促，提醒其生产经营行为要符合节能减排的要求，减少制能源资源浪费和高碳排放现象。但企业能否按照这一要求组织生产和经营活动还取决于其他一些因素，如市场风险、企业社会责任意识等，这就需要对企业的担保履行情况进行监督。对于未按照担保规定履行担保义务的，行政机关可以通过对留置、质押以及定金这三种担保形式涉及的动产和不动产进行处理的方式作为规制其违反担保义务的手段。

（2）交通工具限行

随着城市交通拥堵以及环境污染的加剧，对车辆等交通工具限行作为一种强制措施开始频繁地被各地采用。2008年北京在奥运会期间实行机动车单双号行驶，这是我国大城市首次发布机动车限号令。此后，天津、上海、南昌、贵阳、石家庄等城市相继实施机动车辆限行。2013 年国务院出台的大气污染防治十条措施中就包含了这一做法。① 由此可知，对车辆等交通工具限行在我国可能会呈现出日益常态化和实施地域扩大化的趋势。因为对各类机动车、船等交通工具的使用会造成一个巨大的能源资源耗费和高碳排放来源。尤其是随着我国未来低空空域的逐步开放，大量私用飞行器将会出现，这必然会使交通这一领域的节能减排成为一个新的工作重点。② 针对这种新趋势、新情况，行政机关就不能不有所谋划、安排。

当然，对车、船、私用飞行器等各类交通工具进行限行还存在一些法律上的争议。鉴于学界对车辆限行研究相对较多，以下就以车辆限行为例来分析各类交通工具面临的法律问题。一种观点对车辆限行基本持否定评价，认为车辆限行是对公民财产权这一基本权利的限制，不具有法律上的正当性。③ 也有学者从实施效果的角度对车辆限行提出了质疑④。另外一种观点则基本认同车辆限行的良好动机，但认为这一手段在实施过程中还需要加以进一步完善。⑤

笔者认为，对车辆限行具有一定的正当性：（1）车辆限行已经在我

① 十条措施中第 9 条专门指出："将重污染天气纳入地方政府突发事件应急管理。根据污染等级及时采取重污染企业限产限排、机动车限行等措施。"
② 2010 年国务院和中央军委联合印发了《关于深化我国低空空域管理改革的意见》，拉开了我国充分开发低空资源、促进通航发展的序幕。2014 年国务院、中央军委空中交通管制委员会在北京组织召开了全国低空空域管理改革工作会议，决定在已有试点基础上在 2015 年全面开放真高 1000 米以下空域。
③ 李松峰：《机动车限行令的合宪性分析》，《厦门大学法律评论》第 19 辑；莫纪宏：《机动车辆限行必须要有正当的公共利益》，2008 年第 5 期；杨士林：《奥运会前后北京机动车限行——评析交通限行令的性质及其合法性》，载韩大元主编《中国宪法事例研究（四）》，法律出版社 2010 年版，第 228—230 页；《北京机动车限行不立法，合理性争议大值得反思》，载《法制日报》2009 年 3 月 23 日；钟进军：《北京继续限行弊大于利》，载《中国改革报》2009 年 3 月 31 日。
④ 赵晓光、许振成、王轩、王俊能：《北京机动车限行对空气质量的影响分析》，载《安全与环境学报》2010 年第 4 期；胡婧：《奥运期间北京地区大气环境质量保障成因诊断分析》，北京工业大学 2009 年环境科学硕士学位论文；李安定：《限行：可提倡不可强制》，载《经济观察报》2008 年 10 月 20 日。
⑤ 凌维慈：《行政法视野中机动车限行常态化规定的合法性》，《法学》2015 年第 2 期；张翔：《机动车限行、财产权限制与比例原则》，《法学》2015 年第 2 期；姚辉：《单双号限行中的所有权限制》，《法学家》2008 年第 5 期。

国行政管理实践中得到了广泛运用,且具有一定的政策和法律依据。上文提到的国务院常务会议已经为实施车辆限行提供了政策依据,会议通过的大气污染防治措施中就包含了机动车限行这一手段。而我国《道路交通安全法》则为实施车辆限行提供了相应的法律依据。① 可见,完全否定机动车限行正当性和合法性的观点是不能成立的。此外,新修订的《大气污染防治法》虽然删除了前两稿草案中对地方政府实施限行的授权条款,但这并不意味着该法完全禁止车辆限行这一做法。之所以要在该法的正式文本中删去对地方政府实施车辆限行的授权条款,出发点不在于完全禁止车辆限行,而在于防止地方政府随意、粗暴地实行车辆限行。实际上,《大气污染防治法》已经为实施车辆限行预留了一定的空间。② 该法规定的"采取措施"并未有措施种类或范围的明确限定,在体系上具有一定的开放性。从属性上看,对机动车辆进行的限行显然是一种可以采取的措施,而且对于地方政府在限期内达到环境质量标准具有重要作用。(2)车辆限行作为一种行政强制措施具有法理依据。对于公民来说,机动车辆不仅是一种出行的交通工具,也是自己的一种合法财产。在机动车辆之上存在的是公民合法财产权这一宪法上的基本权利。因此,对机动车辆限行就会对公民享有这一基本权利产生限制,这也是很多学者对机动车限行持否定态度的基本原因。这一分析不是完全没有道理的,但这是否意味着对机动车辆限行就欠缺法理依据呢?答案是否定的。事实上,对机动车辆实施限行有着比较充分的法理依据:第一,基本权利冲突理论。公民享有的基本权利种类是多样的,这就会出现基本权利之间的冲突。根据基本权利冲突理论,当同一主体两种以上的基本权利出现冲突时,应该优先保障在价值序列中居于更重要位置的基本权利。机动车辆限行是治理城市严重环境污染问题的有效手段,它涉及公民财产权和生命健康权这两种基本权利。一方面,对车辆限行会损害到公民财产权这一基本权利;但另一方面却对公民生命健康权具有保障和促进作用。显然,与财产权这一基本权利相比,公民的生命健康权居于更为重要的地位,应该予以优先保障。第二,财产权社会义务理论。公民享有针对机动车辆的合法财产权,国家公

---

① 参见《道路交通安全法》第 39 条规定。

② 参见《大气污染防治法》第 14 条规定。

权力在一般情况下不得对其进行侵犯或者设置障碍。但公民享有的合法财产权并不是绝对的，也不是不受任何限制。财产权在作为一种权利的同时，也内涵了相应的社会义务。财产权的社会义务理论认为：为了维护社会正义的目的，财产权应当作自我限缩；在个人张扬其财产自由的同时应使其财产亦有助于社会公共福祉的实现，即能够促进合乎人类尊严的人类整体生存的实现。① 在能源资源耗费和高碳排放形势更加严峻的当下，对机动车辆限行实质上体现了对公民财产权上负担的节能减排这一社会义务的伸张和强调。

　　同样地，对机动车以外的其他各类高耗能、高排放的交通工具的限行也体现了相似的道理。总之，交通工具限行可以作为交通领域节能减排的一种行政强制措施进行运用。当然，现实中对机动车辆限行还存在一些程序和方法上的不足，需要加以改进。这就是要通过保证交通工具限行过程中的透明度和参与度的方式来提高社会的认可和接受程度，更好地保障交通工具限行的实施效果。

　　3. 增设和改进针对物的要素的行政强制措施

　　（1）将限制能源资源的供给和使用的行政强制措施上升为法定种类

　　根据我国《行政强制法》的有关规定，限制电、气、水等能源资源供给和使用的行政强制措施只能由法律和行政法规来设定，地方性法规、地方政府规章和政府规范性文件无权作出此类规定。而现实情况却是地方上非法设定和适用这类行政强制措施的现象时有发生。为了避免和控制这类非法情形的出现，应采取以下两种措施：一是对目前一些地方性法规、地方政府规章和政府规范性文件的这类规定及做法进行清理和废止。二是将限制能源资源供给和使用的行政强制措施上升为法定种类。

　　就把限制能源资源供给和使用的行政强制措施上升为法定种类而言，存在两种思路。一是将限制能源资源供给和使用明确规定在我国《行政强制法》中。这需要通过修改《行政强制法》的方式来实现，即把限制能源资源供给和使用明确列举为和"查封场所、设施或者财物"、"扣押财物"、"冻结存款、汇款"等并列存在的一种行政强制措施。二是由国务院制定行政法规等方式出台关于《行政强制法》的实施细则或办法，

----

　　① 参见张翔《机动车限行、财产权限制与比例原则》，《法学》2015年第2期。

对该法第 9 条规定的"其他行政强制措施"进行相应解释，将限制能源资源供给和使用作为其中的一种行政强制措施。

当然，由于给付行政的出现，各类社会主体的生产、生活都要极大受制于行政机关所提供的各类资源。就我国而言，经过改革开放 30 多年的发展，社会资源分布格局有所改变，但政府依然是社会资源的最大掌控者，煤、电、油、气、水等资源莫不如此。[①] 这就决定了虽然可以将限制能源资源的供给和使用作为一种行政强制措施，但在适用上仍需慎重。鉴于限制能源资源供给和使用的重大影响性，对这一手段应具有相应的限制：一是限定决定主体。依照《行政强制法》的精神，《浙江省水污染条例》规定的"断水、断电、断气"等措施不具有合法性，但该条例把限制能源资源的供给和使用决定的作出主体限定为"县级以上人民政府"是可取的。因为通过这一范围的限定，可以防止因有权决定主体过多而导致杂乱无章情形，也有利于保证限制能源资源的供给和使用决定的慎重和科学。对于跨域行政区划但需要作出限制能源资源的供给和使用决定的，应报其共同的上一级政府决定。二是明确决定条件。限制能源资源的供给和使用的决定一旦作出，将对企事业单位的生产、生活产生严重影响。这就适用这一行政强制措施的条件作出明确规定。一般情况下，只有在当事人具有严重能源资源耗费和高碳排放行为且通过其他手段不足以控制的情形下才可以考虑适用这一措施。三是优化决定程序。第一，设立听证程序。针对企业作出的拒绝给付，可以通过听证等方式广泛听取企业负责人、员工及其他利害关系人的意见和建议。第二，履行说明理由程序。这主要是指行政机关必须向被拒绝给付的主体说明法律依据和事实根据。

（2）扩大冻结资金的适用情形

冻结资金（存款和汇款）是我国《行政强制法》规定的一种行政强制措施，通常适用于当事人具有相关财产义务但却可能非法转移或者隐匿财产的情形。冻结资金这种行政强制措施在推动节能减排方面有着广泛的适用空间。这是因为能源资源的耗费和碳排放本身就是一项物质活动，高

---

① 需要说明的是，为了推进市场改革，我国在煤、电、油、气、水等资源领域分别设立了若干企业来负责这些资源的供应和管理工作。但众所周知，这些企业的市场化还比较有限，它们在很大程度上依然是政府的延伸并且承担着一定的行政职能。

度依赖于各类物质资源，而对它们的获取、使用都需要一定的资金作为支持。在市场经济高度发达的今天，资金对能源资源耗费和碳排放的影响则更为突出。因此，应该充分发挥冻结资金在节能减排领域的重要作用。但冻结资金适用情形的上述限定性实际上妨碍了它在节能减排规制中的应有作用，这就需要扩大冻结资金这种行政强制措施的适用情形。除了原有的适用情形外，当事人购买不符合低碳环保要求的落后设备资金也应纳入到冻结范围中。

　　将当事人购买落后设备的资金纳入冻结范围具有法律依据，这主要是指《环境保护法》第 46 条、《大气污染防治法》第 27 条。① 国家建立对严重污染环境的工艺、设备和产品的淘汰制度有利于推进我国的环境保护工作，这一制度在实施上主要以强制报废、拆除、没收以及罚款等手段作为保障。但这些保障手段都具有事后补救的色彩，并不能对当事人购买、生产、销售以及使用这些工艺、设备和产品的行为进行预防性阻止。这需要通过源头治理的方式来实现。将当事人购买落后工艺、设备和产品的资金纳入冻结范围则正是一种源头治理的方式，它可以从资金这一根本性要素上阻止当事人购买、生产、销售以及使用这些不符合环境保护要求的工艺、设备和产品。而这是非常有利于促进企业节能减排的。

　　（3）强制搬迁

　　企业是由人、财、物以及空间构成的一个巨大物质实体，是非常重要的能源资源消耗和高碳排放来源主体。一定时期内的产业布局对能源资源耗费和高碳排放有着极大影响，这就需要对原有产业布局进行不断调整以适应节能减排要求。为此，各地先后出台了一系列污染企业搬迁的政策和措施，如《北京市推进污染扰民企业搬迁加快产业结构调整实施办法》、《南京市污染企业（项目）搬迁治理规定的通知》等。而重庆市人民政府于 2004 年发布的《关于加快实施主城区环境污染安全隐患重点企业搬迁工作的意见》对企业搬迁进行了比较详细的规定。

　　从各地政府出台的政策和文件来看，对高能耗、高排放污染企业的搬迁一般采用诱导搬迁和督促监管相结合的模式。诱导搬迁是政府通过资金补贴以及提供优惠政策等方式鼓励、引导污染企业外迁。由于行政机关缺

---

　　①　参见《环境保护法》第 46 条规定。

乏要求企业强制搬迁的法律依据，针对企业可能出现的观望或者拒不搬迁情况，行政机关只能加强监管，督促其早日搬迁。污染企业搬迁与否要考虑政企关系、经营成本、市场竞争等多重因素。而作为一种营利性组织，污染企业是否搬迁从根本上还取决于成本和效益的考量。对于企业来说，外迁一般意味着生产以及运输等成本的提高，这在本质上与企业的逐利本性是相违背的。在诱导搬迁模式下，只有当政府提供的补贴资金以及政策优惠在理论上能够大于或者等于污染企业因外迁而产生的成本时，它才会有外迁的意愿。但问题在于，政府的财政和优惠政策总是有限的，而需要外迁的高能耗、高排放污染企业数量上的庞大性又加剧了这种有限性。因此，对污染企业进行诱导搬迁的模式是有局限性的，它虽然渗透着平等、合意等理念，但并不足以完全保证那些应该外迁的企业最终能够完成搬迁。节能减排具有重大的公共利益性，而污染企业的搬迁与否将直接影响到该种公共利益的实现。对于政府来讲，就必须具有要求污染企业强制搬迁的权力，即一旦诱导搬迁的模式不能奏效，强制搬迁将是最终的选择。

（二）增加和完善行政强制执行方式

1. 增设非财产性的资格限制类执行罚

加处罚款和滞纳金是我国执行罚的两种主要形式。执行罚是针对不履行法定义务或者行政决定确定的金钱给付义务的当事人，通过科以新的金钱给付义务以迫使其履行义务的执行方式。显然，加处罚款和滞纳金都属于金钱类型的执行罚，但问题是随着社会的发展这类执行罚对部分义务人的约束作用是在不断下降的。随着经济社会的发展，金钱财富对一部分已经率先富裕起来的社会主体来说其主观影响有一定弱化。而《行政强制法》规定的"加处罚款或者滞纳金的数额不得超出金钱给付义务的数额"必然会影响到执行罚本身的力度。为此，应考虑增设非金钱性的资格限制类执行罚。

资格限制一般是义务人在拒不履行法定义务的情况下而对其某一方面的资格（如信贷、消费、就业、就学等）予以限制的一种方式。作为一种新型的行政强制执行方式，资格限制在我国立法中多有出现。如《北京市征兵工作条例》第39条的规定，湖北省制定的《湖北省征兵工作条例》中也有类似的规定。对于这种资格限制，有学者认为它属于行政强制执行方式的创新，也是对行政强制理论的新发展。① 此外，2010 年出台的《最高人民法院关于限制被执行人高消费的若干规定》专门就被执行人的高消费行为进行了限制。从这一规定的内容来看，高消费资格的限制在本质上已经具有强制执行方式的属性，是督促被执行人及时履行义务的保障性措施。

把资格限制作为一种新型的行政强制执行方式，还在于其自身特殊的作用机理。随着我国经济社会的不断发展，由于经济地位的改变，人们的价值取向和行为追求也日益多元化，这是资格限制这种新型强制方式发挥作用的基础。最高人民法院之所以对被执行人进行的高消费资格限制正是看到了这一点。因为高消费对于一部分社会主体来讲，除了可以满足自身生活和发展的需要之外，还具有彰显社会优越地位、证明社会价值的心理作用。尤其是在享乐型消费心理不断膨胀的当下社会，高消费行为之于消费主体的主观意义是在不断强化的。因此，在保障被执行人对义务的履行上，对其高消费资格进行限制可能比其他手段更为有效。同理，在节能减排行政强制执行方式的选择上，我们应该认真考虑节能减排义务主体的价值观和行为追求。如果一种行政强制执行方式对节能减排主体的价值观和行为追求影响不大或者没有影响，它在效果上也可能是不足的。据此，以下种类的资格限制在节能减排领域是可以探讨适用的：

第一，消费资格限制。消费资格限制主要是指负有节能减排义务的企事业单位在法定期间没有完成节能减排任务而对其法定代表人、直接责任人员作出的限制其消费行为的方式。对于未完成节能减排义务的，笔者认为可以借鉴司法领域中的限制高消费措施，可在以下消费领域进行限制：（1）购买新的不动产或者新建、扩建或装修高档房屋；（2）在星级宾馆、酒店等场所进行高消费；（3）乘坐交通工具时，选择飞机、列车软卧、高铁等二等以上舱位；（4）购买非生活和生产必需车辆；（5）旅游、度假；（6）支付高额保费购买保险理财产品。

第二，信贷资格限制。在市场经济条件下，信贷是企业等市场主体正常经营和发展所不可或缺的资金获得渠道。如果企业经营和发展所需要的资金出现短缺，轻则影响正常运转，重则可导致企业破产倒闭。因此，企

---

① 余凌云：《行政法讲义》，清华大学出版社 2010 年版，第 320 页。

业等市场主体一般都比较重视与银行等金融机构建立密切的联系，目的就在于保证获得资金渠道的畅通。为了督促企业等主体及时履行节能减排义务，可以考虑把信贷资格限制确立为行政强制执行的方式。当然，鉴于信贷资格限制的重大影响，这一方式的运用应有一定的限制：一是要明确信贷资格限制期间。信贷资格限制的具体期限可以综合考虑节能减排义务主体的履行情况（未履行、部分履行、不适当履行等）、经营状况等因素加以确定。尤其要禁止地方政府为了完成节能减排考核任务而作出无期限或期限不明的信贷资格限制行为。二是要合理划分信贷资格限制格次。这里的信贷限制格次是指不能不加区分地对企业的信贷资格作出单一化的限制或禁止，而应该综合节能减排义务主体的履行情况（未履行、部分履行、不适当履行等）、经营状况等因素进一步划分出若干分等次的标准。如未履行情形对应的是 M 万元的信贷资格限制；部分履行情形对应的是 N 万元的信贷资格限制等。

2. 完善公布违法事实的强制执行方式

我国《环境保护法》第 54 条虽然明确规定了公布违法事实这种行政强制执行方式，但对其究竟该如何运用却是不明确的。为了更好地发挥它的作用，公布违法事实还需要采取以下方面的配套措施进行相应的完善：

第一，提高公布主体的级别。根据我国行政机关的组织结构，行政机关行政行为的权威性和它的行政级别是密切相关的。一般来讲，较高级别的行政机关作出的行政行为权威性更大，也更容易得到社会公众的认同、配合。为了增加对企事业单位的"震慑"，违法事实的公布应该尽可能由较高级别的行政机关作出。如同一辖区内的违法事实可由辖区政府而非某一政府部门公布，跨辖区的违法事实可由辖区的共同上一级行政机关公布。由较高行政级别的行政主体公布违法事实除了可以增加"震慑"作用外，它还具有扩大违法信息覆盖面的作用。与级别较低的行政机关相比，级别较高者由于处于"居上"的位置，它就可以扩大违法信息所覆盖的地理范围并进而使接收这一违法信息的受众增多，这将会从另一个层面进一步增加这一措施的"震慑"作用。

第二，扩展公布的平台。从传播学的角度看，信息的传播速度、质量与信息的输送媒介具有高度相关性。违法事实的公布本质上也是一种信息的传输行为，为了增强这一措施对节能减排的实效性就不能不考虑公布违法事实的平台这一问题。行政机关公布企业的违法事实一方面可以依赖于政府网站、报纸、广播、政府公报等传统形式。但随着社会的发展，这几种传统的信息输送方式无论是在受众面还是在信息的接收效率（包括再传递效率）等方面都不同程度地出现了一些问题。所以，在这几种方式之外，政府还需要不断创新公布违法事实的平台。这主要包括微信、微博、博客等新媒体形式。

第三，加强信息公布的反馈。公布违法事实的目的不在于单纯地把违法事实这一信息由政府输送给社会公众，而是要通过信息的传输使得社会公众知悉相关企业的违法情况并在此基础上以不利于企业实际利益的行为（如减少产品购买等）来间接实现对它的惩罚。为了达到这一目的，就需要不断强化违法事实公布的反馈机制，不断地去了解社会公众的态度以及行为变化以便于进一步做好公布违法事实的改进工作。

三 修改完善行政强制的相关法律规定

完善我国节能减排的行政强制制度，需适时修改调整相关法律中有关行政强制的规定，如《环境保护法》、《节约能源法》、《大气污染防治法》、《水污染防治法》、《清洁生产促进法》和《循环经济促进法》等。

我国《行政强制法》已将比较典型、被社会熟悉了解或可以普遍适用行政强制种类加以明确列举，这种列举既宣示、确定了行政强制的主要种类，也可用于指导其他单行法律在制定时对行政强制种类的设定。而对其他有特殊运用范围的类型，则都列入"其他行政强制措施"和"其他强制执行方式"的概括性规定之中，由其他单行法律在各自领域中有针对性地设定。因此，在节能减排领域中，除了可以运用《行政强制法》规定的典型种类之外，还可以由相关单行法律设定有特殊针对性的行政强制种类。我国涉及节能减排问题的法律主要有《环境保护法》、《大气污染防治法》、《清洁生产促进法》、《节约能源法》、《循环经济促进法》以及《水污染防治法》等，它们在各自领域都需根据实际情况在《行政强制法》列举的典型种类之外，通过修改调整来创立和运用富有实效的行政强制措施种类和行政强制执行方式。

根据上文分析，在节能减排领域可增设运用的行政强制种类包括限制能源资源使用、强制担保、交通工具限行、强制搬迁以及冻结资金等；可增设运用的行政强制执行则有非财产的限制资格性执行罚和公布违法事实的名誉性执行罚等两种间接执行方式。上述这些行政强制措施和行政强制执行类型，有些在节能减排领域能普遍运用，可以在以上各部法律中都加以增列；有些则是只有个别针对性，只需在个别法律中单独规定，以下分述。

（一）可普遍运用的行政强制措施种类

在节能减排领域可普遍运用的行政强制措施种类有：限制能源资源使用、扩大适用范围的冻结资金。就产生能源资源浪费和高碳排放的基本要素而言，物质要素是关键环节，它是行为人对物的不合理的开发、生产、使用等而引起的。因此，减少或控制能源资源浪费和高碳排放要对物质要素进行重点控制。而能源资源以及有关设备、产品和工艺是能源资源浪费和高碳排放过程中两种最主要的物质要素形式。

限制能源资源的供给和使用，可以直接约束能源资源的浪费和高碳排放，具有较强的针对性，且在地方节能减排管理实践中也得到了广泛应用，产生了实效。为此，在各相关法律中，都可确立为行政强制措施的新种类，与"查封场所、设施或者财物"、"扣押财物"、"冻结存款、汇款"等共同发挥对物的要素的强制性作用。

扩大冻结资金的适用范围，是指应针对生产、购买、销售、使用、转移不符合强制性能源效率标准并严重污染环境的设备、产品等所涉的资金实施冻结，通过这一强制手段来控制设备、产品和工艺这类物质要素。因此，在涉及环境保护、节能减排的各项法律中都可加以规定。

（二）可普遍运用的行政强制执行种类

在节能减排领域可普遍运用的行政强制执行种类，包括非财产的限制资格性执行罚和公布违法事实的名誉性执行罚两种间接执行方式。

公布违法事实的名誉性执行罚方式是适应现代社会发展的一种间接行政强制执行方式。现代社会是信用社会，良好的社会形象、社会信誉对于公民和企业来说都是一种不可或缺的重要软实力；现代社会也是信息社会，尤其是随着网络和通信技术的不断发展，信息在传播上呈现出更加便利和快捷的特点。某种违法事实一旦被行政机关公布，便会广泛受到社会的关注，进而形成社会压力。这将对违法者的个人名誉或企业声誉产生负面影响，降低其社会信誉度，导致信任危机。因此，向社会公布违法事实，可以通过施加社会声誉压力的机制来迫使当事人尽快履行行政法规定的义务，从而产生执行罚的间接强制作用。这种方式简便易行，可以普遍适用。

非财产的限制资格性执行罚方式，是对传统单一的财产性执行罚方式的发展。从《行政强制法》和其他相关单行法律来看，财产性执行罚方式主要表现为"加处罚款"或"滞纳金"。执行罚的功能在于通过"加罚"来促使当事人尽快履行法定义务，但"加处罚款"或"滞纳金"只针对财产加罚，这在力度上仍有局限，在方法上也较为单一，而且《行政强制法》第45条还规定"加处罚款或者滞纳金的数额不得超出金钱给付义务的数额"。因而，执行罚不能仅限于传统的财产罚，对财产之外的对象也可纳入执行罚的范围，创设非财产性的执行罚方式，以增强执行罚的功能和适用。在当代法治社会，资格性权利也是一种重要权利，在某种程度上比财产性权利更重要。这就决定了限制资格往往能够对社会成员的利益产生更大的影响和压力。这就可以确立非财产的限制资格类执行罚来发挥作用，将一些比较重要的资格性权利，如信用资格、消费资格、自由出行的资格等作为执行罚的对象，如果当事人不及时履行法定义务，就可以通过在一定期限内限制这类资格的方式来迫使其及时履行法定义务。对信用资格的限制可通过银行等金融机构来实施停止信贷等；对消费资格的限制可借鉴《最高人民法院关于限制被执行人高消费的若干规定》；对自由出行资格的限制可通过海关、出入境管理部门来实施阻止。

（三）可单独适用的行政强制措施种类

有些行政强制措施只有特殊针对性，只适合于规定在单行法律中。这主要是交通工具限行、强制搬迁、强制担保等。

1. 在《大气污染防治法》中可增加交通工具限行的行政强制措施。排放量大或使用密集度大的交通工具是城市大气污染的重要来源之一，国内很多城市频繁出现的雾霾即是有力证明。但《大气污染防治法》还欠缺针对交通工具的行政强制措施，这使产生较大污染和排放的交通工具这类重要的物质要素得不到应有控制。因此，应在《大气污染防治法》中将交通工具限行确立为一种可运用的行政强制措施，使有关的城市政府可根据本行政区域大气污染防治的需求和机动车排放污染情况，针对限制、禁止机动车通行的类型、区域和时间等来运用这一强制措施。

2. 在《大气污染防治法》、《水污染防治法》中可增加对污染企业强制搬迁的强制措施。对易于严重造成大气污染、水污染的相关企业必须着力实施治理。其中，强制搬迁就是一种重要的治理措施。对位于人口密度高、环境承载力较弱、靠近水源等区域的这类企业，行政机关应当强制其向人口密度小、环境承载能力强、远离水源的区域搬迁。

3. 在《循环经济促进法》中可增加强制担保的行政强制措施。《循环经济促进法》的立法宗旨是将企业等市场主体的经济行为纳入一条环境污染少、资源消耗低的可持续发展轨道。根据该法规定，企业在循环经济发展领域的义务主要包括降低资源消耗、减少废物的产生量和排放量以及提高废物的再利用和资源化水平等方面。为了保障企业履行法定义务，该法规定了行政处罚等惩罚机制，但这只具有事后性，不能发挥事前控制的规制作用。因此，可以增加强制担保这种行政强制措施，强制企业为履行法定义务而提供相应的财产担保。当企业未及时履行降低资源消耗、减少废物的产生量和排放量以及提高废物再利用和资源化水平等义务时，行政机关将对担保财产加以处置。

为了发挥行政强制对节能减排活动的保障和规制作用，除了调整修改现行有关法律规范之外，在我国目前起草制定的《气候变化应对法》中，还应专门规定节能减排领域行政强制的基本规范，使之作为该法的一个重要组成部分。应明确规定节能减排行政强制的适用原则、主要种类、实施程序等内容，形成适用于低碳领域的行政强制规范体系，使之与现行各单行法律的行政强制规定能协调一致、紧密衔接，并为以后制定涉及应对气候变化的单行法律、法规提供指引。

第 十 章

加强对碳信息披露的管理

碳信息是节能减排的一项基础性要素，碳信息的交流和运用是一项不可或缺的重要基础性工作。政府在推进低碳社会建设、促进节能减排的过程中面临着对碳信息实施管理的新的任务，这是传统行政活动未予涉及的，其中，碳信息披露是碳信息管理中的一个重要环节，而在这方面我国还缺乏完善的制度。因而需要对该问题加以探索研究。

第一节　碳信息披露

一　碳信息披露的内涵

对于碳信息，目前理论界与实务界尚无界定，更没有形成为一个明确的法律概念。从广义上讲，涉及影响气候变化的温室气体的所有信息都可以说是碳信息。在内容上，至少包括：有关温室气体的内涵、构成、形成等本体性信息；有关温室气体的排放情况、影响后果等现状性信息；有关控制温室气体排放的政策、决策、措施、技术等治理性信息等。在形式上，则包括以书面形式、影像形式、音像形式、电子形式以及其他任何物质形式存在的信息载体。

碳信息披露是特定主体通过一定方式将其所掌握的碳信息向社会或特定对象公开的一种活动。其作用是为了打破信息的封闭状态，使信息得以广泛交流和运用，使其发挥应有的价值。

碳信息披露并非是掌握碳信息的主体对所有碳信息进行披露。其所应披露的只是广义碳信息中的一部分，它应当有三个特点：一是属于尚未开放的信息，不披露将不能或难以取得，凡常识性、常理性等已开放而为人熟知的信息无须再专门披露;二是涉公共性,即不披露将影响公共利益或他人利益;三是非法定的秘密性,即不属于法定不得披露的国家秘密和商业秘密。

二 碳信息披露的意义

对政府而言,必要的碳信息披露,是低碳行政立法和行政决策的重要条件,充分、准确、及时的碳信息披露是政府作出相关立法和决策的依据。政府通过了解并分析企业披露的碳信息,借此掌握整体情况和具体问题,从而才能对节能减排环境保护作出准确的制度规范和措施安排。

对企业自身而言,由其进行碳信息披露行为,由社会对公开的内容进行监督,这无形中给企业施加了一种外部压力,有效督促企业积极履行节能减排的社会职责;同时,从更积极的意义讲,对企业而言,碳信息披露实质上是一项促进竞争力提升的行动。企业借助于碳信息披露,能够了解行业发展前景,知晓自身及其产品的强项和弱点,学习和借鉴同行节能减排成功、有效的经验,找到提高和改善未来发展的立足点与创新点。

此外,新修订的《环境保护法》第53条也规定了公民、法人和其他组织依法享有获取环境信息、参与和监督环境保护的权利。企业在生产、经营活动中形成的有关碳信息及时向社会公开,能够对公民、法人和其他组织的知情权形成保障,实现公众参与和对环境保护的监督,进而实现他们的环境权益、对企业的投资利益以及对企业产品的消费利益,最终有益于实现节约能源资源、保护生态环境的良好的社会状态。

正是基于碳信息披露的上述意义,政府应当将碳信息披露活动纳入行政职能的范围,实施必要的对碳信息披露的管理。

三 碳信息披露的两种基本模式

从国际上看,政府对碳信息披露的管理主要有鼓励自愿披露和实施强制披露两种模式。目前我国也采用了两种模式,但对强制披露的规定尚十分薄弱。

碳信息的自主披露是企业基于所承担的社会责任、社会公德和自身利益与发展等的考虑,自主、自愿披露生产经营活动的碳信息。如企业如实向社会公开其温室气体的排放浓度和总量、碳减排举措及绩效、参与碳信息的交易情况、风险机遇及应对战略方案等，接受社会监督。其特点为它不是一种法定的义务，未作出披露的企业也无须承担法律责任。其披露的动力主要来自于企业提高自身的竞争力、企业的社会责任感、社会公众和媒体等方面的外部压力。对于这种披露，政府的管理主要是通过行政指导、行政奖励、行政合同等非强制性方式来引导。

碳信息的强制性披露是行政主体依法采取必要措施，强制碳信息占有者充分、准确、及时地披露信息或者达到与其披露信息相同的状态。碳信息的强制披露一般表现为政府对碳信息披露行为进行刚性干预。这又有两种方式：一是政府主管部门将碳信息占有者的碳信息经收集、处理后根据需要转化为政府的公共信息，如作为政府推进节能减排决策依据的碳信息等，按照相应的权限直接向社会披露。由于这不以信息拥有者是否同意为条件，因而具有强制性。二是政府主管部门通过直接或间接的强制方式迫使碳信息占有者自己向社会披露，包括责令披露、代为公布（属于间接强制中的代履行），以及对不披露行为实施行政处罚等。强制性披露具有的特点是：它是一种必须履行的法定义务。国家以立法的形式明确碳信息成为企业必须披露的内容，并以法律的强制力加以保障，即企业未披露碳信息或者未按规定披露碳信息，政府可采取强制手段迫使其披露，并追究其不履行披露义务的法律责任。

对碳信息披露的以上两种模式，我国《环境保护法》、《环境信息公开办法》等法律、法规和规章均有一定规定，但主要规定的还是自愿披露，对于强制性披露，则是由政府主管部门将有关企业的碳信息经收集、处理后转化为政府的公共信息向社会公布，而没有强制规定由企业自己直接向社会披露，因而可以说只是一种非正式强制披露的模式。

第二节 我国碳信息披露管理的现状

一 现行立法的相关规定

目前，我国还没有专门针对企业要求必须进行碳信息披露的立法，涉及碳信息披露的法律法规主要包括政府信息公开的立法、环境信息公开的立法以及碳交易的立法等。①

（一）《政府信息公开条例》的相关规定

《政府信息公开条例》主要是就政府信息公开活动作了较为系统的规定。明确了政府信息的含义以及政府信息公开的原则、范围、程序和监督保障措施等。

该条例第 2 条规定了政府信息的含义，第 5 条规定了公开政府信息所应遵循的原则。对于公开的信息范围，条例第 9、10、11、12 条对行政机关应当主动公开的信息进行了一一列举，其中许多内容与节能减排的碳信息紧密相关。如"涉及公民、法人或者其他组织切身利益的信息"、"需要社会公众广泛知晓或者参与的信息"、"国民经济和社会发展规划、专项规划、区域规划及相关政策"、"国民经济和社会发展统计信息"、"政府集中采购项目的目录、标准及实施情况"、"行政许可的事项、依据、条件、数量、程序、期限以及申请行政许可需要提交的全部材料目录及办理情况"、"重大建设项目的批准和实施情况"、"环境保护、公共卫生、安全生产、食品药品、产品质量的监督检查情况"、"城乡建设和管理的重大事项"、"财政收支、各类专项资金的管理和使用情况"、"其他依照法律、法规（包含节约能源和保护生态环境法律法规）和国家有关规定应当主动公开的信息"。条例第 14 条规定了不予公开政府信息的范围。此外，条例还对信息公开的程序、监督保障措施和救济制度等也作出了具体规定。

（二）《环境保护法》等环境信息立法的相关规定

碳信息在性质上属于环境信息的一种，根据 1998 年通过的《在环境问题上获得信息公众参与决策和诉诸法律的公约》第二条第三项的规定，环境信息被定义为下列方面的书面形式、影像形式、音响形式或任何其他物质形式的任何信息：一是各种环境要素的状况，其中包括了空气和大气层；二是正在影响或可能影响空气或大气层等的各种因素，诸如物质能源噪音和辐射以及包括行政措施环境协定政策立法计划和方案在内的各种活动或措施以及环境决策中所使用的成本效益分析和其他经济分析及假设等。我国《环境保护法》第 2 条对环境的含义作了明确界定，据此，从

---

① 参见刘为民《信息公开与我国环境执法》，《天府新论》2013 年第 5 期。

碳信息指向的对象即空气或大气层和碳排放活动及治理等具体内容来讲，"碳信息属于环境信息的一部分"。[①] 在这一层面上，碳信息披露就应当遵循环境信息公开的相关规定。我国目前涉及环境信息公开的法律、法规主要有《环境保护法》、《清洁生产促进法》、《环境信息公开办法（试行）》、《企业事业单位环境信息公开办法》、《碳排放权交易管理暂行办法》等法律、法规。

第一，我国《环境保护法》第五章已将环境信息公开作为专门的一章，这凸显了环境信息公开的重要性。《环境保护法》第53条第2款规定了负有环境保护监督管理职责的部门依法公开环境信息的义务，第54条规定了进行环境信息公开的主体[②]，第55条规定了重点排污单位的环境信息公开义务[③]，第56条规定了建设单位和项目审批部门的环境信息公开义务[④]。

第二，《环境信息公开办法》将环境信息区分为政府环境信息和企业环境信息，并按照信息类型的不同对相应的信息公开的范围、方式和程序作出明确的规定。在政府环境信息公开方面，该《办法》第11条规定了环保部门公开环境信息的范围[⑤]；同时《办法》第12条规定了环保部门要建立并健全政府环境信息发布保密审查机制，明确了环境信息审查的程序和责任。在企业环境信息公开方面，《环境信息公开办法》明确了公开环境信息的两种类型，即自愿公开的环境信息和强制公开的环境信息。

就自愿公开的企业环境信息而言，《环境信息公开办法》第19条作出了明确规定[⑥]，在企业自愿公开的上述环境信息中，当然可以包括碳信息在内。由于这是鼓励企业自愿公开的规定，企业对其包括碳信息在内的各种环境信息公开的内容越多越好，因而这是不限制企业碳信息公开的。从这个意义讲，企业自愿披露碳信息是可以适用《环境信息公开办法》

---

① 王志亮、郭琳玮：《我国企业碳披露现状调查与改进建议》，《财会通讯》2015 年第 16 期。

② 参见《环境保护法》第 54 条规定。

③ 参见《环境保护法》第 55 条规定。

④ 参见《环境保护法》第 56 条规定。

⑤ 参见《环境信息公开办法》第 11 条规定。

⑥ 参见《环境信息公开办法》第 19 条规定。

相关规定的。就强制公开的环境信息而言，《环境信息公开办法》第20条第2—4项也作出了明确规定①。但是，这并不是强制企业披露有关碳信息的规定，因为这里所称的污染物是特定的、污染临近环境空间的物质，并不包含二氧化碳等影响全球气候变化的温室气体。对于主要污染物，我国《十二五规划》确定的是四种：化学需氧量，氨氮化物，氮氧化物和二氧化硫，其中属于大气污染物的分别是氮氧化物和二氧化硫。同时，根据《大气污染物综合排放标准》的规定，二氧化碳也不在国家规定的33种大气污染物范围内，且某个企业的排放量对全球气候变化影响的情况更难以具体测算。因而《环境信息公开办法》第20条规定的强制性环境信息披露，不适用于企业对碳信息的披露。

第三，就企业事业单位环境信息公开而言，《企业事业单位环境信息公开办法》的规定与《环境信息公开办法》的规定基本相同，即企业事业单位自愿公开的环境信息可以包括碳信息，但重点公开的主要是"主要污染物及特征、污染物的名称、排放方式、排放口数量和分布情况、排放浓度和总量、超标情况，以及执行的污染物排放标准、核定的排放总量"，"防治污染设施的建设和运行情况"，"建设项目环境影响评价及其他环境保护行政许可情况"；"突发环境事件应急预案"等，则并不包括相关碳信息。

（三）《碳排放权交易管理暂行办法》的规定

我国《碳排放权交易管理暂行办法》对于企业以及参加碳交易的主体在碳信息披露方面，无论是自愿披露还是强制披露皆没有专门规定。只是规定了重点排放单位必须制订排放检测计划并向碳交易主管部门备案，同时每年编制其上一年度的温室气体排放报告向相关部门报告。《暂行办法》第25条规定了重点排放单位制订排放监测计划的义务②，第26条则规定了重点排污单位制定温室气体排放报告的义务③。

同时，《暂行办法》只要求碳交易主管部门向社会公布相关信息，其中包括重点排放单位的一些信息，这实际上是将企业的碳信息转化成为政

---

① 参见《环境信息公开办法》第20条第2—4项规定。
② 参见《碳排放权交易管理暂行办法》第25条规定。
③ 参见《碳排放权交易管理暂行办法》第26条规定。

府的公共信息而向社会作出的披露。该办法第 7 条规定了省级碳交易主管部门制定重点排放单位名单并报国务院碳交易主管部门的义务，第 34 条则规定了国务院碳交易主管部门制定重点排放单位名单的义务。

以上法律、法规等规定，基本上构建了我国碳信息披露管理的法律制度。

二　现有碳信息披露管理制度的不足

（一）强制企业披露碳信息的制度基本空缺

从以上分析可见，我国目前对于企业等节能减排主体自愿披露有关的碳信息已经有了法律上的依据，但是对于强制其自己向社会披露碳信息是没有法律规定的，这一制度实际上尚未建立起来。

目前对于企业事业单位碳信息的自愿披露，已涵盖在《环境保护法》、《环境信息公开办法》、《企业事业单位环境信息公开办法》等规定的自主披露环境信息的制度中，但仅有这种自主性披露是存在一定缺陷的，体现为以下几个方面：（1）不具有披露的保障性，即可披露可不披露，由碳信息拥有者自主决定。（2）无法保证披露碳信息披露的完整性。信息披露者有权披露完整信息，也可以只披露部分信息，在这种情况下，披露信息的完整性是不能保证的。（3）无法保证有关碳信息披露的及时性。信息的及时性是发挥其指引等功能的重要因素，自主性披露的过程由碳信息占有者自行决定，因而可能出现延时披露的情况。从实践来看，企业自主披露碳信息的积极性是不高的。CDP2014 项目在我国的实施情况显示，中国绝大多数企业在环境信息披露方面仍处于被动地位。[①] 披露渠道主要为主流财务报告、其他合规性文件以及地方政府环境信息披露平台。对企业来说，非自愿的环境信息公开在一定程度上会使其更为被动。在 2014 年，全球共 4540 家企业向 CDP 披露了气候变化数据，CDP 向富时中国 A600 指数以及富时全球亚太指数（FTAW06）经过投资权重后，综合列出的中国 100 家市场价值最大的企业发送问卷，中国 100 家受到邀请的企业中，只有 45 家（其中 10 家中国企业亦为世界 500 强）通过在线

---

① 参见《CDP2014 中国 100 强气候变化报告》，http：//fs. tangongye. com/upload/files/2014/10/17/B2CBD442EFD54656. pdf，2015 年 10 月 22 日访问。

问卷作出了回复，仅涵盖全球行业分类标准 34 的 10 个行业。并且，CDP 问卷四大模块、15 个议题、涉及超过 80 个问题的设置中，中国企业主要回复了以下问题：如何综合管理多维度节能减碳指标气候变化给企业带来了哪些商业风险与机遇、企业如何应对当今及未来可能实施的气候变化政策，长期来说，如何作出可盈利的温室气体减排投资决策、如何通过气候变化管理提升企业竞争优势等。从整体来看，在风险与机遇、管理与战略两个部分，企业回复率较高。但在排放情况披露模块，企业持保守态度，回复率小于 20%，而愿意公开数据的企业数量则更少（仅 3 家），披露和/或公开数据的公司也主要为低排放企业。这主要因为，上市企业普遍认为具体排放数据很有可能会影响投资者决策，尤其是工业、能源、基础材料等行业的高排放企业，由于其单位产业增加值能耗和排放量数据较高，在能源成本、应对气候变化和节能减排方面存在较高风险，在披露相关数据时会更加谨慎。

通过对中国企业碳信息披露情况现状的深度分析可知，国内企业碳信息披露质量不高可归为以下几点原因：一是对于中国企业而言，对于"什么是碳信息，为何要披露碳信息"这一问题，企业未形成明确的共识，观望和消极应对情绪严重；二是对于企业温室气体的排放信息，国内未建立统一核算的标准和框架；三是很多企业未设立和 CDP 调查相对接的业务部门，而在计算企业碳排放数据时，如果缺乏专门的工作人员就将难以有效完成相关工作。① 四是目前我国尚未就强制企业披露碳信息作出要求，企业往往出于商业利益的考虑而不愿公开其碳信息。如果强制规定企业履行碳信息披露义务，那么在碳信息披露之后，企业所面临的不仅仅是强大的舆论压力，还将面临来自碳税、碳交易方面的经济压力等。

由上可见，单一的碳信息自主披露制度是有其缺陷的。对于某些基于公共利益需要必须披露且应完整和及时披露的碳信息，有必要建立强制性披露机制，通过政府的强制性手段来加以保障，以弥补自主性披露模式的不足。

（二）《碳排放权交易管理暂行办法》和各地方《碳排放管理试行办法》所规定的披露范围过于狭窄

《碳排放权交易管理暂行办法》和一些地方的《碳排放管理试行办

---

① 参见项苗《影响中国企业碳信息披露因素的思考》，《财会研究》2012 年第 16 期。

法》是专门针对碳排放交易以及碳信息公开的规定，特别是《碳排放权交易管理暂行办法》尚属首次从行政法规层面明确应向社会公布的碳排放信息。但根据其所规定的碳排放信息公开的内容来看，显然内容过于狭窄且不系统，对此从《碳排放权交易管理暂行办法》第34条的规定就可以清晰地看出。[①] 在各试点省市颁布的《碳排放管理试行办法》中，以规定相对丰富的《广东省碳排放管理试行办法》为例，其可以向社会公开的信息只包括：本省配额发放总量、配额分配实施方案、控排企业和单位名单、报告企业履约情况和碳排放管理和交易的相关信用信息等。[②] 这些所要求公开的信息仅仅只是碳信息中非常有限的一部分，并未涉及最为关键、最核心的碳信息内容。在碳排放权交易管理中，最为关键的信息是企业年度资源消耗总量、直接或间接二氧化碳排放浓度和总量、目标减排量、碳减排控制措施、碳排放量监测统计数据以及配额清缴的详细信息等。这类信息是政府确定向企业分配配额的基础数据，也是让社会公众知晓企业碳减排实施情况的具体量化，同时也能够反映企业或者单位为完成碳减排义务所做的基本工作，是审视该企业能否完成碳减排义务的基础信息，这些信息对于投资者来讲尤为重要。不公开以上关键的碳信息将会使可公开的那部分信息失去价值，因为只有结果性的信息而没有前提性的信息是无法形成有效的信息链的。同时，所谓的企业相关信用信息仅存在于政府内部机构之中，缺乏透明性、公开性，真实度降低，不利于投资者投资低碳事业。

（三）对企业披露碳信息的原动力的调动不够

我国现有立法对企业碳信息披露主要是鼓励自愿，既无强制性要求，也无对企业自身内在需求的激发，因而在披露碳信息的原动力调动方面明显不足。企业披露碳信息的源动力主要来自两个方面：一是企业外部由国家及地方政府相关部门（如环保部及地方环保部门）通过强制性义务规定实施的压力；二是企业内部由自身提高竞争力和吸引投资者产生的利益激励。其中，前者是国家公权力的硬性约束，后者是市场调节的软约束。但现有立法对这两种机制都没有充分运用，致使企业在碳信息披露上没有

① 参见《碳排放权交易管理暂行办法》第34条规定。
② 参见《广东省碳排放管理试行办法》第11、12、29、32条规定。

积极采取行动，效果不佳。

2014 年由中国社会科学院经济学部企业社会责任研究中心发布了《中国企业社会责任研究报告（2014）》，报告显示，"从责任议题表现看，国企和民企倾向于披露财务类数据和合规性信息，而对环境类信息披露不足，近半数外资企业处于旁观者阶段，信息披露情况仍不乐观"[①]。可见，目前在企业碳信息披露源动力的充分调动上还非常不够。

第三节　碳信息披露制度的改进

一　健全碳信息披露制度的立法

立法上，应当以《环境信息公开办法》和《企业事业单位环境信息公开办法》为借鉴，专门制定一部《碳排放信息公开办法》，对碳信息的概念、碳信息披露的适用、披露主体、披露方式、披露范围及标准、监管机制以及法律责任等各方面作出明确规定，从而解决碳信息披露范围操作性差的问题。此外，为确保企业更好履行碳信息披露义务，立法上应设置相应的监督责任条款。

该项立法的重点应当包括：

1. 将碳信息加以类型化。

碳信息类型化将有利于政府和企业等不同主体开展各自的碳信息披露，正确把握披露的范围。这首先应当划分为由政府公开的国家公共性碳信息和由企业公开的企业个体性碳信息两大类。其中，国家公共性碳信息应当是具有政策宏观性和全局指引、管理性的信息；而企业个体性碳信息应当是具有企业自身特定性和内部性的信息。

在国家公共性碳信息中，又应分为由政府在碳管理中直接形成和掌握的信息（如碳排放信息披露政策、法规和制订的环境目标计划等）和由政府主管部门对有关企业的碳信息经过收集、处理后转化为公共性的碳信息（如公布重点减排企业名单、碳排放配额分配方案、重点排放单位发生关闭等重大变化后的配额分配调整等）。

---

① 参见中国社会科学院发布的《中国企业社会责任研究报告（2014）》，http：//news. if-eng. com/a/20141113/42463862_ 0. shtml，2015 年 10 月 22 日访问。

在企业个体性碳信息中，则主要包括碳排放信息和碳交易信息等。碳排放信息是指以一定形式记录、保存的，与企业生产经营活动产生的碳排放及减排行为有关的信息。包括企业年度直接和间接的碳排放量、碳排放设施的基本信息、碳排放监测计划及监测活动信息、碳减排控制措施、碳减排措施的实施情况等。碳交易信息是指企业在参与碳排放权交易过程中形成的碳信息。碳排放权交易是重点排放单位以及符合交易规则规定的机构和个人借助于交易机构将排放配额和国家核证自愿减排量进行市场交易的一系列活动。在这些活动中会形成碳排放配额及使用、碳排放权交易数量、交易价格等信息。

2. 明确规定国家公共性碳信息和企业个体性碳信息各自不同的披露主体、披露范围和披露方式。

对于国家公共性碳信息，应当由政府主动向社会公开，或者经公民申请后向社会公开。包括碳排放信息披露政策、法规和制订的环境目标计划、重点减排企业名单、碳排放配额分配方案、重点排放单位发生关闭等重大变化后的配额分配调整等信息。

对于企业个体性碳信息，则应根据不同情况，规定不同的披露主体、披露范围和披露方法。就碳排放信息而言，由于企业的年度碳排放量、碳排放设施的基本信息、碳排放监测计划及监测活动信息、碳减排控制措施、碳减排措施的实施情况等是所有企业都具有的一般性信息，因此所有的企业都可以成为披露主体，由其向社会公开作出披露，但是，针对以下几类企业在方式上应实施碳排放信息的强制性披露：一是能源发电厂、炼油厂、化学公司等能源密集型企业；二是碳排放、能源生产和能源消耗超过规定临界点的单位；三是参与碳交易活动的交易主体，包括申请碳交易的企业；四是上市公司。除此之外的其他一般企业在方式上则应鼓励其自愿向社会披露。至于碳交易信息，从保护公共利益、交易各方以及投资人的利益角度出发，凡参与碳排放权交易的企业均应当主动公开，实行强制性披露制度。

3. 明确规定碳信息披露的相关程序。

（1）明确政府公开国家公共性碳信息的程序。对此，可以援引《政府信息公开条例》有关政府主动公开信息和依申请公开信息的程序。但是，碳信息披露在遵循该条例规定的程序时，还应考虑其所具有的特殊性。由于部分碳信息可能涉及企业的商业秘密，可否公开、公开多少、对谁公开需要政府部门慎重对待、合理把握。必要时，应当与碳排放企业进行一定的沟通。这就需要构建一种特殊程序来实施保障。这一程序应包括：告知、提出异议申请与复核。告知程序是指政府管理部门在将碳排放企业的碳信息向社会公开前，应告知将要公开的信息内容、时间等事项。告知是为了保护相对方的合法权益，一是保障企业的知情权，二是赋予企业提出申辩的权利。对于政府管理部门公开碳信息的告知，企业可以在规定的时间内提出异议申请。如企业能够充分证明公开相关信息将会泄露自身的核心商业秘密，导致侵犯企业的合法权益或影响平等竞争等不利后果的，行政主管部门复核异议申请后应予以采纳，并对企业碳信息的公开披露在内容、对象、时间等方面作出相应的调整。

（2）明确企业披露个体性碳信息的程序。对此，可以参照《环境保护法》、《环境信息公开办法（试行）》、《企业事业单位环境信息公开办法》等有关企业公开环境信息的程序规定作出设定。对于可自愿性披露碳信息的企业，企业可通过网站、碳信息公开平台、碳信息公开栏、资料索取点、电子屏幕、广播、电视、当地报刊等便于公众知晓的方式，及时、正确地公开碳信息。对于属于强制性披露碳信息的企业，则应当自该碳信息形成或者变更之日起的法定期限内，通过上述方式予以主动公开，否则行政机关可以采取相应的强制措施或实施行政处罚，以保障公众的知情权及相关权利的行使。同时，该类企业不得以保守商业秘密为借口，拒绝公开披露其碳信息。公民、法人和其他组织若发现企业未依法公开或者不按规定的时限公开碳信息的，有权向政府相关部门举报，相关部门应对举报人的相关信息予以保密，保护举报人的合法权益。

4. 建立碳信息披露的监管和法律责任追究机制。

对于自主性披露的碳信息，可以采取非强制性的行政行为促使碳排放单位履行企业社会责任。非强制性行政行为主要包括行政奖励、行政指导等倡导性、利益诱导性的行政行为。非强制性行政行为不是这一部分要重点阐述的内容，这里不再展开。

对强制性披露的碳信息，企业应当按期、如实地向社会公布。这要规定为企业的一项法定义务，若企业未按照法律规定履行法定义务时，环保机关可以依法采取行政处罚或者行政强制执行等手段。就行政强制而言，在《行政强制法》中规定了多种行政强制执行方式，其中的加处罚款或者滞纳金是强制执行机关通过一定的外部压力强迫相对人自己履行行政法义务，是间接强制执行方式；其余几种方式则是强制执行机关对相对人直接实施实力强制以实现法定的义务内容，属于直接强制执行的方式。根据企业披露碳信息的行政法义务的特点，可以采取以下几种行政强制执行方式：

第一，记入不良信用记录。记入不良信用记录是指企业未在规定的时间或未按规定的程序披露碳信息时，行政机关可以在该企业的信用记录上划定为不合格，从而降低其信用程度。在现代社会，社会主体的信用记录通常和银行等金融机构是联网的，信用记录不良的企业或个人就很难展开融资活动。这种强制方式通过给企业施加社会名誉、融资活动上的压力从而敦促未及时按照规定履行披露碳信息义务的相对人自动履行义务。

第二，履行担保。在碳信息披露中，可以适用履行担保的情况大概有以下几种：一是在某些大型项目尤其是那些会对环境造成影响的项目启动前，该项目的相关执行者要向行政机关提交一定的碳信息披露保证金。如果义务人在项目的风险评估阶段以及自项目的实施到结束为止各个阶段都按照法律规定披露必要的碳信息，行政机关可以在一定的阶段结束之时返还相应的保证金及利息或者其他物质奖励，从而约束并鼓励义务人依法履行自己的行政法义务。二是在义务人确因客观情况无法在法律规定的期限内披露相关碳信息时，可以选择向行政机关提供担保人或者保证金，延缓一定的披露期限，待条件允许而履行义务后，行政机关可以解除担保。这种方式既可以达到促使义务人履行的目的，也能照顾到义务人的实际条件。笔者在此只列举了两种可以适用履行担保的情形，其实在现实中还有很多情况可以适用该强制履行方式，只要能够约束义务人，督促义务人履行义务，在条件允许下都可探讨适用。

二　充分调动企业披露碳信息的原动力

企业披露碳信息的真正原动力来自企业自身的发展需求和吸引投资。因此，政府在碳信息披露的管理中，应当加强基础性工作，采取积极手段从根本上充分调动企业的这种内在原动力。在此方面，碳信息披露项目

（CDP）的运行能给我们一些重要启示。CDP 是一个独立的非营利性组织，自 2000 年成立以来，代表机构投资者、采购组织以及政府机构向全球数千家企业发出了碳信息披露请求。① 目前拥有世界上最大的企业气候变化信息数据库，构建了相对完善的碳信息披露的基本框架，为资本市场上的利益相关者提供了较为完整的碳信息，是目前国际上碳信息披露的标杆及企业碳信息的主要来源。《碳信息披露项目（CDP）2014 中国 100 强气候变化报告》显示，已有越来越多的企业认识到会因碳排放付出高昂的代价，这促使它们的营运方式要发生明显、重大的变化，因为这方面的评估、透明和问责推动商界和投资界作出积极改变。② CDP 项目与 4500 家企业的合作经验表明，披露碳信息实际上能为企业的生存与发展带来诸多益处：第一，企业进行碳信息披露，可以向社会充分展示积极履行节能减排的社会职责，展示企业在节能减排方面的工作目标、措施和成效，由此树立企业良好的社会形象和提升市场竞争力；第二，通过企业间披露的碳信息形成比较，可以了解行业的发展前景，学习并借鉴其他优秀企业节能减排成功、有效的做法；第三，针对碳信息披露中所显露的问题，能使企业自身产生节能技改、创新运营管理的动力，采取有效方式降低能耗，减少碳排放。

基于对企业内在动力的调动，政府应当注重从三个方面发挥积极作用：一是加强对企业披露碳信息对自身正面意义的宣传教育，帮助企业增强碳信息披露的责任感和受益意识；二是政府应通过多种途径来帮助、支持企业开展碳信息披露活动，如给予企业专项资金用于企业组建专门负责碳信息披露的团队，提供对企业相关工作人员专业化指导、培训的公共服务；三是对于积极节能减排，及时、主动、准确地披露碳信息的企业，政府相关部门应加以表彰，给予优先安排节能减排专项资金项目的支持、优先推荐低碳生产示范项目或其他财政、税收、价格等方面的政策优惠等。

同时，还应认识到，企业的主要利益相关者为投资人，因此投资人也

① 参见碳信息披露项目，http：//www.syntao.com/Themes/Theme_ Menu_ CN.asp? Menu_ ID = 42，2015 年 12 月 14 日访问。

② 参见《CDP2014 中国 100 强气候变化报告》，http：//www.cdpchina.net/media/cdp/file/ appendix.pdf，2015 年 12 月 13 日访问。

是促使企业积极开展碳信息披露的重要力量。CDP 中国项目主任李如松对此曾提出过分析："在西方，碳信息报告是通过市场来推动的，比如投资者、购买者的影响。而在中国，政策的影响比较大。"[①] 这是具有启发意义的，即不能仅依赖政府行政手段的压力来使企业披露碳信息，还应充分调动投资者、购买者等市场的力量，实现对企业碳信息披露管理方式的转变。CDP 项目实际上是全球最大的投资者联合行动，自 2002 年起致函邀请全球数千家大型企业参加碳信息披露调查，企业回应 CDP 调查所披露的信息和数据，从气候变化对当前及未来投资影响的角度，为投资者提供了至关重要的参考信息，成为投资决策参考依据之一。[②] 以投资者为主的市场塑造者要注重企业的环保绩效、安全性、收益性和未来发展趋势，从长远来看，如果企业不披露碳信息，或者披露虚假的碳信息，就将使投资人对企业产生信任危机并改变投资决策，这显然也是企业应当及时、准确披露碳信息的重要动力。鉴于此，政府应充分调动市场的力量来促使企业披露碳信息。如采取多种形式提示、引导广大投资人注重考察评估投资对象的产业发展方向和节能减排情况；通过一定的税收政策等使企业节能减排的成果收益能与投资者分享；采取适当的鼓励措施使国内更多的投资者参与碳信息披露项目，运用项目调查结果，发挥投资者对企业积极披露碳信息的重要激励作用。

---

① 参见《CDP2013 中国报告：碳交易当前 企业未就绪》，http：//news. hexun. com/2013 - 12 - 03/160227577. html，2015 年 12 月 13 日访问。

② 参见佚名《碳披露（CDP）为何会在中国如此惨淡》，http：//blog. sina. com. cn/s/blog_ 63f0dbd60100kubu. html，2015 年 12 月 13 日访问。

第十一章

低碳行政责任及其追究机制的建构

行政法应对气候变化除了要在基本原则、行政主体、行政行为和行政程序方面发展改进之外，还呼唤建立新型的维护低碳法律秩序的行政责任。行政责任是行政法制度得以有效贯彻执行的重要保障。行政法学意义上的行政责任，通常是指行政主体因违反相关的行政法律规范而应承担的否定性、不利性、惩罚性的政治与法律后果。在我国目前的制度框架下，行政责任的实现机制主要包括两种：一是行政系统内部科层制主导下的责任追究，这主要是指绩效考核和行政问责制度；二是行政系统外部的责任追究，这主要包括行政复议和行政诉讼制度。二者共同构成一个完整的行政责任实现机制体系。以下分别从内部低碳和外部视角探讨行政责任的实现机制及其完善。

第一节 内部行政责任追究机制的建构

《中共中央关于全面深化改革若干重大问题的决定》对我国生态领域内部行政责任实现机制的建立和完善作出了战略部署①，强调要"建立生态环境损害责任终身追究制"。进入 21 世纪以来，面对日益严峻的生态环境问题，从中央到地方先后制定颁布了一大批涉及低碳环保行政责任追究方面的法律、政策文件。如在中央层面，监察部和环保部联合颁布了

---

① 《中共中央关于全面深化改革若干重大问题的决定》明确提出："建设生态文明，必须建立系统完整的生态文明制度体系，实行最严格的源头保护制度、损害赔偿制度、责任追究制度，完善环境治理和生态修复制度，用制度保护生态环境。"

《环境保护违法违纪行为处分暂行规定》；在地方层面，湖北省、重庆市等地出台了《关于违反环境保护法律法规行政处分的暂行规定》，山西省、哈尔滨等地则制定了《山西省环境保护违法违纪行为处分暂行规定》、《哈尔滨市环境保护系统工作人员违法违纪违令行为处理暂行规定》等。虽然这些专门性的法律和政策文件在低碳环保行政管理活动中发挥了一定的功效，但从整个内部行政责任实现的体系来看，我国现有低碳和环保领域的行政责任实现机制尚有许多不足，需要进一步改进和完善。

一　内部行政责任追究机制的不足

（一）低碳管理行政职责与低碳行政责任缺乏合理对应

从法理上讲，行政职责属于第一性义务，是指行政法律规范对行政主体及其公务员应当履行何种职权义务和不得做什么的规定。行政责任属于第二性义务，是行政主体及其公务员未履行或者未按照法律规定的行政职责而必须承担的否定评价和不利后果。行政职责与行政责任二者的关系是：前者是后者的前提，无行政职责即无相应的行政责任；而行政责任则是实现行政职责的实效性确保，缺乏行政责任的制约，履行行政职责的法律规定就可能沦为一纸空文。行政职责应与行政责任实现合理对接，形成"唇齿条款"，立法中必须全面地规定行政责任，在行政职责与行政责任之间实现无缝衔接，确保有权必有责。但从我国目前低碳和环保领域的法律规定来看，低碳行政职责与低碳责任之间存在明显的不协调问题。这一方面表现为行政职责规定的明确性规定总体稀少，另一方面表现为既有的行政职责固定缺乏必要的行政责任及其追究机制来加以督促。这可以《大气污染防治法》为例进行观察分析。该法第二章"大气污染防治的监督管理"明显属于行政职责性的章节，但其条文内容大多属于对行政相对人防治大气污染的义务性规定，而对于行政主体的监管职责性规定只有第 17 条和第 20 条[①]，这明显不成比例，履责规定过于稀缺。而且，这两个条款虽然设定了行政主体的环境治理行政职责，在"法律责任"一章中却没有设置对应的不作为或作为不当的行政责任。

---

① 参见《大气污染防治法》第 17、20 条规定。

（二）低碳行政责任的法律条款规范性不强

根据立法学原理，法律责任规范的设置，除了要符合"行为模式—法律后果"或者"假定—处理"的规范结构要求外，"还应当确保主体（究责主体与责任主体）、行为（违法行为及其情节）、后果（责任及其形式）等要素的齐备，语言表达具有确定性，做到清晰、明确、具体，富有可操作性"。① 但检视现有立法中关于低碳行政责任的法律规定，不但规范数量总体稀缺，而且其条文内容本身也呈现出规范性不足或责任虚化的问题。这体现在三个方面：一是大量的法律条文属于高度概括性、原则性或援引性的规定，对行为模式与法律后果（假定与处理）的语言表述过于抽象和笼统。二是应当追究行政责任的违法行为不明确。例如，绝大多数法律规定对于低碳环保行政责任的规定往往采用诸如"滥用职权、玩忽职守、徇私舞弊"此类内涵宽泛的格式化表达，且各个领域的立法规定之间高度雷同，似有规范抄袭的嫌疑。如《大气污染防治法》和《森林法》在法律责任部分都一致性地规定有关工作人员"滥用职权、玩忽职守、徇私舞弊，构成犯罪的，依法追究刑事责任；尚不构成犯罪的，依法给予行政处分"。这无疑难以适应不同领域低碳治理的行政追责要求。三是行政责任追究对象局限于行政主体所属国家工作人员，而不及于行政主体本身，行政主体本身作为机关法人和组织法实体的行政责任存在空白。

（三）责任形式单一

目前低碳环保领域对监管者行政责任形式的设定极其单一，很少有针对行政主体行政责任的法律规定，而且对其所属公务员的行政责任也几乎只有"行政处分"一种类型。这可能是考虑到《公务员法》、《行政监察法》、《行政机关公务员处分条例》内部行政问责领域一般性法律法规的已有规定主要以行政处分作为主要的责任形式。毫无疑问，追究监管者的行政责任当然要遵守这些一般性立法的规定。但是《公务员法》等统一立法对行政责任形式的规定则具有一般性和原则性，是所有领域行政责任形式承担的纲领性规范。这决定了其不可能就不同的行政主体及其公务员设定具有针对性的责任形式，也不可能事先列举更多多元化的责任形式类

---

① 刘志坚：《环境监管行政责任实现不能及其成因分析》，《政法论丛》2013年第5期。

型。由于不同领域和部门行政管理的特殊性，这就需要其他专门性立法根据自身领域行政管理过程中存在的突出问题和实际情况作出更加富有针对性和可操作性的责任形式，避免抽象化。因为，在不同领域的行政管理中，行政主体及其公务员的法定职责、履责环境、履责要求和失职后果都是不尽相同的。而且，根据违法程度、主观过错和危害后果的大小，行政责任形式也应当有宽严相济、类型区别的要求。

（四）归责原则不明

"归责原则是指认定、判断、归结责任时所应该遵循的基本的准绳，是责任主体依据何种标准来承担责任的法律规范的总称。"① 归责原则从种类上讲主要包括公平责任原则、过错责任原则以及无过错责任原则等几种形式。从整个法律体系来看，我国目前关于低碳环保违法行政责任追究的规定已经形成一定的规模。但是，有关的法律规范中并未对低碳行政责任追究的归责原则进行类型化的规定，这可能会给行政责任追究的证明责任分担和责任归属判断带来困难。

二 完善内部行政责任追究机制的思考

鉴于我国目前低碳环保行政管理领域内部行政责任机制存在的诸般缺陷，十分有必要根据低碳环保行政管理的工作特性和实际情况对其加以完善。低碳行政责任追究机制是一项复杂的系统工程，涉及面十分广泛。以下仅从责任追究的事由、责任追究的对象、责任追究的形式和归责原则四个方面提出初步思考。

（一）关于责任追究的事由

根据低碳社会建设的实践需要，追责事由必须针对低碳社会建设和生态环境保护管理中的突出问题，提高针对性。对此，本书认为至少有以下几类情形可以作为低碳行政责任追究的典型事由：（1）低碳行政规制不作为类。低碳社会建设需要行政主体积极履行职责对外展开规制和引导，故行政主体及其公务员不履行或怠于履行低碳环保规制的法定职责应当属于行政责任追究的事由。（2）行政滥作为类。低碳社会建设要求政府积

---

① 姜敏：《论行政首长问责的归责原则——重庆市行政首长问责实践的启示》，《政治与法律》2009 年第 10 期。

极作为，但同时也存在一些政府不可为、不当为的事项。这类事项属于法律的禁止性规定，行政主体及其公务员一旦触发，就要接受问责。如未经批准，擅自撤销生态功能区或者擅自调整、改变生态功能区的性质、范围、界限、功能区划的；擅自逾越环境质量底线、资源利用上限、生态功能基线等生态红线规范的。（3）环境行政决策失误类。"环境行政决策是指行政机关就拟议中的环境利用行为可能造成的环境妨害、环境损害以及可能的环境风险与各环境利用行为的成本等一并作出分析判断，并最终作出决定的行为。"[1] 重大环境行政决策涉及生态环境保护、自然资源开发等公共问题，关系到人民群众的环境安宁和国家民族的永续发展。对于这类行政决策事项，政府负有审慎的注意义务，必须在科学评估生态环境风险的基础上作出合理的决策决定。由于过去环境保护工作尚未得到普遍重视，环境生态领域的决策还没有进入行政追责范围内，这样的后果就是不顾资源和生态环境盲目决策甚至造成严重后果的一般也不进行追责。显然，这样的格局是需要彻底改变的。今后对不顾资源和生态环境盲目决策、造成严重后果的，我们也应及时启动问责程序，从而追究有关行政主体及其公务员的决策责任。（4）行政活动严重浪费资源、能源类。《公共机构节能条例》、《党政机关厉行节约反对浪费条例》等国家法规和党规党纪已经对行政活动的节能提出刚性要求。如果行政主体及其公务员在行政活动过程中铺张浪费、奢侈奢华造成国家资源和能源浪费的，就要承担相应的行政责任（含党内责任）。（5）节能减排绩效考核不达标类。为了有效应对气候变化，中国政府已经提出了一系列约束性指标。[2] 2015 年《中共中央　国务院关于加快推进生态文明建设的意见》进一步强调"完善节能减排目标责任考核及问责制度"。这标志着我国已在政策层面建立了我国政府节能减排目标责任制度。在科层制主导的绩效考核体系下，如

---

① 汪劲:《环境法学》，北京大学出版社 2006 年版，第 283 页。

② 2006 年出台了《国务院关于"十一五"期间各地区单位生产总值能源消耗降低指标计划的批复》，对节能指标进行了省际间的分解，并明确要求"各省（区、市）要将其纳入经济社会发展综合评价、绩效考核和政绩考核，并分解落实到各市（地）、县及有关行业和重点企业"。参见国务院法制办《国务院关于"十一五"期间各地区单位生产总值能源消耗降低指标计划的批复》，http://www.chinalaw.gov.cn/article/fgkd/xfg/fgxwj/201003/20100300250922.shtml，2015 年 1 月 13 日访问。2007 年又发布《国务院批转节能减排统计监测及考核实施方案和办法的通知》，具体规定了节能统计、监测和考核的操作办法。

果某一级政府或某一政府职能部门未能完成上级下达的节能减排责任目标，就须承担相应的行政责任。

（二）关于责任追究的对象

在公务员个人层面，低碳行政责任追究的对象可包括：（1）行政首长。行政首长既包括各级政府领导也包括各级党委领导，包括正职和副职的领导。这符合我国公权力运行的现实。中央在生态文明建设的决策部署中多次强调，各级党委和政府对本地区生态文明建设负总责，这意味着各级政府和党委首长在低碳行政管理中负有领导责任，因而是低碳行政责任追究的对象。（2）执法人员。执法人员是低碳行政管理的实际承担者和第一责任人，对低碳行政管理负有工作责任。当发生行政违法行为时，如果其存在过错，即应当作为低碳行政责任追究的对象。这也是回应社会和公众压力的恰当方式。

就低碳行政管理的客观需要和实践情况来看，今后应当转变为"双罚制"，即不仅要追求公务员个人的行政责任，还要同时追究行政机关公务员和行政主体（或者某一级政府）的行政责任。理由在于：首先，从行政法治原理上讲，行政主体才是能够以自己名义作出行政行为，并独立承担法律责任的抽象人格主体。其次，行政主体及其载体性组织、行政机关机构等也是重要的资源能源消费源头和碳排放实体，将其一并作为行政责任追究的对象，符合低碳社会建设和生态环境保护的客观现实。其三，对作为行政主体的机关单位追究行政责任，并使其承担不利法律后果，可以对其所属的公务员起到警醒和震慑效应，督促他们积极有效地履行低碳和环保监管的行政职责。

（三）关于责任追究的形式

当前，一些地方政府不履行职责以及履行职责不到位已成为当前制约环境监管和低碳规制的严重障碍。如2007年原国家环境保护总局对11个省、自治区、直辖市126个工业园区的检查中，发现有110个存在违规审批、越权审批、降低环境影响评估等级和"三同时"制度不落实等环境违法问题，占检查总数的87%。① 国家设定的节能减排目标在一些地方政

① 参见顾瑞珍《11省区9成工业园环境违法地方政府被指媚商》，http://env.people.com.cn/GB/6064812.html。2015年5月18日访问。

府的软执行之下几成具文。现实中存在的"监管环境监管者"难题从侧面说明，当前行政问责中一般性的行政处分已经力所不逮。为此，在行政处分之外另辟形形色色的对内问责蹊径，成为完善低碳行政责任追究机制的必然选择。

对于公务员个人，可以针对不同的身份和情形采取不同的究责形式。这里着重讨论领导干部的究责方式。对于一般性低碳环保行政管理失职的领导干部，可以采取责令在党委（政府）常务会议上作出书面检查、调离核心岗位等责任方式；对于在节能减排和生态建设的绩效考核中不达标的领导干部，可以在升迁和提拔中采取一票否决，而这在《国务院关于加强环境保护重点工作的意见》中已经得到了贯彻。[①]

目前行政主体层面的低碳行政责任暂付阙如，需要结合国家的政策部署和低碳环保行政管理的特殊情况加以构建。本书认为，行政主体层面的低碳行政责任宜采用类似行为罚的责任形式，即对相关违法行政主体的碳排放行为能力或资源使用行为能力给予必要的课件，以弥补其对生态环境造成的损失和对资源能源的浪费。例如，对于未完成节能减排和生态环保目标任务考核或非因不可控因素而导致生态环境恶化的地方政府，可以通过实施项目限批的方式来使其承担责任；或者按一定比例削减其财政拨款或相关的转移支付资金，待生态环境状况改善后再行下达；对于因行政机关履行低碳环保规制和监管职责不力的也要追究相应责任。

（四）关于归责原则

由于低碳规制和环境监管问题具有较强的社会非难性，在行政责任的追究中，应主要采用严格责任原则。即只要发生重大环境事故或行政机关在生态绩效考核结果中不达标，无论其是否存在主观过错，均要予以追责。

第二节　外部行政责任的追究机制：以行政诉讼为例

从广义上讲，外部行政责任实现机制包括行政诉讼和行政复议。鉴于

---

① 中华人民共和国中央政府网：《国务院关于加强环境保护重点工作的意见》，http：//www.gov.cn/zwgk/2011－10/20/content_ 1974306.htm，2015 年 1 月 13 日访问。

行政复议和行政诉讼在原理和机制上具有高度的相似性，本节以行政诉讼为中心提出探讨。

　　随着全球变暖趋势的加剧以及雾霾等危害后果的频繁显现，公民对气候变化的风险认知逐步加深，对行政机关气候变化治理成效的要求亦随之提高，可以预计，因气候变化治理所引发的行政争议将会在不远的未来不断涌现。例如，针对我国华北地区严重的雾霾天气，一位石家庄市民于2014年2月以石家庄市环保局为被告提起了行政诉讼，要求环保局依法履行治理极端天气的职责，并附带提出了1万元的行政赔偿请求，成为我国首例有关气候变化的行政诉讼案件。[①] 但立案十分曲折。2月19日，当事人先后到省高院、石家庄市中院起诉，均未被受理。2月20日，石家庄市裕华区人民法院接收了他的诉讼材料并表示将在初步审查后作出答复，最终受理结果目前还不得而知。[②] 为了应对气候变化，我国中央和地方层面的立法机关已经出台了若干专门的法律文件，全国人大常委会2009年通过了《关于积极应对气候变化的决议》，国家委托中国社会科学院草拟了《中华人民共和国气候变化应对法》并于2012年发布公开征求意见，2014年国家发改委、财政部、农业部等9部门联合印发了《国家适应气候变化战略》；在地方层面，青海、山西、安徽、福建等地相继颁布了《青海省应对气候变化办法》、《山西省应对气候变化办法》、《安徽省应对气候变化方案》、《福建省适应气候变化方案》等。遗憾的是，法律文件中均未建立应对气候变化方面的行政救济和纠纷解决机制。而当我们将目光投向域外的时候，可谓"那边风景独好"。在美国、加拿大、澳大利亚、新西兰、德国和欧盟等法治发达国家已经出现较多专门针对气候变化的法律诉讼。[③] 这反映出我国行政诉讼制度的滞后。

　　应对气候变化已经对行政法的基本原则、行政主体、行政行为和行政

---

　　① 雾霾主要由二氧化硫、氮氧化物和可吸入颗粒物组成。其中二氧化硫和氮氧化物都属于温室气体的范畴，而且，雾霾产生的原因与气候变化具有同源性，即主要都是由化石燃料燃烧引起。此外，全国人大常委会公布的《中华人民共和国大气污染防治法（修订草案）》第2条亦规定，"对颗粒物、二氧化硫、氮氧化物、挥发性有机物等大气污染物和温室气体实施协同控制"。因此，雾霾现象应当属于气候变化的议题无疑。

　　② 马天云、吴昊：《石家庄：难忍雾霾天，市民状告环保局索赔1万》，《新华每日电讯》2014年2月27日。

　　③ 参见沈跃东《气候变化政治角力的司法制衡》，《法律科学》2014年第6期。

程序提出了新的发展要求,进而呼吁一种低碳行政法秩序的建立。行政诉讼既是保障相对人合法权益和实现公共利益的重要手段,同时还具有监督和规范行政权力运用,监督行政机关的活动符合法律目的的功效。为此,当前亟须与时俱进的建立和完善低碳行政诉讼,以保障和维持新型的低碳行政法律秩序。

一 他山之石:美国气候变化行政诉讼第一案评析

(一)考察美国气候变化诉讼的意义

中、美两国分别是当今世界第一位和第二位的温室气体排放大国,而且都是以石化能源作为经济结构的基础,相对于世界其他国家,中国与美国在应对气候变化和发展低碳经济方面最具有相似性。在 2014 年的 APEC 峰会上,中国和美国共同发布了《中美应对气候变化联合声明》①,首次就气候变化问题"共同但有区别的责任"原则达成了政治共识,拓展了务实合作的领域,使中美在应对气候变化上的关系走得更近,在相关法律制度上也具备了更多的交汇空间。同时在国际谈判场合,美国曾多次施压中国履行强制节能减排的约束性义务。那么,在我国低碳行政救济暂付阙如的情况下,研究和分析美国相关的司法实践,既可以为中国探索气候变化行政诉讼提供有益镜鉴,也有利于在知己知彼基础上与美国在司法领域展开应对气候变化的竞争与合作。

截至 2014 年 2 月,美国关气候变化的诉讼已经达 635 件,包括不少以行政机关为被告的行政诉讼案件。② 其中,最具里程碑意义的当属"马萨诸塞州诉环保署案"(Massachusetts v. EPA)(以下简称"马案"),该案被誉为美国气候变化诉讼第一案,是一起典型的行政诉讼。在马案中,联邦最高法院判决温室气体属于空气污染物的范畴,并认为美国联邦政府环保署根据《清洁空气法》(*Clean Air Act*)有权对温室气体展开规制,而且必须积极履行这一职权。马案对美国应对气候变化的法律、政策以及

① 《中美发布应对气候变化联合声明(全文)》,《中国日报》2014 年 11 月 12 日。

② Cf. the databases published by the Center of Climate Change Law at Columbia Law School on both US and non US litigation, at http://web.law.columbia.edu/climaete-change/resources/us-climate-change-litigaion-chart. 2015 年 1 月 29 日访问。

各类依赖化石能源的产业经济都产生了深刻的影响。以下展开评析。

（二）案件情况回顾

该案起源于1999年的一次申请。是年10月20日，美国技术评价国际中心等19个环保组织联名向联邦环保署申请其依照《清洁空气法》第202条出台相应的行政规则，以规制由机动车排放尾气所导致的温室气体浓度激增。[①] 经过数年的博弈，环保署最终于2003年9月8日作出了驳回申请的行政决定，主要理由包括，温室气体不属于《清洁空气法》所规定的大气污染物，因此环保署没有规制温室气体的法律授权；而且，即便环保署得到可以规制的法律授权，但根据布什总统采取自愿减排达到应对气候变化的政策，在现阶段规制温室气体显然不合时宜，故环保署将暂时不采取规制措施。[②]

申请被驳回后，申请者联合马萨诸塞等12个州、纽约等4个地方城市以及地球之友等13个环保公益组织向哥伦比亚联邦巡回上诉法院提起诉讼，要求联邦法院判决环保署就根据《清洁空气法》订立行政规则，并对机动车排放温室气体的行为实施行政规制。2005年7月15日，哥伦毕业联邦巡回上诉法院以2:1作出判决，驳回了原告的诉讼请求。持多数派意见的鲁道夫（Randolph）法官和森特尔（Sentelle）法官给出的判决理由主要有三点：其一，是否依照《清洁空气法》规制温室气体属于环保署的执法裁量权和行政解释权，法院当予以尊重；其二，对温室气体进行规制将会减少美国向中国等发展中国家施加减排压力的谈判筹码，从而影响总统外交政策的贯彻。其三，原告不符合起诉的资格条件，森特尔（Sentelle）法官根据鲁坚诉野生动物保护者协会案（Lujan v. Defenders of Wild-Life）的判决指出，气候变化虽然对全人类造成了生态危险，但原告无法证明受到了气候变化的特定损害，因而不符合起诉资格中的损害事实要件。少数派的塔特尔（Tatel）法官在起诉资格问题上持不同意见，他认为环保署拒不规制温室气体的决定使海平面逐年上升，从而危及马萨诸塞等沿海州的海岸带安全和沿海土地所有权，符合起诉资格的损害

---

① 127 S. C. t 1438，1449（2007）.

② 127 S. C. t 1438，1450（2007）.

要素。①

　　一审判决作出后,原告不服,并于 2006 年 6 月上诉至联邦最高法院。在审判过程中,联邦最高法院对环保组织表现出较大的认可与同情,并最终于 2007 年 4 月 2 日作出了终审判决,以 5∶4 的投票比例判决原告胜诉,成为美国环境诉讼的一个里程碑式判决。裁判要旨主要包括以下几点:(1) 针对环保署拒绝规制温室气体的行政决定,原告享有诉讼资格。(2) 温室气体应当属于《清洁空气法》规定的大气污染物范围,环保署将其排除出大气污染物的行政解释无效,进而,环保署应当享有制定规制机动车辆温室气体排放的行政立法权。(3) 环保署的附带理由——根据总统外交策略,即便有规制权限,在当下规制亦不明智,违背了《清洁空气法》法律文本中确立的立法目的。(4) 被告如果不能证明原告提出的健康和财产损失与机动车的温室气体排放无法律上的因果关系,否则必须实施规制。② 少数派反对意见的代表是首席大法官罗伯茨 (Roberts)。尽管他也认为气候变化是我们这个时代最危急的环境挑战,并承认政府在应对气候变化方面做得太少而不是太多。但仍然从规范的角度指出原告不符合诉讼资格的三个要件 (损害事实、因果关系和可救济性)。首先,在损害事实方面,气候变化是一个全球性问题,原告并不是遭受损害的唯一的、特定的对象。其次,在因果关系方面,原告提到的机动车温室气体排放仅在温室气体中占极小比例,与海岸带土地和公众健康的损失不具有充分必然的因果关系。最后,在可救济性方面,原告主张的损害是由全球温室气体的排放共同造成,除了美国之外,其他国家也在大量温室气体排放温室气体,仅要求环保署规制温室气体的排放对于原告的救济而言可谓杯水车薪,其他诸如中、印等发展中国家的消极应对会使美国的减排努力付之东流。③

　　(三) 法律争点分析

　　纵观马案的发展历程,从原告的行政申请,到哥伦比亚上诉法院的驳回,再到联邦最高法院的支持判决,所涉及的法律争点可以归纳为以下几

---

① Massachusetts v. EPA , 415 F. 3d 50, 58—59 (D. C. Cir. 2005) .

② Massachusetts v. EPA, 127 S. Ct. 1438 (2007) .

③ Roberts, C. J. , dissenting, 549 U. S. (2007) .

个问题：

1. 原告是否具备起诉资格

原告具备起诉资格是法院进行实质审查的前提。在美国普通法上，环境诉讼（包括环境行政诉讼和环境侵权诉讼）的起诉资格形成于1992年的鲁坚诉野生动物保护者协会案，一般包括三个要件，即"损害事实"、"因果关系"和"实质的可救济性"。① 哥伦比亚巡回上诉法院主要是基于"损害事实"要件的不符合否定了原告的起诉资格。事实损害要件要求"损害是真实和迫近的"以及"损害是特定"。哥伦比亚巡回上诉法院认为：一方面，气候变化的危害后果还具有科学上的不确定性，甚至至今仍有部分科学家怀疑气候变化的真实性。另一方面，原告提出被告拒绝规制温室气体的损害将会对广大公众的福祉造成损害，这在哥伦比亚巡回上诉法院看来是属于一种具有公共利益指向的"一般性不满"（generalized grievance），不符合损害的"特定化"要求。②

在2006年案件重审时，联邦最高法院并未机械适用鲁坚案确立的严格资格条件，而是运用了较为迂回的司法策略支持了原告的起诉资格。首先，在损害事实方面，最高法院回避了对原告不利的法律因素。以斯卡利亚大法官为代表的多数派肯定地指出"来自权威科学家的证据显示的全球暖化与大气层二氧化碳的浓度的显著增加具有关联性，尊敬的科学家认为这两种趋势具有关联性"③，有意忽略了参议院一致否决批准《京都议定书》的政治事实和气候变化存在科学争议的技术事实。④ 接下来必须面对的一个起诉资格问题是：气候变化对于由12个州、4个城市和13个环保组织组成的原告是否形成了特定的而非普遍性的损害事实？对此，最高法院采取了宽松的处理方式，即29个原告中只要有任意一个符合起诉资格，法院就有权一并进行审查。⑤ 至此，最高法院找到了本案起诉资格的突破口——马萨诸塞州。继而，最高法院援引了乔治亚州诉田纳西州库珀

① Lujan vs. Defenders of Wildlife, 504 U. S. 555 (1992).
② Massachusetts v. EPA, 415 F. 3d 50, 60 (D. C. Cir. 2005).
③ 沈跃东：《气候变化政治角力的司法制衡》，《法律科学》2014年第6期。
④ Massachusetts v. EPA, 549 U. S. 497, 505 (2007).
⑤ Massachusetts v. EPA, 549 U. S. 497, 520 (2007).

有限公司 (Georgia v. Tennessee Cooper Co.) 案①中的确立的州政府所享有的准主权利益 (Quasi- Sovereign Interests) 和特殊诉讼资格,并类推适用于马案。所谓"准主权利益"是一个历史性的概念,源于古代的君主特权 (Royal Prerogative),即君主作为人民的守护者对于不能自我照顾的人民之利益负有保护责任。近代以降,君主特权在法治进化过程中逐渐演变为君权诉讼 (Parens Patriae Standing)——只要管理范围内的人民福利受到损害,主权者便有资格提起法律诉讼。现代美国普通法在一定程度上继受了君权诉讼资格的传统,根据美利坚合众国建国的政治框架和宪法精神,各州是作为独立的政治实体加入联邦,虽然联邦代表国家行使主权,但各州仍然保留部分宪法没有明确授予联邦政府的"剩余权力",这些剩余权力具有国家主权的性质,从而成为准主权利益的基石。基于准主权利益,各州得代表本州公民没有充分能力保护的健康、安全等公共福祉,包括环境污染和公共侵扰等。在诉讼资格上,公共当局基于准主权利益提起诉讼的资格条件不要求同私人诉讼那样严格,正如法院不会要求刑事诉讼中的国家必须符合鲁坚案的起诉资格一样。② 相反,原告只需证明州的财产或利益本身遭受到了的损害以及州政府有能力来代表受害的公民参加诉讼即可。③ 据此,最高法院运用类比推理认为,环保署不予规制温室气体的行为损害了马萨诸塞州的海岸带安全和相关财产利益,在公民因不具备特定损害事实而无法提起诉讼时,州政府有资格基于准主权利益提起类似于君权诉讼的公益诉讼。④

2. 温室气体究竟是否属于大气污染物

在美国尚未出台专门气候变化立法的情况下,马案所依据的主要法律是《清洁空气法》,判定温室气体属于《清洁空气法》规定的空气污染物是整个案件的基础和前提,否则,环保署没有行政规制的权力,原告的诉讼请求也将失去对象,从而面临败诉。为此,原告、被告和最高法院的法

---

① Georgia v. Tennessee Cooper Company, 206 U. S. 230 (1907).

② See Thomas W. Merrill, Global Warming as a Public Nuisance, 30 Colum. J. Envtl. L. 293, 304. at 305 (2005).

③ 参见马存利《全球变暖下的环境诉讼原告资格分析——从马萨诸塞诉联邦环保署案出发》,《中外法学》2008 年第 4 期。

④ Massachusetts v. EPA, 549 U. S. 497, 520 (2007)

官围绕温室气体的性质问题进行了激烈的角力。

原告认为温室气体属于《清洁空气法》规定的空气污染物。而环保署辩称，温室气体不属于《清洁空气法》第 302 条（g）条所界定的空气污染物。[①] 空气污染是造成或导致不清洁与不纯净，而温室气体本身是大气成分的组成部分，不符合空气污染的定义。故对机动车排放温室气体的行为制定行政规则并予以规制超出了环保署的职权范围。[②]

最高法院的多数派意见法官们对环保署的说法不以为然。他们基于文本解释、目的限缩和援引先例的方法否定了被告环保署的辩解，判定温室气体属于空气污染物。具体而言：（1）从法律文本的规定来看，《清洁空气法》对空气污染物是一种宽泛的界定，并未明确排除温室气体。同时，根据《清洁空气法》第 202（a）（1）条，新增加的空气污染物可能会危害公共健康或福利时，环保署得制定相应的排放标准并介入规制。而根据第 302（h）条的规定，"福利"一词包括天气变化和气候变化。（2）从立法目的来看。国会制定《清洁空气法》并在 1977 年修订第 202 条时，气候变化的议题没有凸显出来，因而《清洁空气法》没有明确纳入温室气体进行规范并不意味着国会的立法原意是回避或排斥对温室气体的规制。（3）在先例方面，多数派法官认为环保署对相关先例联邦食品药品管理局诉布朗威廉姆森烟草公司案（FDA v. Brown & Williamson Tobacco Corp.）[③] 的援引不当。因为被引案例中食品药品管理局的规制行为将禁止烟草销售，而本案中环保署的规制行为并涉及对机动车辆行驶的禁止，只是提高其尾气排放的标准，二者在规制的政策后果上不可同日而语。[④]

以斯卡利亚（Scalia）大法官为代表的少数派法官提出了反对意见，

---

①　王慧：《气候变化诉讼中的行政解释与司法审查——美国联邦最高法院气候变化诉讼第一案评析》，《华东政法大学学报》2012 年第 2 期。该条对空气污染的定义是："排放或进入大气的空气污染物质及其混合物，或其他排放到空气中的有害的物理、化学、光学、生物及放射性物质。"

②　Colin H. Cassedy, Massachusetts v. EPA: The Causes and Effects Creating Comprehensive Climate Change Regulations, 7 J. Int'l Bus. & L. 145, 149.

③　该案中，联邦最高法院的多数意见判决联邦食品药物监督管理局无权依据《食品、药品和化妆品法》对烟草进行规制。See FDA v. Brown & Williamson Tobacco Corp. 529 U. S. 120 (2000)

④　Massachusetts v. EPA, 549 U. S. 497, 531 (2007).

认为温室气体并非严格意义上的空气污染物。主要理由有两点。第一,从空气构成的角度讲,温室气体本身在性质上还不能归为不清洁或有害的空气之列。第二,它所影响的地球大气层的构成,并不是《清洁空气法》意义上的日常生活中的"空气"。①

3. 行政执法的裁量权是否成为被告拒绝规制温室气体的理由

判定温室气体属于空气污染物意味着环保署具有规制权力,接下来的问题是:此种行政规制权究竟属于法定职责还是行政裁量?倘若属于前者,则环保署拒绝规制的行为无疑属于违法不作为;倘若属于后者,则环保署可以基于自己的判断决定是否实施行政规制,原告将会败诉。

环保署提出,即便自己享有规制温室气体的权力,也是一种行政裁量权,环保署有权基于适当的考虑决定是否行使该项权力。具体而言,按照《清洁空气法》第 202 (a)(1) 条的规定,"如果新的机动车或引擎导致了空气污染物的增加,那么,依照环保署的判断,可以对危及公众健康或社会福利的空气污染物制定行政规制并适用于对其的规制活动"。但问题在于环保署认为这赋予了其较为宽泛的行政裁量权,基于气候变化在科学上不确定性,环保署秉持谨慎的态度暂不予规制完全合理合法。②

联邦最高法院多数派法官的看法显然有所不同,他们在很大程度上将环保署的辩解视为一种消极履行职责的托词。首先,就授权目的而言,《清洁空气法》授权环保署对新增空气污染物的危害性进行"判断"的本意在于透过行政裁量权的灵活性,增加行政规制对不断发展之环境治理形势的适应性,而非环保署消极履行规制职责的挡箭牌。其次,关于气候变化的不确定性,多数派法官似乎采取了风险预防原则的立场。他们主张,除非环保署有足够的科学证据表明温室气体排放与气候变化以及原告的损害没有因果关联,否则,气候变化的不确定性不能成为拒绝规制的合法理由。③

大法官斯卡利亚(Scalia)保留了反对意见,基于其一贯的文本主义

---

① 参见王慧《气候变化诉讼中的行政解释与司法审查——美国联邦最高法院气候变化诉讼第一案评析》,《华东政法大学学报》2012 年第 2 期。

② See Michael Sugar, Massachusetts v. Environmental Protection Agency, 31 Harvard Environmental Law Review 535.

③ Massachusetts v. EPA, 549 U. S. 497, 532 – 534 (2007).

解释立场和"谢弗林案"① 式的行政尊让，他提出了两点反对理由：其一，多数派法官的依据在法律文本上没有坚实的基础，同时又缺乏以往判决先例的支撑。其二，《清洁空气法》已经赋予环保署较大行政裁量权，无论气候变化形势多么严峻，法院不宜予以过多干预，以自己的判断取代行政机关的判断。② 显然，斯卡利亚大法官是担心法院对实体政策的过多介入有沦为政治法院的风险。

4. 国家外交政策的考虑能否成为被告拒绝规制温室气体的理由

马案另外一个主要争议点是总统的外交政策能否成为环保署决绝规制温室气体的理由。环保署主张，在主要发展中国家尚未承诺强制减排的前提下，贸然实施单方规制行动，一方面可能因减排努力被发展中国家不受约束的碳排放增长所抵消，另一方面还可能抵触总统的气候变化外交政策，从而使美国在外交谈判中失去一个有力的筹码。由此，环保署得出的结论是它并不认为自己不规制温室气体的决定具有什么不合理之处。③

联邦最高法院的多数派意见对环保署的主张进行了驳斥，他们更倾向于认定，环保署采取规制措施行为时是不能也不该考虑国家的外交政策因素，因为它并未得到法律的相应授权。也就是说，环保署是否规制机动车排放温室气体的合理性与布什总统的外交政策无关，环保署以此作为拒绝规制的理由属于考虑了不相关因素。④ 对此，斯卡利亚（Scalia）大法官再次代表少数派提出了反对意见，他认同环保署的抗辩，即美国国内对温室气体的规制行为将使总统在外交谈判中失去一张王牌，从而陷入被动。⑤

---

① Chevron U.S.A., Inc. v. Natural Resources Defense Council, Inc. 467 U.S. 837, 843 (1984).

② See Colin H. Cassedy, Massachusetts v. EPA: The Causes and Effects Creating Comprehensive Climate Change Regulations, 7 J. Int'l Bus. & L. 145, 153.

③ See Colin H. Cassedy, Massachusetts v. EPA: The Causes and Effects Creating Comprehensive Climate Change Regulations, 7 J. Int'l Bus. & L. 145, 147.

④ Michael Sugar, Massachusetts v. Environmental Protection Agency, 31 Harvard Environmental Law Review 539.

⑤ See Andrew P. Morriss, Litigation to Regulate: Massachusetts v. Environmental Protection Agency, 2007 Cato Sup. Ct. Rev. 193, 201 – 202 (2006 – 2007).

（四）对中国之启示

综观美国气候变化诉讼，至少可以对我国形成以下几点启示：

1. 将应对气候变化的政策寓于司法审查的规范阐释之中。从马案中可以看出，联邦最高法院始终持有自己的政策立场，即对环保团体的认可与同情，倾向于气候变化的应对与规制。但由于司法权的运用必须以法律规范的运用为基础，这要求法院在气候变化诉讼中必须将自己的政策考量融入既有法律规范和制度资源的阐释和演绎之中，例如联邦最高法院对气候变化的损害事实判定上，即通过司法解释技术有意回避了对原告不利的法律因素——气候变化的科学不确定性。相较于美国，我国的社会主义性质要求人民法院承担更多的"公共政策的创制功能"①，但气候变化公共政策在行政诉讼的贯彻绝非"法律效果和社会效果相统一"的笼统口号所能实现，而是必须以法律为支点，需要人民法院以高度的政治智慧对现行的行政法律规范进行挖掘和阐释，使其有效服务于低碳救济的目的。

2. 适当放宽低碳行政诉讼的资格条件。从马案中不难发现，联邦最高法院采取了借道州政府"准主权利益"的迂回策略保全原告的诉讼资格，并在事实上挑战了1992年"鲁坚案"所确立的环境诉讼资格要件。由于气候变化的科学不确定性及其损害在现实生活中的不显著性，如果按照传统行政诉讼的资格门槛对原告加以要求，将会在很大程度上阻碍低碳行政救济的开展和原告的救济管道。在这方面，马案中联邦最高法院绕过鲁坚案的资格审查做法值得我国借鉴。根据我国《行政诉讼法》的规定，环境权、碳排放权等新兴权利并不在行政诉讼受案范围之列，对此，立法机关和审判机关必须考虑如何透过相应的法律制定和司法解释来放宽低碳行政诉讼的起诉资格。

3. 通过司法倒逼政府依法切实履行应对气候变化的职能。在马案中，一个颇值玩味之处是联邦最高法院在气候变化领域对行政权乃至立法权的角力。按照环保署的考虑，贯彻布什总统向发展中国家施压的外交政策是其拒绝规制温室气体的一个主要考虑。但最高法院基于应对气候变化、保卫公共环境福利的良知以环保署为代表的联邦政府立场给予了委婉而富有

---

① 张友连：《法院为何要创制公共政策——法理视角的分析》，《浙江学刊》2009年第1期。

策略的反击，马案判决的多数派法官以《清洁空气法》未授权环保署采取规制行为时考虑国家的外交政策因素为理由，否定了环保署对气候变化的政治立场。中国作为负责任的大国，始终秉持共同但有区别的责任原则，温家宝等中央政府领导人曾在多个国际谈判场合自愿承诺削减温室气体排放。然而，由于地方政府唯 GDP 至上的发展观念，"政令不出中南海"的现象在气候变化应对和生态环保保护领域十分凸显，部分地方政府基于短期的经济利益考虑而消极应对气候变化甚至不惜以牺牲生态环境为代价的案例时有发生。法院是公共理性的平台，是守卫社会正义的最后防线，美国联邦法院通过环境诉讼倒逼政府应对气候变化的做法对于中国法院制约地方政府消极应对变化的潜在动机具有重要启示。特别是随着我国司法体制改革的不断深入，省级法院人财物统管的制度设计使得基层法院逐渐摆脱地方政府的桎梏，从而更加具备了以司法权倒逼行政权应对气候变化的制度能力。展望未来，在既有法律框架内，透过能动司法和法律解释的方法积极推动和响应中央应对气候变化的公共政策，对某些地方政府的消极应对态度进行反制和矫正，是我国人民法院在低碳时代的历史使命。

二　我国低碳行政诉讼制度的建立思路

来自美国的气候变化诉讼案例从司法策略、审查技术等方面为我们提供了重要的经验和启示。但两国之间不同的政治、经济、文化和法制背景决定了我们不能简单照搬美国的制度，而是必须立足于自身实际，立足于现有法制框架下，充分利用既有的制度资源，探索建立符合中国国情、具有中国特色的低碳行政诉讼制度。

（一）现行行政诉讼在低碳规制行政责任追究上的空缺

尽管气候变化的严峻现实已经对低碳行政救济提出了要求，但我国的行政诉讼制度在低碳规制行政责任的司法追究方面还有一些空白，这主要体现在以下三个方面。

1. 涉及气候变化问题的行政争议无法纳入现行行政诉讼的受案范围

从受案范围来看，我国目前行政诉讼的受案范围仍只针对具体的行政行为，抽象类行政行为并不在受案范围之列。尽管 2014 年修订后的《行政诉讼法》第53条规定了"附带性审查制度"①，但这一附带性审查仍然仅限于规章以下的其他政府规范性文件。由此，如果现实中发生类似"马案"中要求行政机关制定应对气候变化的行政立法而引发行政纠纷，或者当事人对行政机关应对气候变化的某项抽象性行政决策、行政规划不服等，便会因为被诉行政行为属于抽象行政行为而无法受案。在具体行政行为方面，新《行政诉讼法》在吸收《最高人民法院关于执行〈中华人民共和国行政诉讼法〉若干问题的解释》（以下简称《解释》）的基础上进一步扩大了具体行政行为的受案范围，并将部分行政征收征用和行政合同争议纳入受案范围。② 但对于公民因行政行为而受到的环境权、碳排放权影响的行政争议是否能够提起行政诉讼，目前恐怕还存在制度上的障碍。前文提到的石家庄公民诉环保局履行雾霾治理职责案迟迟得不到立案，就在很大程度上反映了当前气候变化行政争议受案的困难。

2. 当事人难以符合现行的原告资格要求

原告与具体行政行为存在法律上的利害关系是我们判断当事人是否具有诉讼资格的重要依据。依《解释》的规定，从保证概念完整性和司法审判实践的角度出发，可以将具有法律上的利害关系这一原告资格归结为三个构成要件：（1）原告对具体行政行为享有实定法规定的合法权益；（2）原告的合法权益受到了实际的减损；（3）原告合法权益的减损结果与具体行政行为具有直接的关联性。③ 由于气候变化问题的广泛性和公共性，倘若严格按照此种构成要件来判断，低碳行政诉讼的原告资格显然是难以成立的（当然，上文提及的低碳行政处罚等直接针对特定行政相对人的传统行政行为除外）。具体而言：首先，低碳行政诉讼的原告对具体行政行为尚不存在有实定法规定的合法权益。众所周知，低碳行政诉讼的系争权利主要是原告的环境权和碳排放权，就我国现有的立法状况而言，无论是作为生态文明领域基本法的《环境保护法》还是其他气候变化相关法，都没有明确规定公民个体所享有的环境权利和碳排放权利；同时，

① 参见新《行政诉讼法》第53条规定。
② 参见新《行政诉讼法》第12条第11项规定。
③ 参见沈岿《行政诉讼原告资格：司法裁量的空间与限度》，《中外法学》2004年第2期；斯金锦《行政诉讼原告资格："法律上利害关系"要件研究》，《公法研究》2005年第2期。

作为公法权利存在的另一种形式——政府的保障义务，现有立法也没有对政府保护公民环境权和碳排放权的义务作出刚性的规定。[①] 其次，原告难以证明合法权益已经受到或即将受到紧迫的减损。如前所述，气候变化风险具有很强的反事实性和不确定性，其危害后果需要经过一定的历史时期方能在现实中得到显现。这就决定了，应对气候变化的低碳行政行为对原告合法权益的影响也必然是间接和潜在的，在当下难以找到确凿的证据来证明。再次，低碳行政行为对原告合法权益的影响具有盖然性，一般情况下与行政行为难以找到直接的因果关联。从科学上讲，由于气候变化的不确定性和复杂性，其与相关负面环境后果之间的因果关系通常呈现出"一因多果"或"一果多因"的模糊样态，难以建立起现行立法所要求之清晰确定和一一对应的因果链条。例如，就当下备受关注的雾霾天气来讲，虽然权威的医学专家已经指出："雾霾肯定与肺癌有关系"，"凡是有灰霾天气，病人的门诊数就增加10％到15％"。但同时，这些问题尚需时间才能得出结论。[②] 为此，如果当事人由此主张身体健康受损与政府应对雾霾不力的行政行为（或者说是行政不作为）之间具有法律上的关联性，显然难以获得法院的支持。事实上，美国1992年"鲁坚诉野生动物保护协会"案所确定的环境诉讼起诉资格与我国行政诉讼原告资格的要求基本相同，即都须证明原告遭受了具体的、特定的、真实的或即将发生的损害，且这种损害与被告的行为具有因果关联。而在"马案"中，联邦最高法院选择绕过鲁坚案确立的严格诉讼资格标准，转而大费周折地求诸一百多年判例中基于各州准主权利益的"君权诉讼"起诉资格，充分证明了，基于现行行政诉讼中较为严格的原告资格，即便穷尽司法解释和司法裁量的方法，也难以赋予气候变化行政诉讼的当事人以原告资格。

此外，《解释》第13条通过列举式规定对法律上的利害关系进行了补充性规定，即包括"被诉的具体行政行为涉及其相邻权或者公平竞争权的"、"与被诉的行政复议决定有法律上利害关系或者在复议程序中被追加为第三人的"、"要求主管行政机关依法追究加害人法律责任的"以

---

① 对此种立法状况后文将详细描述，此处暂不展开。

② 马力：《钟南山：雾霾与肺癌有关》，《新京报》2015年3月11日。

及 "与撤销或者变更具体行政行为有法律上利害关系的" 四类情形。① 但即便借助进行扩大解释或合目的性推定的司法技术，这些规定显然也难以容纳低碳行政诉讼的实践情形。

3. 低碳公益行政诉讼制度尚付阙如

一般而言，当行政争议的当事人不具备行政诉讼的起诉资格和法律上的利害关系时，其他非 "适格" 主体还可以根据法律的特别规定，借助公益行政诉讼获得救济，从而通过 "利益代表模式"② 的公益行政诉讼来获得普遍性的救济。遗憾的是，尽管《解释》和 2014 年新《行政诉讼法》已经进一步拓展了原告的起诉资格，但仍然一味强调原告应当适格，在本质上仍没有逃出主观行政诉讼的旧有观念。早在 2005 年，国务院就突出要 "推动环境公益诉讼"③。行政公益诉讼显然包括在环境公益诉讼之中。2013 年修订的《中华人民共和国民事诉讼法》第 55 条初步建立起了民事诉讼中的环境公益诉讼制度④。然而，时至今日，2014 年《行政诉讼法》的修改仍然没有增加公益行政诉讼制度。因此，目前的低碳行政纠纷也无法通过行政公益诉讼的途径获得解决。

综上，鉴于我国目前行政诉讼制度在低碳救济方面的缺失和解决气候变化行政争议的迫切需求，探索和建立具有中国特色的低碳行政诉讼势在必行。从宏观上分析，低碳行政诉讼的建立主要涉及诉讼模式（包括起诉资格和受案范围）、管辖规则、审查方法以及判决形式等重要问题。以下分别展开探讨。

（二）低碳行政诉讼双轨模式的确立

1. 确立主观诉讼与客观诉讼双轨的低碳行政诉讼模式

诉讼模式的确立是关乎低碳行政诉讼由谁提起、如何提起的前提性问

---

① 中国人大网：《最高人民法院关于执行〈中华人民共和国行政诉讼法〉若干问题的解释》，http：//www.npc.gov.cn/npc/lfzt/2014/2013 - 12/20/content_ 1817962.htm，2015 年 1 月 20 日访问。

② 关于行政法和司法审查的 "利益代表模式"，参见 [美] 杰里米·马肖《美国行政法的重构》，沈岿译，商务印书馆 2011 年版，第 184—187 页。

③ 国务院在当年通过的《关于落实科学发展观加强环境保护的决定》中就提出要 "健全社会监督机制……发挥社会团体的作用，鼓励检举和揭发各种环境违法行为，推动环境公益诉讼"。

④ 参见《民事诉讼法》第 55 条规定。

题。就大陆诉讼法理论的经典分类而言，行政诉讼可分为主观诉讼和客观诉讼两大基本模式。主观诉讼是指以救济个人的主观公权利为目的的行政诉讼类型，如撤销之诉、给付之诉等都属于主观诉讼，即只有自身的合法权益受到特定损害才能请求法院救济。客观诉讼又称公益诉讼，它并非纯粹为了个人利益，而是一种基于公益目的、为了维护客观的法秩序的行政诉讼，如美国的纳税人诉讼，日本的民众诉讼等。① 从马案的情况来看，美国气候变化行政诉讼只接受单一的主观诉讼，排斥客观诉讼，这源于1992 年鲁坚案所确立的起诉资格要件，它要求气候变化对原告个人利益造成特定损害。笔者认为，结合实际情况，中国的低碳行政救济应当采用主观诉讼和客观诉讼并举的模式。理由在于：一方面，气候变化使公民获得了一些新型的公法权利（如碳排放权、环境权等），有权利就有救济，允许公民基于这些权利提起主观诉讼是低碳行政救济的题中应有之义。另一方面，对于低碳行政诉讼而言同样如此。应对气候变化需要公民的广泛参与，积极监督政府切实履行发展低碳经济、建设低碳社会的行政职能，然而气候变化涉及社会生活的方方面面，仅靠主观诉讼尚难以充分实现这一监督目的。对此，国务院印发的《中国应对气候变化国家方案》提出要"发挥企业参与和公众监督的作用……促进广大公众和社会各界参与减缓全球气候变化的行动"。具体到行政诉讼中，客观诉讼可以借助广大社会公众的参与力量对行政机关内部的履行低碳职责的监督发挥重要补充作用。目前，世界上一些发展中国家已经在局部领域初步形成了气候变化的客观诉讼制度，印度和巴西等国的法院通过《经济、社会和文化人权公约》及本国宪法中的食物权、生命权条款作出扩张性解释，允许非政府性民间组织就政府未能有效应对气候变化引起的粮食危机提起公益诉讼，要求政府履行合理保障粮食供应的法定义务。例如，2001 年印度因气候变化遭受严重旱灾，导致多地发生饥荒，为此，全国性非政府组织"人民自由联盟"（People's Union for Civil Liberties）对印度中央政府提起了公益诉讼，要求各级政府制订社会福利方案，妥善履行粮食供给和分配

① 参见杨建顺主编《行政法总论》，中国人民大学出版社 2012 年版，第 326 页。

义务。①

2. 低碳主观行政诉讼的构建

主观行政诉讼是行政诉讼行政的基本模式,具有最广泛的救济范围和较低的诉讼门槛,因而应当首先加以构建。众所周知,主观行政诉讼的核心是如何界定"诉之利益",因为享有诉之利益的人才具备提起主观诉讼的资格。② 根据大陆法系的行政诉讼理论,诉之利益包括两个要件,一是当事人与行政行为存在法律上的利害关系,二是当事人的该利益属于行政法律规范予以特别保护的主观公权利。前者体现为《解释》第 12 条的规定③,后者则体现为新《行政诉讼法》第 2 条的规定④。尽管《行政诉讼法》在 2014 年进行了修订,但受案范围作为起诉资格的门槛,仍然采取的是列举方式。

关于法律上的利害关系,《解释》有明确的要求⑤。基于防止滥诉和优化配置司法资源的考虑,对一般主观行政诉讼的原告资格条件作此要求是合理的。然而,气候变化与公民个体的利害关系是复杂而微妙的,且本身存在巨大的科学不确定性,如果过于严苛地要求当事人证明与诸如雾霾一类的气候变化后果具有严格的利害关系,无疑会堵塞低碳行政救济的通道。职是之故,对于低碳行政主观诉讼的利害关系应借助一定的司法解释方法适当放松门槛要求。具体而言,可以借鉴美国"鲁坚案"中的"损

---

① 参见杨兴《新兴发展中国家应对气候变化的法律选择——以公民食物权为进路》,《法学评论》2014 年第 5 期。

② [日] 小早川光郎:《行政诉讼的构造分析》,王天华译,中国政法大学出版社 2014 年版,第 240—272 页。

③ 《最高人民法院关于执行〈中华人民共和国行政诉讼法〉若干问题的解释》第 12 条规定:"与具体行政行为有法律上利害关系的公民、法人或者其他组织对该行为不服的,可以依法提起行政诉讼。"

④ 新《行政诉讼法》第 2 条规定:"公民、法人或者其他组织认为行政机关和行政机关工作人员的行政行为侵犯其合法权益,有权依照本法向人民法院提起诉讼。"

⑤ 《解释》要求对原告的权利义务发生实际和特定的影响,并列举了"被诉的具体行政行为涉及其相邻权或者公平竞争权的"、"与被诉的行政复议决定有法律上利害关系或者在复议程序中被追加为第三人的"、"要求主管行政机关依法追究加害人法律责任的"和"与撤销或者变更具体行政行为有法律上利害关系的"四种特殊情形。具体可参加中国人大网《最高人民法院关于执行〈中华人民共和国行政诉讼法〉若干问题的解释》,http://www.npc.gov.cn/npc/lfzt/2014/2013-12/20/content_1817962.htm,2015 年 1 月 20 日访问。

害特定化"①理论，即只要公民能够证明自己因行政行为遭受了气候变化方面的特定的而非针对普遍大众的损害，则推定为其具有法律上的利害关系，但对这种特定损害程度不宜做过高要求。例如，在美国一起环境诉讼中，某阿拉斯加州居民喜欢北极熊，并声称自己从观察北极熊中获得了快乐。据此，他可以主张气候变化对他造成了特定损害，因为气候变化严重威胁了北极熊的生存，从而使其对北极熊的审美受到影响。② 结合前述石家庄公民诉环保局一案，只要该公民能够证明自己因雾霾遭受了健康损害，如罹患呼吸道疾病、户外锻炼受阻等，皆可认定其具备法律上的利害关系。

关于主观公权利。尽管我国《行政诉讼法》2014 年进行了修订，但受案范围仍然采取列举方式，仅包括人身权、财产权、社会保障权等，与气候变化的有关新型环境权利能否作为公法权利在主观诉讼中予以保护仍然没有得到彻底解决，前述石家庄公民诉环保局不作为一案中，当事人以环境权和健康权受损为由起诉未被受理即为例证。针对这一问题，应当从主观公权力的界定上寻求解决。为了实现主观公权力与行政诉讼之间的整合，德国学者布勒曾对主观公权利的概念下了后来广为接受的经典定义："公权是臣民对国家的法地位。其内容是，根据以保护法律行为或臣民个人利益为目的而制定，且臣民可以对行政加以援用的羁束性法规，臣民可以向国家请求什么或者可以对国家做出什么。"③ 以上定义中包含了主观公权利成立的三要件：一是私益保护性，即法律规范明确是为了保护公民私人利益而非公共利益。二是义务羁束性，即法律规范科予了行政机关相关的作为义务。三是可援用性，即法律规范明确规定，公民可依法援用或主张。由此，为了拓展主观公权力的内容，扩大低碳主观行政诉讼的救济范围，应当从以下两方面着手：（1）现行《行政法诉讼法》第 12 条第（十二）项对主观公权力的兜底规定仍局限于"认为行政机关侵犯其他人身权、财产权等合法权益"，实际上排除了其他类型权利被救济的可能，

① Lujan vs. Defenders of Wildlife, 504 U. S. 555, 575, n. 1 (1992).
② Animal Legal Def. Fund v. Glickman, 154 F. 3d 426, 432 – 33 (D. C Cir. 1998).
③ ［日］小早川光郎：《行政诉讼的构造分析》，王天华译，中国政法大学出版社 2014 年版，第 66 页。

具有较大的封闭性。为了突破人身权、财产权的局限，应当将其改为"认为行政机关侵犯其他法定权利的"，使主观诉讼涵盖的公权利成为一个开放性的体系，从而让与气候变化相关的新型环境权利具有进入的可能。（2）我国虽然已经制定了大量的环保法律法规，但公民是否享有独立权利形态的环境权尚未得到明确体现。现行环境领域的法律一般都会对公民保护低碳和环保的义务作出规定，却鲜有规定公民个人应当享有的环境权利以及行政机关的对应义务。如 2014 年《环境保护法》只规定"公民应当增强环境保护意识，采取低碳、节俭的生活方式，自觉履行环境保护义务"，这是应当加以改进的。为了使环境权利固化为主观公权利而进入主观诉讼的救济范围，应当修改《环境保护法》、《大气污染防治法》以及《水污染防治法》等与气候变化密切相关的法律规范，明确规定公民所应当享有洁净空气权、清洁水权、环境观赏权等环境权利。在这方面，我国碳交易管理领域的地方立法已经将控排单位的碳排放权作为一项主观公权利纳入了行政诉讼受案范围，如《深圳市碳排放权交易管理暂行办法》第 44 条的规定。① （当然，地方政府能否以规章形式对行政诉讼的受案范围作出补充性规定，其合法性有待商榷。）

3. 低碳客观行政诉讼的构建

对于气候变化这类外部性问题，仅允许行政相对人对政府应对气候变化的行政行为提起主观诉讼是不够的，这一方面是因为许多应对气候变化的低碳行政行为属于抽象行政行为，针对不特定主体，从而对主观诉讼形成起诉资格的障碍；另一方面是因为相关行政行为具有强烈的公共性和专业性，个体分散的行政相对人由于与自身利害关系不是十分直接而没有提起诉讼的动力，抑或希望提起行政诉讼却不具有相应的诉讼能力。因此，低碳行政救济要求建立客观诉讼来弥补主观诉讼的不足。与主观诉讼相比，客观诉讼属于行政诉讼的特殊形态，故世界各国的通行做法一般是通过特别法的形式对客观诉讼予以专门规定。对于主观诉讼而言，法无禁止皆可诉，而对于客观诉讼而言，则是法无规定皆不可诉。从构造上分析，

---

① 《深圳市碳排放权交易管理暂行办法》第 44 条规定："管控单位对碳核查结果有异议的，可以向主管部门申请复核。主管部门应当在受理复核申请之日起十个工作日内作出复核决定。管控单位对主管部门的复核决定有异议的，可以依法申请行政复议或者提起行政诉讼。"

低碳客观行政诉讼至少涉及以下几个问题需要立法加以特别规定。

（1）起诉资格的限定

由于客观行政诉讼涉及公共利益的维护，应当对原告的诉讼能力有着比主观诉讼更高的审慎要求；同时，国家的司法资源毕竟是有限的，需要考虑无意义的滥诉。因此，对客观诉讼的起诉资格必须进行一定的限制，避免诉讼中的民粹主义。在理论上，客观诉讼行政起诉资格一般有三种界定。一是行政公诉模式，即由国家检察机关作为唯一的适格原告提起客观行政诉讼。行政公诉可以有两种启动渠道，即由检察机关直接依职权提起公诉和应公民的申请提起公诉。十八届四中全会决定也曾提出"探索建立检察机关提起公益诉讼制度"。二是团体诉讼模式，即在检察机关以外，其他社会团体也具有根据一定条件提起客观诉讼的资格。[①] 三是民众诉讼模式，这也是最为宽泛的一种起诉资格模式，它在检察机关和社会团体的基础上将客观诉讼的起诉资格进一步延伸至公民个人，以最大限度地扩大资格主体。[②] 笔者认为，我国现阶段的低碳客观行政诉讼不宜盲目扩展至民众诉讼，而应暂时以行政公诉和团体诉讼为主。主要原因在于：其一，低碳客观行政诉讼一般涉及重大、复杂的环保案件，而公民个人因其财力精力有限，是否具备充足的诉讼能力是存疑的。其二，对于公民个人而言，对行政机关应对气候变化的行政行为不服可以通过主观诉讼解决，无须再占用客观诉讼中的司法资源。其三，低碳客观行政诉讼涉及复杂的利益纠葛，在普通公民中亦可能存在不同群体的利益竞争，在这方面检察机关和环保组织等社会团体相对于公民个人更具有广泛的代表性。但在行政公诉模式和团体诉讼模式的制度设计中应注意两点。在行政公诉中，为了避免检察权对行政权的过多干预，维持权力之间的合理平衡，应以公民申请公诉为主，以职权公诉为辅。在团体诉讼中，起诉的环保组织应当为经过民政管理部门依法登记备案的公益性非营利组织，且应当具备法定的资质条件，以防止某些不法组织依靠滥诉取利。

---

① 这也是大陆法系较为通行的模式，如《德国联邦环境保护法》就明确规定环境公益行政诉讼应当由符合法律要件的环保组织提起。

② 参见林莉红、马立群《作为客观诉讼的行政公益诉讼》，《行政法学研究》2011年第4期。

（2）受案范围的廓清

低碳客观行政诉讼的受案范围可从三个层次进行讨论。首先，抽象行政行为是否能够纳入受案范围。从上述"马案"的评析可知，美国气候变化诉讼是针对行政机关制定规制标准（行政规制）从而间接要求其实施低碳规制，也就是说，抽象行政行为在美国是可以进入受案范围的。我国 2014 年新修订的《行政诉讼法》已经规定人民法院有权一并审查据以作出行政行为的行政规范性文件的合法性，就现阶段而言，可以先授权人民法院在低碳客观行政诉讼中对作为行政行为依据的非低碳环保的规范性文件进行审查。待今后条件成熟时，可以通过修法或司法解释将行政立法不作为的行为纳入受案范围。其次，是否要求环境损害已经实际发生。主观诉讼的受案条件是相应的主观公权利已经受到侵犯，即损害事实已经发生。但低碳客观行政诉讼通常涉及重大的环境利益，一旦危害后果发生就难以逆转或需要付出极大的治理成本，故需要保持一定的预防性，将具有重大生态环境风险的行政行为纳入受案范围。这在实践中已有先例，在2009 年中华环保联合会诉贵州省清镇市国土资源管理局案中，原告即是以被告怠于履行土地收回的行政职责从而使对百花湖风景名胜区的生态环境构成潜在威胁为由提起的行政公益诉讼①，该案具有明显的风险预防性质。再次，哪些具体事项可以提起低碳行政客观诉讼。实践中，行政机关涉及气候变化的行政行为纷繁复杂，难以列举周全，就大的分类而言，至少有以下几类事项可以提起低碳行政客观诉讼：1）行政机关怠于履行低碳行政职权，对生态环境造成威胁的，或者行政机关不予公开环境和碳排放监测信息以及逾期不予答复的。2）行政机关的行政行为违法或明显不当，可能对生态环境和气候变化造成重大负面影响的，如未经合法环评程序非法上马环境项目的，开发利用自然资源的行政规划中没有妥善考虑低碳环保因素等。3）行政机关自身的物质保障要素使用不符合低碳环保标准的。② 据此，立法可以规定社会团体和检察机关对于行政机关高能耗、

---

① 郄建荣：《社团环境公益行政诉讼第一案立案》，《法制日报》2009 年 7 月 29 日。
② 我国《公共机构节能条例》要求"推动公共机构节能，提高公共机构能源利用效率，发挥公共机构在全社会节能中的表率作用"，并从办公建筑运营、公车和办公物品使用等方面对公共机构的节能减排提出了具体要求。

高碳排放的内部行政行为提起低碳客观行政诉讼。

（3）受理程序的设置

有学者提出"把行政复议设置为环境行政公益诉讼的前置程序"[1]，即当事人在提起行政公益诉讼前必须先申请行政复议，行政复议机关逾期不予答复或驳回复议申请时方可提起行政诉讼。笔者认为这在低碳客观行政诉讼中是值得考虑的。理由在于：其一，应对气候变化的低碳行政行为属于新的行政管理领域，建立复议前置制度可以给予行政机关自我纠错的机会。其二，应对气候变化方面的行政纠纷具有较强的专业性和科学性，对此，行政复议机关相对于法院而言可能具备更强的制度能力和知识优势。其三，复议前置可以过滤掉部分低碳行政纠纷，从而避免让法院承受过重的负担，实现行政纠纷解决的合理分流。

（4）诉讼激励的建立

低碳客观行政诉讼是一种利他性的公益诉讼活动，当事人（检察机关除外）往往要自掏腰包为诉讼埋单。这就有必要通过合理的制度设计为其提供必要的激励。首先，由于低碳行政客观诉讼是为维护社会公共利益，相当于当事人（检察机关除外）为国家作出了特别牺牲，国家有必要给予补偿，适当减免诉讼费用或者通过立法规定低碳客观行政诉讼的费用由被告承担。例如，可以修改《诉讼费用交纳办法》，就低碳行政客观诉讼纳入免收诉讼费的范围；此外，还可以由政府出资为将低碳行政诉讼的当事人提供免费的法律援助和法律服务，减轻其诉讼的能力和经济负担。其次，对于在低碳客观行政诉讼中胜诉的原告，还可以对其给予一定的物质和精神奖励，以鼓励其为低碳环保事业作出的贡献。

（三）低碳行政诉讼管辖规则的厘定

1. 现行行政诉讼管辖规则的局限

受到民事诉讼的影响，行政诉讼地域管辖的基本规则是"原告就被告"原则，一审行政案件一般由最初作出行政行为的行政机关所在地的基层人民法院管辖。这主要是基于诉讼便利和经济的考虑。然而，对于低碳行政诉讼来讲，"原告就被告"的管辖原则存在诸多不适应之处，主要

---

[1] 曹和平、尚永昕：《中国构建环境行政公益诉讼制度的障碍与对策》，《南京社会科学》2009年第7期。

表现在：（1）在目前唯 GDP 的政绩考核制度尚未得到根本性改变的情况下，应对气候变化和保护生态环境与地方政府追求经济发展的目的之间存在相当紧张的关系，且短期内难以消除。当下，地方政府为了发展经济，轻视环境利益甚至牺牲生态环境的现象依然十分严重，例如，有的地方政府具有对环境违法企业袒护的倾向，甚至违法对环境执法进行干预。[①] 在此背景下，"既无财权、又无利剑"的基层法院在低碳行政诉讼的立案和审判中难免受到地方政府"递条子"、"打招呼"等不当干预。尽管我国正在研究地方法院人、财、物由省级法院统管的司法体制改革，但是，"在地方政治生态中，法院和党委、政府很容易形成一种默契：法院一般不会触碰地方党委和政府的底线"[②]，因此，完全寄望于省级法院统管来解决低碳行政诉讼中的地方行政干预，前景并不乐观。（2）气候变化及其他环境问题往往具有跨区域的特点，这决定了应对气候变化需要不同行政区域行政机关共同合作，例如，在 2015 年北京两会上，北京市环保局局长陈添表示，在大气防治方面京津冀三地要协同治理。[③] 也就是说，低碳行政诉讼可能涉及不同区域行政机关所作出的行政行为或者比基层法院更高一级行政机关的行政行为。在这些情况下，显然难以适用"原告就被告"的管辖规则。（3）应对气候变化不仅具有高度的专业性，且涉及纷繁复杂的政治、经济因素，从而对低碳行政诉讼的审判提出了极高的要求，需要法官具有丰富的专业知识、高度的政治智慧和精湛的司法技术。这是目前大多数基层法院法官所难以胜任的。

2. 低碳行政诉讼管辖规则的基本设想

由此可见，低碳行政诉讼的管辖不宜适用原告就被告的原则由基层人民法院管辖，而应当确立与其特性相适应的特殊管辖规则。在现行的法律框架内，可以考虑采取以下措施：（1）提级管辖。由于低碳行政诉讼所涉及问题的复杂性，以及排除地方不当干扰的考虑，应当适当提高低碳行政诉讼的管辖级别。这可以借鉴美国气候变化诉讼的经验，如"马案"

---

① 参见王曙光《地方政府环保动力为何不足》，《中国环境报》2013 年 4 月 17 日。

② 桑本谦、赵耀彤：《给"司法独立"泼点冷水》，http：//www.cwzg.cn/html/2014/china_0527/2947.html，2015 年 2 月 3 日访问。

③ 参见李丹丹、黄丹路《多省份将协同治理雾霾》，《新京报》2015 年 1 月 30 日。

一审并非由各州法院或普通法院管辖，而是由哥伦比亚特区巡回上诉法院直接审理。在我国的制度环境下，低碳行政诉讼应当由高于被诉行政机关行政级别的法院管辖，且管辖法院至少应当为中级人民法院。《行政诉讼法》对提级管辖的要求是"本辖区内重大、复杂的第一审行政案件"。故在具体适用中，还需要明确哪些低碳行政诉讼属于"重大、复杂"。对此，采取逐一列举的方法无疑不现实，也不具有科学性。结合环境问题的特点，可基于以下几个指标来判定低碳行政诉讼是否符合提级管辖的"重大、复杂"要求：一是行政行为涉及不特定人群的低碳、环保利益的；二是涉及多个行政机关的共同作出的行政行为的；三是涉及县级以上政府的行政行为的；四是涉及低碳客观诉讼的；五是行政行为涉及国际气候变化纠纷的。（2）专门管辖。近年来，我国已经进入环境事故和纠纷高发期，环境行政争议逐年增多。[1] 此外，涉及气候变化的行政诉讼也开始出现。一方面，低碳和环境行政诉讼数量的大幅度增长；另一方面，低碳和环境行政诉讼又具有较强的专业性和政策性，一般的行政法官往往难以胜任。在这种情势下，可以尝试建立的巡回环境法院或在中级以上人民法院设置专门的环境审判庭，专门管辖一定区域内的低碳行政诉讼（也包括相关的民事诉讼和刑事诉讼）。在现行法制体系下，上述路径具备充分的法律依据。《中华人民共和国人民法院组织法》（以下简称《人民法院组织法》）第2条规定可以设置"军事法院等专门人民法院"行使审判权，"等"字无疑给专门法院的设立提供了开放性的授权空间，基于目前迫切增长的环境案件审判需要，国家可以经过法定程序建立专门的环境法院。关于环境法庭方面，根据《人民法院组织法》第19条的规定[2]，现在已有一批基层法院开展了环境法庭的试点[3]。（3）集中管辖。行政案件相对集中管辖制度遵循司法审判区域与行政管理区域相分离的原则，目的

---

[1]　2002年至2011年，全国法院受理各类刑事、民事、行政环境一审案件118779件，审结116687件。其中，行政环境一审案件受理15749件，审结15722件。参见袁春湘《2002年—2011年全国法院审理环境案件的情况分析》，《法制资讯》2012年第12期。

[2]　参见《人民法院组织法》第19条。

[3]　蔡守秋：《关于建立环境法院（庭）的构想》，《东方法学》2009年第5期。如2004年，辽宁省大连市沙河口区人民法院曾成立环境保护巡回法庭（设在沙河口区环保分局内）；2006年山东省聊城市茌平县人民法院曾成立环境保护巡回法庭；2008年南京市建邺区人民法院成立了环保巡回法庭（设在建邺区环保局内）。

在于最大程度避免司法中各种干扰，增加审判的公正性和公信力。虽然我国目前低碳环保领域的行政纠纷有逐渐增多的趋势，但由于各地经济结构和社会状况的不同，环境行政诉讼普遍存在地域分布不均的情况，一些法院"无案可办"，一些法院则"无人办案"，这一状况在低碳行政诉讼领域将来可能更加凸显。对此，可以引入相对集中管辖规则，对于低碳、环境行政诉讼分布不均的部分行政区域，指定若干环境诉讼较多、审判经验丰富的法院进行集中管辖从而达到优化配置司法资源的目的。

（四）低碳行政诉讼审查方法的选择

在明确诉讼类型和管辖规则后，对被诉行政行为的审判有赖于具体审查方法的适用。审查方法是指人民法院对行政行为进行司法审查时所依据的司法原理和技术的总称。在低碳行政诉讼中，应当选择适用合法性审查、合理性审查与预防性审查的方法。

1. 合法性审查

合法性审查是行政诉讼的基本审查方法，从广义上讲，合法性审查的内容包括：（1）就一般行政行为而言，主要审查行政主体是否合法、是否超越职权、是否符合法定程序以及内容是否合法。（2）就行政不作为而言，主要审查是否违反法定的作为义务。（3）就行政裁量行为而言，主要审查是否存在裁量逾越。① 在此，"法"是广义上的法，包括法律、行政法规、地方性法规和规章，其他规范性文件只有在不与上位法相抵触时才能得到人民法院的适用。

具体而言，在低碳行政诉讼中，合法性审查可适用于以下情形：（1）程序上的低碳违法。当立法对行政程序作了低碳、便民要求时，行政机关应当尽可能选择方便、快捷的行政程序，降低行政程序过程中的行政主体与行政相对人双方的碳排放，否则即应视为违反了低碳方面的法定程序。（2）内容上的低碳违法。内容上的低碳违法是指，行政行为的内容违反了既有立法所规定的低碳标准。《公共机构节能条例》第18条就作出了明确规定②，如果不按国家节能产品目录采购的政府采购行为即属于内容违法。（3）不作为的低碳违法。不作为的低碳违法是指行政机关怠于履行或者没有完全履行立

---

① 参见解志勇《论行政诉讼审查标准》，博士学位论文，中国政法大学，2003年。
② 参见《公共机构节能条例》第18条规定。

法所规定的低碳职责。就现阶段而言，至少有两类具体行为属于此类。一是不履行环境信息公开义务类。例如，环境保护部颁布的《环境信息公开办法（试行）》要求政府主动公开环境质量状况、环境保护规划等 17 类环境信息，违反此义务即属于行政不作为的低碳违法行为。二是不履行规制义务类。例如，《北京市大气污染防治条例》第 91 条规定环境保护行政主管部门和其他有关行政主管部门在大气污染防治工作中"接到公民对污染大气环境行为的举报，不依法查处的"要承担相应的法律责任。

2. 合理性审查

由于气候变化问题的高度专业性和政策性，立法不可能对气候变化领域的行政行为作出事无巨细的规定，而是常常留有需要行政机关根据专业判断进行决定的规范空白及裁量空间。在此情况下，仅依靠合法性审查便不足以满足对气候变化行政行为的审查需求，因而有必要结合低碳行政诉讼的特点引入合理性的审查方法。1989 年《行政诉讼法》规定法院只能对行政处罚裁量行为的合理性进行审查，2014 年《行政诉讼法》第 70 条中规定法院可以对"明显不当的"行政行为进行审查，从而将合理性审查的范围扩展至一般性的行政裁量行为，这为审查低碳环保领域行政行为的合理性提供了规范依据。但是，究竟何谓"明显不当"，尚需结合低碳行政诉讼的特点构建细化的判断标准，例如，在行政处罚裁量中，"明显不当"即体现为显示公正和滥用职权两种情形。在低碳行政诉讼中，可考虑以下具体方法来审查行政行为的合理性：

（1）合目的性审查。合目的性审查是指在法律没有作出明确规定的情况，相关的行政裁量行为的结果应当符合低碳环保的价值取向，包括尽量减少资源能源消耗、降低环境污染、削减温室气体排放等低碳目的，至少不应与低碳环保目的相抵触，否则推定为不合理或明显不当。合目的性是低碳行政诉讼中任何被诉的行政裁量行为都可适用的审查方法。在美国"马案"中，联邦最高法院适用在环保署能否以行政执法裁量权作拒绝规制温室气体理由的审查即在某种程度上体现了合目的性标准。法院认为，《清洁空气法》授权环保署判断新增空气污染物的危害性并决定是否规制的本意使其具有更大的执法灵活性，从而更好地服务于提高空气质量、促进公共健康的立法目的，而环保署行政裁量权作为不规制温室气体的理由显然有悖于此目的，从而属于不合理的行政裁量。这里可以再以某行政许可行为的审查来分析合目的性标准的适用。此外，合目的性标准还包括低碳、环保领域的行政行为不得考虑不相关因素。美国"马案"中联邦法院认为环保署对总统外交政策的考虑而不采取规制措施，即是一种不相关因素的考虑，不符合《清洁空气法》的立法目的。再以前述石家庄公民起诉环保局一案为例，如果该市环保局单一考虑保护地方经济的目的而决定不予规制温室气体，则也属于考虑了不相关因素，不具有合目的性。

（2）平衡性审查。在某些情况下，一个行政行为除了低碳环保的价值取向之外，可能还具有其他多重的价值取向，各种不同价值取向之间存在一定的冲突与竞争。例如，政府制定行政规划的行为既要考虑环境保护，也要考虑保障社会经济的快速发展。这时，由于多种价值都是行政行为的重要目的，就不能仅以上述符合低碳环保单一目的的标准来审查行政行为的合理性，而是要求在被诉行政行为的不同目的和价值取向之间进行利益衡量，合理平衡各种价值之间的关系，既不能过分强调其他目的而牺牲低碳环保的价值，也不能片面追求低碳环保而忽略了其他重要利益的保护。但利益平衡并不意味着在不同行政目的或价值取向之间"各打五十大板"或"一碗水端平"，而是最终有一个合理取舍的过程，这就会出现偏向于某种利益目的、以某种利益为主，而兼顾其他利益目的的结果。一般而言，此种平衡性标准的适用应当以遵从法益相称原则作为底线，即从社会整体福利上判断，利益平衡结果所带来其他利益减损应当比低碳环保利益的增进要小得多，从而整体上有利于社会利益的最大化。但必须强调，这种取舍决定只能对特定利益目的进行一定程度之课减，而不能形成事实上牺牲或剥夺某一利益的非平衡结果。

这里可以具体案例来分析平衡性标准的运用：

案例1：2011年以来，全国多地发生了垃圾焚烧厂或垃圾发电厂选址的行政争议。由于担心受到垃圾焚烧所产生的二噁英等有害化学物质的损害，备选点附近的居民纷纷反对把垃圾焚烧厂建在当地，这在理论上被称为"邻避效应"（Not in My Backyard，NIMBY）。① 垃圾焚烧选址属于环境行政规划行为，假设与选址行为存在利害关系的居民对该行政行为提起低碳行政诉讼，法院就可适用平衡性标准来审查选址的合理性。不难发现，

① 参见文静《垃圾焚烧厂选址被指多数不合理》，《京华时报》2011年6月9日；

在该行政行为中存在双重目的利益：一是低碳环保目的——在目前城市垃圾消化能力已经不堪重负的情况下，垃圾焚烧技术是治理城市环境污染的必然趋势，而通过垃圾焚烧发电的方式，既可以减少 95% 的垃圾排放量，又可以增加能源供给。① 二是公共健康目的。垃圾焚烧设施可能产生的二噁英、飞灰以及恶臭气体等有害物质（含恶臭物质），对公众的健康和生活安宁构成威胁，并产生一些次生性大气污染物。② 因此，政府在进行垃圾焚烧厂和发电厂选址的行政规划时还必须考虑对周边居民健康的影响。一面是解决"垃圾围城"的低碳环保利益，另一面是附近居民的健康利益，面对垃圾焚烧选址行政规划中的双重利益目的，行政机关应当作出妥当平衡，否则即不具有合理性。具体而言，法院应当分析垃圾焚烧厂的修建所带来的垃圾消化能力和能源生产利益是否远远高于附近居民因此而遭受的健康风险及其他财产性损失（如建垃圾焚烧厂可能导致附近居民房产贬值），是否属于正常人可以容忍的程度，并且是否给予了恰当的行政补偿。否则，该行政行为不合理。

案例 2：2013 年以来，为应对全国性的雾霾天气，许多大中城市采取了私家车限行的规制措施。但据环境学者估算，在中国，限行带来的环境效益仅值 5700 万元，需要消费者承担的额外成本却高达近 40 亿元。③ 在这种情况下，如果消费者或车主对政府的限行措施提起行政诉讼，法院就应当慎重考虑，为了数千万的环境收益，就要求民众承担数十亿计的经济成本，在这种情况下，被诉行政行为是否妥善平衡了低碳环保价值和私人财产利益的关系。

3. 预防性审查

预防性审查又称危险性审查，在国内较早由解志勇教授提出。④ 预防

① 王轲真、第五燕燕：《推广垃圾焚烧发电实现节能减排》，《深圳特区报》2008 年 11 月 4 日。

② 参见毛达《露天焚烧垃圾危害大》，《环境与生活》2012 年第 6 期。

③ 周蔚：《治理雾霾，国外教训证明汽车限行没用》，网易评论：http://news.163.com/14/1201/10/ACCELHN600014JHT.html，2015 年 1 月 27 日访问。

④ 预防性审查是指"法院依职权或者依行政相对人的申请，为了防止发生重大或者不可弥补损害，对某些具有可执行内容行政行为于执行前，在决定暂缓执行的同时，或者对行政机关不履行（拒绝或不作为）行政法上义务时，在命令其履行法定义务的同时，对行政行为进行审查的制度"。参见解志勇《论行政诉讼审查标准》，博士学位论文，中国政法大学，2003 年，第 81 页。

性审查契合了低碳行政诉讼的特点。因为气候变化和环境污染具有不确定性的风险，且部分危害后果不可逆转，这要求国家采取预防性措施，使干预的边界前移。在低碳行政诉讼中，预防性审查至少涵括两种样态：

（1）对普通行政行为的预防性审查。普通行政行为的预防性审查主要适用于具有潜在气候变化和环境污染风险的行政行为，在形式上表现为裁定暂停被诉行政行为的执行，属于一种类似于暂时权利保护的审查制度。只不过，在低碳诉讼中，预防性所保护的不仅仅是自然人的环境权利，还包括生态环境系统本身，它与前述合法性审查与合理性审查最大的区别在于，前二者是对行政行为的最终的法律评价，其目的是实现定纷止争，后者则是过程性的法律评价，旨在行政诉讼判决做出或生效之前，防止诉讼过程中出现重大且难以逆转的环境损害。例如，在我国台湾地区2011年发生的"中部科学工业园第三期发展区案"中，台北"高等行政法院"即以"环保署"对中部科学工业园的行政许可没有经过二阶环评，未估算对民众健康风险的背景值以及对当地环境污染风险为由，裁定停止执行行政许可行为①，在一定程度上体现了低碳行政诉讼中的预防性审查方法。具体而言，预防性审查可采用以下判断步骤：第一步，审查被诉行政行为所引起的低碳风险后果是否具有不可逆转性。一些不可逆的气候变化后果将造成生态服务系统的永久损失，为此，在法院判决作出之前应当采取停止执行的预防审查为判决的有效实现保留余地。否则不能采取预防措施来挑战行政行为的执行力。第二步，审查被诉行政行为的风险后果是否是明显和迫近的。尽管一些行政行为所产生的低碳风险后果具有不可逆性，但在诉讼过程中即裁定停止执行而不是待诉讼程序终结时进行救济，还需要证明时间上的紧迫性，即此种风险后果是明显和迫近的，如果不及时停止行政行为，待行政判决作出时已然丧失了有效救济的时机。

（2）对行政不作为的预防性审查。由于气候变化和环境污染问题存在科学上的争议和不确定性，部分行政机关以缺乏充分的事实依据为理由拒绝进行规制，这也是美国"马案"中的核心法律争点之一。对此，法院有必要审查被诉行政机关的不作为行为是否会引起气候变化和环境污染方

---

① 参见林昱梅《行政法院对暂时权利保护之审查模式——兼评中科三期停止执行与停止开发相关裁定》，《法令月刊》2010年第10期。

面的重大风险，如果是，则法院将判决行政机关败诉，并责令其采取相应的预防性措施。在具体操作上，对不作为行为的预防性审查可采用以下标准：1）严重性标准。即行政不作为所导致的气候变化和环境污染风险涉及重大的公共利益，具有严重性。我国当前处于环境事故高发期，而行政机关的执法资源是有限的，对任何哪怕微不足道的低碳风险都要求采取预防性的规制措施无疑是没有效率的。为了优化执法资源配置，预防性审查仅能要求行政机关对涉及重大公共利益的、具有严重后果的气候变化风险进行规制，如雾霾等。2）因果关系标准。即除非被诉行政机关有足够的科学证据证明其不作为不会引起相关的气候变化和环境污染风险，否则行政不作为违法。3）有效性标准。即法院应当判断行政机关采取对应的行政规制行为能否有效预防相关的气候变化和环境污染风险，如果行政规制行为对于气候变化和环境污染风险的预防起到实质性的积极效果，则行政不作为违法。

（五）低碳行政诉讼裁判形式的应用

低碳行政诉讼的救济实效最终要通过行政裁判来实现。根据我国2014年《行政诉讼法》的规定，行政诉讼的一审判决形式包括驳回诉讼请求、撤销行政行为、限期履行法定职责、变更行政行为对款额的确定、给予行政补偿或赔偿以及确认行政行为违法或无效等裁判形式。此外，在作出行政判决的同时，法院还可以提出相应的司法建议对判决内容加以补充和辅助，从而也可以认为是一种广义的柔性裁判形式。低碳诉讼的核心是有效的救济性和纠纷解决，这决定了简单的确认违法或无效的判决形式不能取得良好效果，因为它们并未实际回应原告的诉讼请求。变更判决由于仅能适用于行政行为对款额认定的错误，也不符合低碳行政诉讼的定位。从低碳行政诉讼的救济功能来看，可重点运用下列裁判形式：

1. 撤销判决

根据上述审查方法的适用，低碳行政诉讼中至少有下列情形可以做出撤销判决。一是行政行为违反法律对行政行为的低碳环保要求的。例如，《中华人民共和国环境影响评价法》第7条要求政府的土地利用规划和建设、开发利用规划，应当在规划编制过程中组织进行环境影响评价，那么，不经过适当的环评而作出的有关行政规划，法院就可以据此作出撤销判决。二是行政行为明显有悖于低碳环保的行政管理目的的。例如某地方政府基于发展当地经济上马一个重污染项目，而忽视环保和居民健康要求，即便立法并未明确禁止这一行为，法院也可以基于合目的性审查作出撤销判决。三是行政行为没有妥适平衡低碳目的与其他利益目的。例如，在上述垃圾焚烧厂选址案件中，尽管政府发展垃圾焚烧的初衷符合低碳环保目的，但如果行政规划的选址结果严重损害附近居民的健康利益或未给予恰当补偿，则行政行为因为利益衡量失当而不具有合理性，法院可以判决撤销并要求其重新作出行政行为（如另行选址）。

2. 履行判决

履行判决主要适用于被告不履行应对气候变化和治理环境污染方面的规制义务的行政不作为情形。但应当认识到，气候变化和环境污染的行政规制具有明显的公共政策属性，涉及复杂的政治、经济利益纠葛，需要行政机关依赖其专业判断方能作出合理决策，在此情况下，法院作出责令行政机关限期履行规制义务的判决无疑需要十分谨慎。一般情况下，只有行政机关怠于法律明确规定的低碳、环保职责时，法院才能作出履行判决，如不履行法定的环境信息公开义务的，不履行环境行政执法职责的。对于其他没有法律明确依据的行政不作为行为，法院应当在裁判中保持必要的谦抑，通过向被诉行政机关提出司法建议的形式回应原告诉求。

3. 司法建议

按照学者的理论分类，司法建议可分为裁判引导型、裁判补充型、纠纷预防型和裁判执行型四种类型。① 在低碳行政诉讼中，可以着重运用裁判补充型的司法建议。裁判补充型司法建议是指，对于那些不适宜直接通过行政判决形式强制要求但又与系争问题密切相关的问题，法院在作出判决的同时应当提出建议以作为对行政裁判内容的有益补充。具体而言，对于下列几种情形，法院可以在低碳行政诉讼中向行政机关提出裁判补充型的司法建议：（1）原告要求法院一并审查行政行为所依据规范性文件是否符合低碳环保标准，或要求行政机关就气候变化和环境污染问题制定行政立法。此类抽象行政行为往往涉及复杂的公共利益，法院原则上要充分

① 参见章志远《我国行政诉讼司法建议制度之研究》，《法商研究》2011年第2期。

尊重行政机关的立法选择。但基于对原告诉讼请求的回应，法院认为相关规范性文件与国家气候变化和环保政策相抵触，或者特定的气候变化和环境污染问题确实有必要制定行政立法时，可以向被告及其上级主管机关提出废除或修改有关规范性文件以及研究制定有关行政立法的司法建议。（2）在合法性审查中，法院发现被诉行政行为在程序和内容上违反了低碳标准（例如，行政机关非法采取了烦琐扰民的行政程序，或者未遵守国家有关公共机构节能的法律规定），但行政行为已经作出，判决撤销和履行无实际意义的，法院可以对行政机关提出整改建议，要求其今后的行政行为遵守法律规定的低碳标准，并抄送其主管部门建议由其决定是否启动问责程序。（3）原告要求被告实施针对气候变化和环境污染的规制措施，但相关行政行为涉及高度的专业性和政策性因素，法院不宜以司法判断取代行政判断时，可以从自身角度对行政机关提出建议。例如在前文所提及的石家庄公民诉环保局不履行雾霾规制职责案中，法院囿于专业能力不便对雾霾这样的跨区域环境污染问题的治理措施发表意见，但可通过司法建议的形式敦促当地环保部门积极履行职责，加大执法力度。

4. 行政补偿或赔偿

在一些要求行政机关履行环境职责的低碳行政诉讼中，对原告救济的最终实现有赖于气候变化的应对和环境污染的有效治理，但这毕竟是一个长期的行政行为过程，不可能一蹴而就。在此种情况下，法院不可能判决行政机关限期治理或履行职责，事实上也做不到。然而，与此同时，原告及其他相关的气候变化脆弱群体在此期间所确遭受的环境损害却是实实在在的。以当下日益严峻的雾霾极端天气为例，广大公民就是直接的受害者，因雾霾可能导致公民受到财产权、健康权、环境权等多方面的危害。例如，在财产权方面，许多大城市因为雾霾天气采取汽车限行的管制措施，这无疑是对私人财产使用权的一种法律限制。在健康权方面，室外空气污染对人们健康的损害是较为明显的。[1] 在环境权方面，雾霾使许多公民呼吸洁净空气和户外锻炼

---

[1] 《2010年全球疾病负担评估》指出："室外空气污染所导致的公共健康风险，每年在全世界导致320多万人过早死亡，以及超过7600万健康生命的损失。"转引自佚名《清华大学研究显示：320万人每年因空气污染早亡》，《第一财经日报》2013年4月2日。

的权利受到减损，并在一定程度上丧失了观赏蓝天绿水的审美利益。对于原告及其相关脆弱群体所遭受的这类已经发生，却无法归咎于某一具体污染者的环境损害，国家作为主权的代表应当承担兜底性、补充性的法律责任。对此，法院在无法作出限期履行职责判决的情形下，可以针对个案作出一定的行政补偿或赔偿判决，以适当回应原告的救济诉求。例如，对于有关雾霾治理的低碳行政诉讼中，法院可以判决政府向市民发放防霾口罩、为家庭补贴购买空气净化器，以补偿公众在治理期间遭受的环境损害。这类判决的意义在于，一方面合理弥补了原告及其他气候变化脆弱群体的利益损失，另一方面也对行政机关积极履行规制义务、提高规制效果形成了有益的外部压力。

主要参考文献

一　中文文献

徐国栋：《民法基本原则解释——成文法局限之克服》，中国政法大学出版社 1992 年版。

周佑勇：《行政法基本原则研究》，武汉大学出版社 2005 年版。

陈骏业：《行政法基本原则元论》，知识产权出版社 2009 年版。

罗豪才、毕洪海主编：《行政法的新视野》，商务印书馆 2011 年版。

陈德敏：《环境法原理专论》，法律出版社 2008 年版。

郭冬梅：《应对气候变化法律制度研究》，法律出版社 2010 年版。

杨解君主编：《可持续发展与行政法关系研究》，法律出版社 2008 年版。

刘刚编译：《风险规制：德国的理论与实践》，法律出版社 2012 年版。

曹荣湘主编：《全球大变暖：气候经济、政治与伦理》，社会科学文献出版社 2010 年版。

王伟男：《应对气候变化：欧盟的经验》，中国环境科学出版社 2011 年版。

王伟光、郑国光主编：《气候变化绿皮书：应对气候变化报告（2013）》，社会科学文献出版社 2013 年版。

林伯强主编：《城市碳管理工具包》，科学出版社 2011 年版。

周宏春：《低碳经济学》，机械工业出版社 2012 年版。

张建宇等：《美国环境执法案例精编》，中国环境出版社 2013 年版。

［美］史蒂芬·布雷耶：《打破恶性循环：政府如何有效规制风险》，宋华琳译，法律出版社 2009 年版。

［美］曼瑟尔·奥尔森：《集体行动的逻辑》，陈郁等译，格致出版社、三联书店、上海人民出版社 2011 年版。

［英］安东尼·吉登斯：《气候变化的政治》，曹荣湘译，社会科学文献出版社 2009 年版。

［澳］大卫·希尔曼、约瑟夫·约翰·史密斯：《气候变化的挑战与民主的失灵》，武锡申、李楠译，社会科学文献出版社 2009 年版。

［瑞典］克里斯蒂安·阿扎：《气候挑战解决方案》，杜珩、杜珂译，社会科学文献出版社 2012 年版。

［英］尼古拉斯·斯特恩：《地球安全愿景：治理气候变化、创造繁荣进步新时代》，武锡申译，社会科学文献出版社 2011 年版。

［澳］郜若素：《郜若素气候变化报告》，张征译，社会科学文献出版社 2009 年版。

［德］哈拉尔德·韦尔策尔等主编：《气候风暴：气候变化的社会现实与终极关怀》，金海民译，中央编译出版社 2013 年版。

［德］格奥尔格·诺尔特：《德国行政法的一般原则——历史角度的比较》，于安译，《行政法学研究》1994 年第 2 期。

城仲模：《"法律保留"之现代意蕴》，《月旦法学杂志》2003 年总第 98 期。

吕忠梅：《中国生态法治建设的路线图》，《中国社会科学》2013 年第 5 期。

李艳芳、曹炜：《打破僵局：对"共同但有区别的责任原则"的重释》，《中国人民大学学报》2013 年第 2 期。

柯坚：《污染者负担原则的嬗变》，《法学评论》2010 年第 6 期。

黄爱宝：《生态行政创新与低碳政府建设》，《社会科学研究》2010 年第 5 期。

王慧：《气候变化诉讼中的行政解释与司法审查》，《华东政法大学学报》2012 年第 2 期。

二　外文文献

B. Schwarts & H. W. R. Wade, *Legal Control of Government: Administrative Law in Britain and the United States*, Clarendon Press, 1972.

J. Schwartz, *European Administrative Law*, Sweet & Maxwell, 1992.

Farhana Yamin, Joanna Depledge, *The International Climate Change Regime*:

A Guide to Rules, Institutions and Procedures, Cambridge University Press, 2004.

Joel Balkan. *The Corporation, The Pathological Pursuit of Power and Profit*, Constable & Robinson Ltd, 2004.

Adrian Bradbrook (ed.), Rosmary Lyster (ed.), Richard L. Ottinger (ed.), Wang Xi (ed.), *The Law of Energy for Sustainable Development*, Cambridge University Press, 2005.

Cass R. Sunstein, *Law of Fear*, Cambridge University Press, 2005.

Marjan Peeters (ed.) and Kurt Deketelaere (ed.), *EU Climate Change Policy*, Edward Elgar Publishing Inc., 2006.

Rosemary Lyster, Adrian Bradbrook, *Energy Law and the Environment*, Cambridge University Press, 2006.

Bonyhady and Peter Christoff, *Climate Law in Australia*, The Federation Press, 2007.

J. Robinson, J. Barton, C. Doswell, *Climate Change Law: Emissions Trading in the EU and the UK*, Cameron May, 2007.

Thomas L. Friedman, *Hot, Flat and Crowed—Why We Need a Green Revolution and How It Can Renew America*, Farrar, Straus and Giroux, 2008.

German Advisory Council of Global Change, *World in Transition: Climate Change as a Security Risk*, Earthscan Publications Ltd., 2008.

Chris Wold, David Hunter, Melissa Powers, *Climate Change and the Law*, Matthew Bender & Co., 2009.

Henrik Selin (ed.), Stacy D. VanDeveer (ed.), *Changing Climates in North American Politics Institutions, Policymaking, and Multilevel Governance*, the MIT Press, 2009.

后　　记

本书是在我主持的国家社科基金重点项目《应对气候变化的行政法问题研究》结项成果的基础上修改而成。

积极应对影响人类未来生存的全球气候变化危机，在当代已成为一个国际性共识。而政府在这一过程中具有不可替代的主导和组织作用，带领全社会实现低碳经济转型和推进低碳社会建设已成为当代政府的新型行政职能。行政法作为调整、规范行政机关职权职责和行政行为的重要部门法，必须作出适应时代要求的变化和发展。目前政治学、社会学、公共行政、经济学、环境法学等人文社会科学学科都有对此问题的大量研究，而行政法学却明显滞后。本书的研究目的是探索回答行政法在应对气候变化中的重要作用及其理论与制度的发展，以回应低碳时代对政府行政管理提出的新要求。

本书的研究思路、内容、结构和主要观点由我进行总体设计，经与谭冰霖讨论确定后共同作为主要作者撰写完成。在写作和修改过程中，湖北省人大常委会副秘书长腾鑫曜提供了重要意见和大量资料。我指导的博士或硕士研究生参与了这项工作。葛伟帮助修改了导论和部分章节，朱茂磊撰写了第十章主要内容的初稿，孙才华撰写了第一章部分内容的初稿，徐伟撰写了第五章部分内容的初稿，于晓旭、王虹玉、易葳分别参与了第十一章、第七章和第三章部分内容的起草。杨茹、陈萌、刘亚萍等为书稿的整理、校对做了大量工作。最后由我统一修改定稿。

构建适应气候变化的行政法理论和制度，在行政法学上是一项开拓性的研究，也是一件十分有意义的工作。我们希望本书的探索能有益于行政法理论的发展和相关制度的建设。由于行政法应对气候变化的研究在整个行政法学界才处于起步阶段，可供借鉴的学术成果极少，且这一主题涉及面广、问题复杂、内容宏大，本书目前只选取了一些重点问题加以展开，并未覆盖行政法的全部领域。同时，我们的研究还只具有初步性，有些内容的论证尚欠深入，在严谨性上也需要进一步提高，这些都还有待于后续的进一步研究工作来改进。敬请学界同仁和读者诸君批评指正。

　　中国社会科学出版社孔继萍编辑为本书的出版付出了辛勤劳动和大力支持，在此一并致谢！

方世荣
2016 年 3 月于晓南湖畔